电子信息科学与技术丛书

Multisim
模拟电路仿真

劳五一 编著

清华大学出版社
北京

内 容 简 介

本书以"自顶向下"知识体系下的 Multisim 模拟电路仿真,系统地介绍了 Multisim 在模拟电路教学中的应用。

全书共 12 章,分别从基础知识、集成运算放大器、电压比较器和乘法器、半导体二极管电路、双极型晶体管电路、场效应管电路、有源滤波器、信号发生器、功率放大器、直流电源、模拟集成电路内部电路和实用电路等方面进行介绍。每章的知识结构图详细介绍了该章的知识点和结构,每小节的内容从理论、仿真和实验三个方面加以介绍,并利用二维码的方式呈现了 335 分钟相关的理论视频、仿真视频和实验(实战)视频。

本书适用于学校教师、学生和相关研究工作人员。

图书在版编目(CIP)数据

Multisim 模拟电路仿真 / 劳五一编著. -- 北京 :清华大学出版社,2025. 2.
(电子信息科学与技术丛书). -- ISBN 978-7-302-68306-3

Ⅰ. TN702

中国国家版本馆 CIP 数据核字第 2025Q3U571 号

责任编辑:曾 珊
封面设计:李召霞
责任校对:申晓焕
责任印制:刘 菲

出版发行:清华大学出版社
      网 址:https://www.tup.com.cn,https://www.wqxuetang.com
      地 址:北京清华大学学研大厦 A 座　　　邮 编:100084
      社 总 机:010-83470000　　　邮 购:010-62786544
      投稿与读者服务:010-62776969,c-service@tup.tsinghua.edu.cn
      质量反馈:010-62772015,zhiliang@tup.tsinghua.edu.cn
      课件下载:https://www.tup.com.cn,010-83470236
印 装 者:河北鹏润印刷有限公司
经 销:全国新华书店
开 本:185mm×260mm　印 张:17.5　　　字 数:462 千字
版 次:2025 年 4 月第 1 版　　　印 次:2025 年 4 月第 1 次印刷
印 数:1～1500
定 价:69.00 元

产品编号:104508-01

前 言
PREFACE

电路仿真为我们提供了一个很好的教学和学习平台,利用该平台可以把理论和实践结合起来,帮助我们在实际操作之前,对电路进行分析、设计、测量参数等。对于初学者来说,还可以帮助识别元器件、使用各种仪器仪表、提高搭建电路能力、理解电路原理、分析电路工作过程等,甚至一些在实验室不易测试的参数,通过仿真也可以实现。特别是可以把设计好的电路图进行实时模拟,然后通过分析改进,进而实现电路的优化设计。

多年的模拟电路教学实践,总结归纳出了一条电子电路知识链"理论+仿真+实验(实战)",其中的"仿真"至关重要,并对如何利用仿真学模拟电路进行了一些尝试和实践,希望对读者的学习和工作有一定的参考价值。

本书既是一本模拟电路仿真教材,从元器件外特性和反馈技术到基本放大电路,从基本功能电路到实用电路,以"自顶向下"的知识体系,利用仿真讲模拟电路,又是一本模拟电路工具书,从理论、仿真和实验三位一体,介绍了一个个独立的单元电路,以便读者参考。

为了读者仿真时便于参考,书中保留了所有仿真电路图和曲线图的原图。

本书分为5部分:

第1部分为第1章,介绍了学习模拟电路的基础知识,从常用元器件入手,通过仿真得到它们的外特性,由此分析出其功能。放大电路是模拟电路的核心电路,它的类型、供电形式、输入形式、技术指标及其级联是学习放大电路前必需了解的基础知识。频率响应和反馈技术是构建放大电路必备的理论基础。因此,第1部分为后续学习模拟电路的各种功能电路及其实战打下基础。

第2部分为第2~6章,分别介绍了构建模拟电路的基本器件,包括集成运算放大器、电压比较器和乘法器、半导体二极管电路、双极型晶体管电路和场效应管电路,从理论、仿真和实验三个方面展示了它们的各种基本电路。

第3部分为第7~10章,介绍了模拟电路中常用的功能电路,包括有源滤波器、信号发生器、功率放大器和直流电源,它们既是具有某种电路功能的独立电路,也是构建大型电路的单元电路。

第4部分为第11章,是专为深入了解模拟电路而设的知识点,通过介绍9个典型的模拟集成电路内部电路,了解它们的电路结构、构建技巧和功能实现等。

第5部分为第12章,本章电路是根据实际需要,利用基本电路和功能电路而构建的,它们具有很强的实用性,读者可以强烈地体会到电路的设计、仿真直至制作具有良好的一致性和统一性。

感谢清华大学出版社盛东亮老师和曾珊老师等的大力支持,他们认真细致的工作保证了本书的质量。

感谢我的妻子对书中所有的实验图片和视频的精心裁剪和拍摄。感谢我的儿子对本书整体知识架构的独到见解，以及在本书的写作过程中提供的软件和硬件支持。

由于作者水平有限，书中难免有疏漏和不足之处，恳请读者批评指正！

作　者

2025 年 1 月于上海

学习说明

LEARNING INSTRUCTIONS

如果现在有一堆电子元器件,你能制作出一个模拟电路吗？这大概需要掌握几个方面的知识点,如元器件的识别和检测、仪器仪表的使用、模拟电路的相关理论、电子电路的制作及其调试和故障维修等。如何应对这样一个实际问题呢？

(1) 模拟电路发展到今天,是不是有必要让初学者从每一个器件的微观结构开始认识呢？其实不然。事实上,更多的情况下只需要从器件的端口特性入手就可以了,比如我们看到的元器件的规格书,而器件的内部结构和原理是由相关课程来完成的。因此,本书的第 1 章——基础知识,从常用电子元器件及其外特性入手,然后是对放大电路的简单认识及其频率特性和反馈技术,为后续学习各种电路打下基础。

(2) 学习模拟电路一个非常重要的教学环节就是学会看电路图,读懂电路图,包括电路的功能、每个元器件的作用等,这就必须从一开始就学会怎么读懂电路图,从最简单的电路图开始,根据功能要求,了解电路是如何构建的,以及每个元器件在电路中起什么作用。电路图是按照功能、原理画出来的,而不是背出来的,逐渐培养,才能读懂大型电路图,而不是在一开始若干章节中只是给出电路图,甚至还有不能正常工作的、错误的电路图,也不纠正,只管计算参数,到最后一章再做读图练习,这能读懂吗？因此,第 2～6 章介绍的是常用元器件的基本电路及其应用,并通过扫码看视频,较详细地介绍了电路的构建(设计)的仿真和实验,为后续各种功能电路的构建(设计)打下基础。

(3) 模拟电路学习不同于电路,它不是模拟电路分析,而是首先要学会模拟电路的构建(设计),理解电路结构,在此基础上,还需要知道如何对一个电路进行纠错,如何优化一个电路。因此,第 7～10 章介绍的是各种功能电路及其应用,并通过扫码看视频,来了解各种功能电路的构建(设计)、纠错和优化,提高分析和设计电路的能力。

(4) 第 11 章——模拟集成电路内部电路,是我们学习模拟电路需要特别掌握的知识点,通过介绍的几个典型电路可以看到,为实现某种电路功能基本电路的巧妙组合、基本电路的变相应用,并通过仿真,对集成电路内部电路的单元电路和整体电路有更深入的了解。

(5) 第 12 章——实用电路,从理论、仿真、实验三个方面介绍了 10 款实用电路。学习模拟电路不单单是书中的知识,更多的是对书中知识的应用,各种实用电路恰恰是对学过知识很好的理解,实用电路与书中基本电路不同,它是基本电路在实用中根据需要改进的电路。在学习基本电路的同时,通过视频了解一些实用电路是非常有必要的。

至此,我们已经初步掌握了从元器件外特性、频率特性和反馈技术到元器件及其基本电路,然后又了解了各种功能电路及其应用,再"浏览"了模拟集成电路内部电路,最后"实践"了各种实用电路,现在你是不是很想尝试制作一个实用电路了？祝你成功！

视频目录
VIDEO CONTENTS

视 频 名 称	时　长	位　置
视频 1　二极管伏安特性仿真	8′06″	1.1.4 节
视频 2　放大器的传输特性仿真	4′46″	1.1.7 节
视频 3　运放传输特性仿真	8′44″	1.1.7 节
视频 4　虚短虚断仿真	4′54″	1.1.7 节
视频 5　频率失真仿真	5′05″	1.3.1 节
视频 6　密勒效应仿真	3′22″	1.3.3 节
视频 7　减少非线性失真仿真	3′58″	1.4.3 节
视频 8　光电二极管实验	3′57″	2.1 节
视频 9　T 形网络反相电路实验	1′57″	2.1 节
视频 10　麦克风放大器仿真	9′30″	2.2 节
视频 11　仪表放大器仿真	6′34″	2.3 节
视频 12　积分电路实验	4′12″	2.1 节
视频 13　方波转三角波实验	7′26″	2.1 节
视频 14　单电源运放电路实验	2′39″	2.5 节
视频 15　比较器习题仿真	12′33″	3.1 节
视频 16　二极管应用电路仿真	5′29″	4.3 节
视频 17　全波精密整流电路实验	2′22″	4.4 节
视频 18　稳压二极管习题仿真	5′02″	4.5 节
视频 19　限幅放大器实验	2′44″	4.6 节
视频 20　放大电路组态仿真	5′22″	5.2 节
视频 21　共射放大电路仿真 1	7′32″	5.2 节
视频 22　共射放大电路仿真 2	5′48″	5.2 节
视频 23　共射放大电路仿真 3	6′44″	5.2 节
视频 24　电压增益可调的共射放大电路实验	1′56″	5.8 节
视频 25　共射放大电路设计仿真	8′08″	5.8 节
视频 26　共射调谐放大器仿真	6′28″	5.8 节
视频 27　互补电路仿真 1	12′22″	5.7 节
视频 28　互补电路仿真 2	7′32″	5.7 节
视频 29　互补电路仿真 3	8′31″	5.7 节
视频 30　共源—共基放大电路仿真	8′08″	6.1 节
视频 31　结型 FET 电路设计仿真	3′22″	6.1 节
视频 32　有源滤波器仿真	10′50″	7.1 节
视频 33　有源滤波器实验	4′52″	7.1 节
视频 34　RC 桥式振荡器仿真	9′35″	8.1 节
视频 35　RC 桥式振荡器实验	1′17″	8.1 节
视频 36　正弦—余弦发生器实验	6′36″	8.1 节
视频 37　LC 振荡器仿真	9′33″	8.2 节
视频 38　集成运放 LC 振荡器实验	2′12″	8.2 节
视频 39　单电源方波发生器实验	1′26″	8.3 节
视频 40　方波—三角波发生器实验	1′55″	8.4 节
视频 41　函数发生器实验	5′06″	8.4 节

续表

视 频 名 称	时　　长	位　　置
视频 42　线性锯齿波发生器实验	$3'13''$	8.5 节
视频 43　V-F 转换电路实验	$2'52''$	8.6 节
视频 44　恒压与恒流功放仿真	$4'20''$	9.5 节
视频 45　集成功放应用仿真	$5'40''$	9.5 节
视频 46　TDA2030 电路设计仿真	$3'44''$	9.5 节
视频 47　如何获得最大功率仿真	$4'44''$	9.5 节
视频 48　减少失真度仿真 1	$5'50''$	9.5 节
视频 49　减少失真度仿真 2	$4'10''$	9.5 节
视频 50　D 类放大器实验	$1'55''$	9.4 节
视频 51　单电源转双电源仿真	$3'27''$	10.1 节
视频 52　线性稳压电路构建和优化仿真	$7'26''$	10.2 节
视频 53　LM317 数控电源仿真	$2'26''$	10.3 节
视频 54　数控稳压器实验	$1'51''$	10.3 节
视频 55　稳流源仿真	$4'22''$	10.5 节
视频 56　稳流源实验	$7'08''$	10.5 节
视频 57　LM386 内部电路实验	$2'41''$	11.6 节
视频 58　跟踪电源仿真	$3'08''$	12.1 节
视频 59　跟踪直流稳压电源实验	$2'13''$	12.1 节
视频 60　跟踪直流稳压电源及应用实验	$3'26''$	12.1 节
视频 61　温度测量仪仿真	$7'24''$	12.2 节
视频 62　温度控制仿真	$5'47''$	12.2 节
视频 63　降噪耳机电路实验	$2'53''$	12.6 节
视频 64　键控增益放大器实验	$2'17''$	12.7 节
视频 65　音频分配放大器实验	$1'33''$	12.8 节
视频 66　DC-DC 电压转换器实验	$2'07''$	12.9 节

目 录
CONTENTS

第 1 章

基 础 知 识

模拟电路的核心电路是放大电路,学习放大电路需要哪些基础知识呢? 本章将从常用电子元器件及其外特性入手,然后介绍放大电路的类型、供电形式、输入形式、性能指标等相关知识,最后介绍放大电路的频率特性,以及放大电路中的反馈技术,为后续各章知识点的学习打下基础。

Multisim 仿真分析:瞬态分析、直流分析、交流分析

本章知识结构图

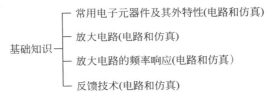

1.1 常用电子元器件及其外特性

电子元器件相互连接以构成具有特定功能的电子电路,如放大器、滤波器、振荡器等,所以,电子元器件是电子电路中的基本元素。常用的电子元器件很多,在这里仅介绍其中的几种,如电阻器、电容器、电感器、半导体二极管、双极型晶体管、场效应管和集成运算放大器等。

1.1.1 电阻器

电阻器简称电阻,常见的电阻有固定电阻、可变电阻、热敏电阻、压敏电阻等。电阻在电路中的作用主要是分压和分流。

电阻的外特性: $v = Ri$

1. 选择电阻

在 Multisim 中选择 View/Toolbars/Basic 命令,单击固定电阻、电位器和可变电阻符号,即可将它们添加到界面上,所显示的当前值为默认值,如图 1-1 所示。双击符号,在弹出的界面里可以修改默认值。

2. 电阻的外特性仿真

电阻外特性仿真图如图 1-2 所示。图中,V1 作用于被测电阻两端,作为扫描源,添加电流探针,以确保电阻的端电压与流入电阻的电流是关联参考方向。选择 Simulate/Analyses and simulation 命令,如图 1-3(a)所示。在系统弹出的界面里选择 DC Sweep 选项,并设置起始电压(−1V)和终止电压(1V),如图 1-3(b)所示。单击 Output 标签,在 Selected variables for analysis 选项区域里已经有变量 I(PR1),如图 1-3(c)所示,这是流入电阻的电流。单击 Run

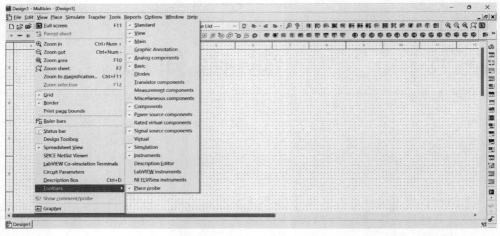

(a) 选择View/Toolbars/Basic命令

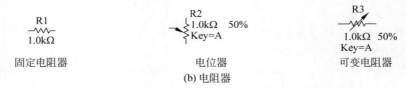

固定电阻器　　　　　　　　　电位器　　　　　　　　　可变电阻器

(b) 电阻器

图 1-1　选择 Basic 库中的电阻器

按钮,得到该电阻的外特性(伏安特性),如图 1-3(d)所示。

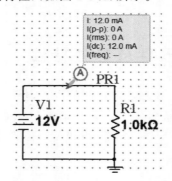

图 1-2　电阻外特性仿真图

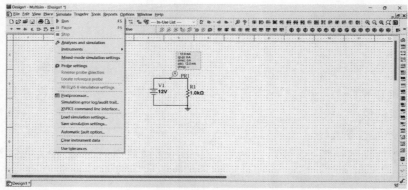

(a) 选择Simulate/Analyses and simulation命令

图 1-3　电阻外特性的仿真分析

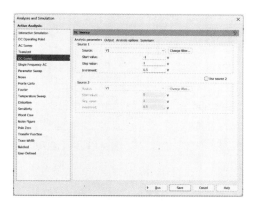
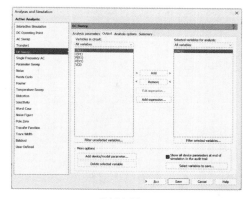

(b) 在DC Sweep中设置起始电压和终止电压 　　　　　　(c) 分析变量I(PR1)

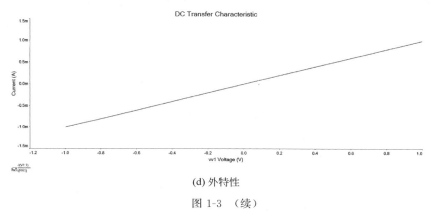

(d) 外特性

图 1-3 (续)

从图 1-3(d)中可以看出,电阻的外特性曲线为过原点的直线,故称为线性电阻,与其外特性表达式吻合,曲线的斜率为电阻值的倒数。进一步分析可知:

(1) 在直流、交流情况下表现是一样的。

(2) 曲线对原点对称,说明线性电阻元件的双向性,即元件对不同方向的电流或不同极性的电压表现一样。

(3) 在使用时,线性电阻元件的两个引脚没有区别,不分正负。

1.1.2 电容器

电容器简称电容,常见的电容有固定电容、可变电容、变容二极管等。电容在电路中的作用是通交隔直,主要用于耦合、旁路、滤波等。

电容的外特性:$i = C \dfrac{\mathrm{d}v}{\mathrm{d}t}$

1. 选择电容

在 Multisim 中选择 View/Toolbars/Basic 命令,如图 1-1(a)所示,单击固定电容和可变电容符号,即可将它们添加到界面上,所显示的当前值为默认值,如图 1-4 所示。双击符号,在弹出的界面里可以修改默认值。

C1
1.0μF
(a) 固定电容器

C2
1.0μF 50%
Key=A
(b) 可变电容器

图 1-4 选择 Basic 库中的电容器

2. 电容的外特性仿真

电容外特性仿真图如图 1-5(a)所示。图中,正弦电压源 V1 作用于电容两端,放置电流探针,确保电压、电流参考方向为关联参考方向。

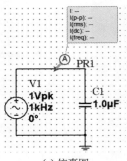

(a) 仿真图

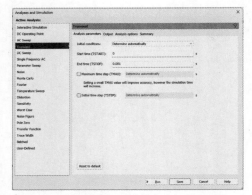

(b) 选择Transient选项

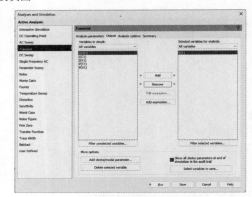

(c) 添加变量V(1)

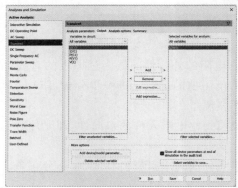

(d) 添加变量I(PR1)

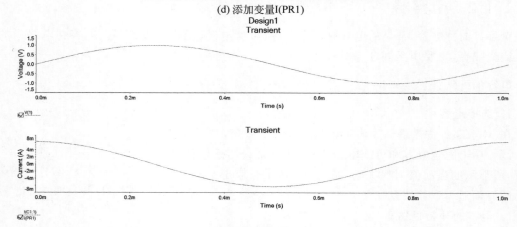

(e) 电压、电流波形图

图 1-5　电容外特性仿真分析 1

选择 Simulate/Analyses and simulation 命令,在弹出的界面里选择 Transient 选项,如图 1-5(b)所示,单击 Output 标签,在 Selected variables for analysis 选项区域里分别添加变量 V(1)和 I(PR1),如图 1-5(c)和图 1-5(d)所示。单击 Run 按钮,分别得到电压和电流波形,如图 1-5(e)所示。可以看出,电流超前电压 90°。

将图 1-5(a)中的正弦电压源换成方波电压源作用于电容两端,如图 1-6(a)所示。仿上述仿真过程,得到相应的电压、电流波形,如图 1-6(b)所示。可以看出,在方波电压突变处,产生电流尖脉冲。

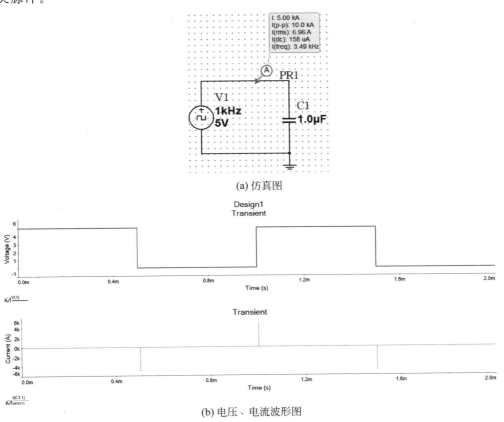

(a) 仿真图

(b) 电压、电流波形图

图 1-6 电容外特性仿真分析 2

还可以对图 1-5(a)进行 AC 分析,得到电容的电流—频率曲线。选择 Simulate/Analyses and simulation 命令,在弹出的界面里选择 AC Sweep 选项,如图 1-7(a)所示。单击 Output 标签,在 Selected variables for analysis 选项区域里有变量 I(PR1),如图 1-7(b)所示。单击 Run 按钮,得到电流—频率特性,如图 1-7(c)所示。可以看出,电流与频率为线性关系。

1.1.3 电感器

电感器简称电感,常见的电感有固定电感、可变电感、变压器等。电感在电路中的作用是阻交通直,主要用于滤波、延迟、消噪等。

电感的外特性:$v = L\dfrac{\mathrm{d}i}{\mathrm{d}t}$

1. 选择电感

在 Multisim 中选择 View/Toolbars/Basic 命令,如图 1-1(a)所示,单击固定电感、可变电

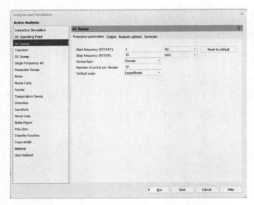
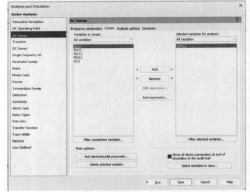

(a) 选择AC Sweep　　　　　　　　　　　(b) 添加变量I(PR1)

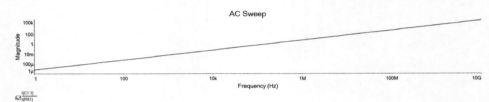

(c) 电流—频率关系

图 1-7　电容外特性仿真分析 3

感和变压器符号，即可将它们添加到界面上，所显示的当前值为默认值，如图 1-8 所示。双击符号，在弹出的界面里可以修改默认值。

(a) 固定电感　(b) 可变电感　(c) 变压器

图 1-8　选择 Basic 库中的电感器

2. 电感的外特性仿真

电感外特性仿真图如图 1-9(a) 所示。图中，正弦电流源 I1 作用于电感，放置电压探针，确保电压、电流参考方向为关联参考方向。仿照电容外特性仿真分析，得到电感的电压和电流波形图，如图 1-9(b) 所示。可以看出，电压超前电流 90°。

类似地，可以将正弦电流源改为方波电流源，通过瞬态分析，得到相应的电压波形，以及通过 AC 分析，得到电压—频率关系曲线。这里就不一一给出了，留给读者尝试。

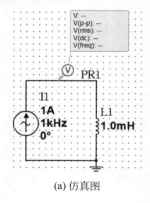

(a) 仿真图

图 1-9　电感外特性仿真分析

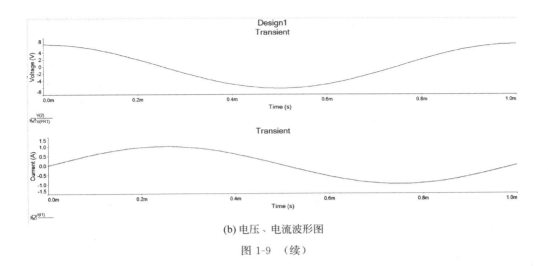

(b) 电压、电流波形图

图 1-9　（续）

1.1.4　半导体二极管

常见的二极管有普通二极管、齐纳二极管、发光二极管、桥式整流器等。二极管在电路中的作用主要有整流、稳压、检波、调制等。

1. 选择二极管

在 Multisim 中选择 View/Toolbars/Components 命令，如图 1-1(a)所示。单击二极管符号，在出现的界面里单击普通二极管、齐纳二极管、开关二极管、LED、整流桥等，即可将它们中不同型号的二极管添加到界面上，如图 1-10 所示。双击二极管符号，在弹出的界面里可以编辑该二极管。

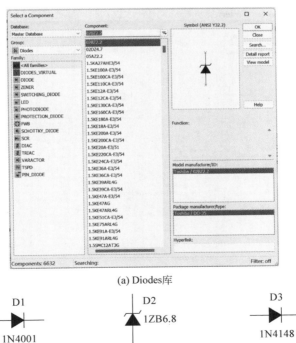

(a) Diodes库

D1
1N4001
(b) 普通二极管

D2
1ZB6.8
(c) 齐纳二极管

D3
1N4148
(d) 开关二极管

图 1-10　选择 Components 库中的二极管

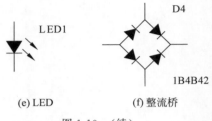

(e) LED　　　　　(f) 整流桥

图 1-10 　（续）

2. 二极管的外特性仿真

　　二极管外特性仿真图如图 1-11 所示。图中，V1 作用于被测二极管两端，作为扫描源，添加电流探针，以确保电压、电流是关联参考方向（特别说明，在实际测试电路中，需要串入限流电阻，以防二极管损坏）。选择 Simulate/Analyses and simulation 命令，在弹出的界面里选择 DC Sweep 选项，并设置起始电压（−5V）、终止电压（1.5V）和 Increment（0.0001V），如图 1-12(a) 所示单击 Output 标签，在 Selected variables for analysis 选项区域里已经有变量 I(PR1)，如图 1-12(b) 所示，这是流入二极管的电流。单击 Run 按钮，得到该二极管的外特性（伏安特性），如图 1-12(c) 所示。将外特性局部放大，得到外特性的正向特性和反向特性，分别如图 1-12(d) 和图 1-12(e) 所示。

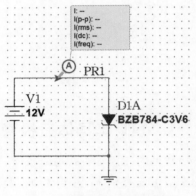

图 1-11　二极管外特性仿真图

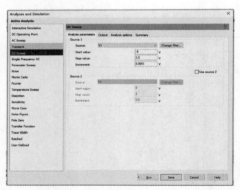

(a) 在DC Sweep中设置起始电压和终止电压

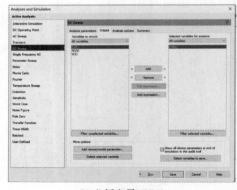

(b) 分析变量I(PR1)

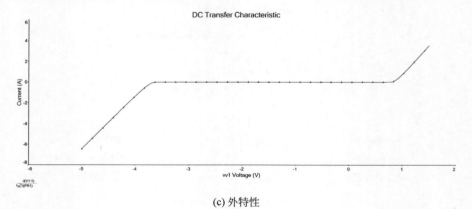

(c) 外特性

图 1-12　二极管外特性的仿真分析

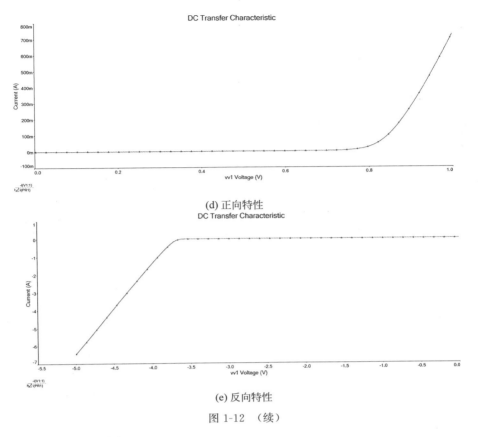

(d) 正向特性

(e) 反向特性

图 1-12 （续）

由图 1-12(c)可以看出：

（1）曲线对原点不对称，说明二极管的非双向性，即元件对不同方向的电流或不同极性的电压表现不同。

（2）在使用时，需认清它的正极引脚和负极引脚，切勿接错，以免损坏。

可见，掌握元件的伏安特性(VCR)对正确地使用它们至关重要。

特别指出，二极管工作在特性曲线的不同区域，将具有不同的电路功能：

（1）当工作在正向特性的线性部分时，若加入一幅值较小的正弦电压信号，即小信号，则流过二极管的交流电流分量也为正弦的，以实现信号的线性传输。可用于放大电路。

（2）当工作在正向特性的非线性部分时，若加入一定幅值的正弦电压信号，则流过二极管的交流电流分量为非正弦的，即出现了高次谐波。可用于高频电路。

（3）当工作在正向特性（导通状态）和反向特性（未击穿）时，二极管呈现单向导电性，如整流电路。

（4）当工作在反向特性的击穿状态时，若使流过二极管的反向电流在一定范围内变化，则其端电压基本不变，据此可用于稳压电路。

1.1.5 双极型晶体管

双极型晶体管分为 NPN 型和 PNP 型，它在电路中的两大主要作用是放大和开关。

1. 选择晶体管

在 Multisim 中选择 View/Toolbars/Components 命令，如图 1-1(a)所示。单击晶体管符号，在出现的界面里单击 NPN 晶体管、PNP 晶体管、达林顿 NPN 晶体管、达林顿 PNP 晶体管等,即可将它们中不同型号的晶体管添加到界面上,如图 1-13 所示。双击晶体管符号,在弹出的界面里可以编辑该晶体管。

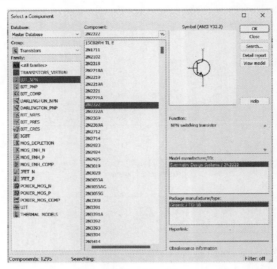

(a) Transistors库

Q1
2N2222

Q2
2N3906

Q3
2N6038

Q4
2N6034G

(b) NPN   (c) PNP   (d) 达林顿NPN   (e) 达林顿PNP

图 1-13   选择 Components 库中的 BJT 晶体管

2. BJT 晶体管的外特性仿真

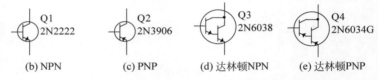

图 1-14   输入特性仿真图

输入特性仿真图如图 1-14 所示。图中,V1 作用于被测晶体管的基-射极两端,添加电流探针,以确保是流入基极的电流(特别说明,在实际测试电路中,需要串入限流电阻,以防晶体管损坏);V2 作用于被测晶体管的集-射极两端。选择 Simulate/Analyses and simulation 命令,在弹出的界面里选择 DC Sweep 选项,并设置 V1 的起始电压(0V)、终止电压(2V)和 Increment(0.005V),V2 的起始电压(0V)、终止电压(10V)和 Increment(2V),如图 1-15(a)所示。单击 Output 标签,在 Selected variables for analysis 选项区域里已经有 I(PR1),如图 1-15(b)所示,这是流入基极的电流。单击 Run 按钮,得到该晶体管的输入特性,如图 1-15(c)所示。

输出特性仿真图如图 1-16 所示。图中,I1 作用于被测晶体管的基极,添加电流探针,以确保是流入集电极的电流(特别说明,在实际测试电路中,需要串入电阻);V2 作用于被测晶体管的集-射极两端。选择 Simulate/Analyses and simulation 命令,在弹出的界面里选择 DC Sweep 选项,并设置 V2 的起始电压(0V)、终止电压(12V)和 Increment(0.005V),I1 的起始值(0A)、终止值(0.05A)和 Increment(0.01A),如图 1-17(a)所示。单击 Output 标签,在 Selected variables for analysis 选项区域里已经有 I(PR1),如图 1-17(b)所示,这是流入集电极的电流。单击 Run 按钮,得到该晶体管的输出特性,如图 1-17(c)所示。

晶体管输出特性分为三个工作区,即放大区、饱和区和截止区。当晶体管工作在截止区和

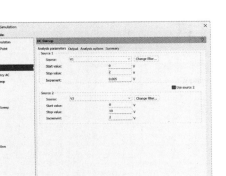
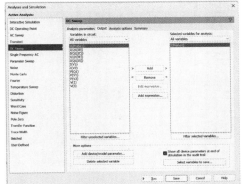

(a) 设置V1、V2的起始电压和终止电压　　　　(b) 选择变量I(PR1)

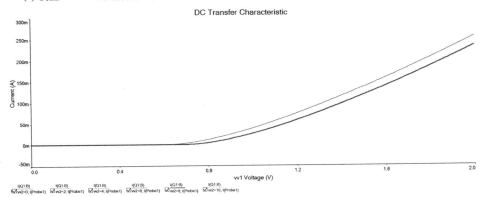

(c) 输入特性

图 1-15　晶体管输入特性仿真分析

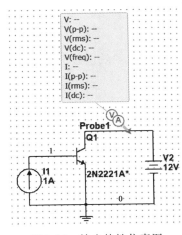

图 1-16　输出特性仿真图

饱和区时,晶体管相当于一个开关;当晶体管工作在放大区时,晶体管相当于一个流控电流源,集电极"放大"了基极电流 β 倍。因此,晶体管具有"开关"和"放大"两个作用。而"开关"作用主要用于数字电路,产生 0、1 信号;"放大"作用主要用于模拟电路,以实现输入信号对输出信号的控制作用。

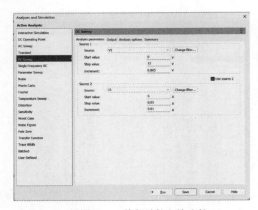

(a) 设置V2、I1的起始值和终止值   (b) 选择变量I(PR1)

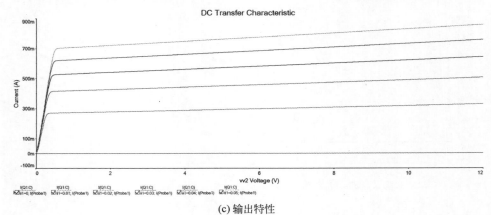

(c) 输出特性

图 1-17　晶体管输出特性仿真分析

1.1.6　场效应管

场效应管分为结型场效应管和 MOS 场效应管两种类型,每一种类型又有 N 沟道和 P 沟道之分,MOS 场效应管还有增强型和耗尽型。场效应管的主要作用是放大、开关,还有阻抗变换、可变电阻和恒流源等。

1. 选择场效应管

在 Multisim 中选择 View/Toolbars/Components 命令,如图 1-1(a)所示。单击 MOS 场效应管符号,在出现的界面里单击耗尽型 N 沟道 MOS 场效应管、增强型 N 沟道 MOS 场效应管、增强型 P 沟道 MOS 场效应管、N 沟道结型场效应管和 P 沟道结型场效应管等,即可将它们中不同型号的场效应管添加到界面上,如图 1-18 所示。双击场效应管符号,在弹出的界面里可以编辑该场效应管。

2. 场效应管的外特性仿真

增强型 N 沟道 MOS 管外特性仿真图如图 1-19(a)所示。仿照双极型晶体管外特性的仿真分析,可得到增强型 N 沟道 MOS 管的转移特性和输出特性,分别如图 1-19(b)和图 1-19(c)所示。场效应管外特性更多分析,可参看文献[1]。

1.1.7　集成运算放大器

集成运算放大器简称集成运放,是由多级直接耦合放大电路组成的高增益模拟集成电路。

微课视频

微课视频

微课视频

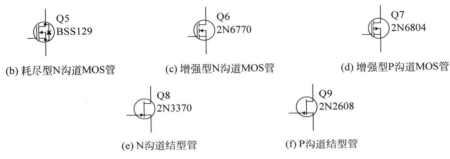

(a) Transistors库

(b) 耗尽型N沟道MOS管　　　　(c) 增强型N沟道MOS管　　　　(d) 增强型P沟道MOS管

(e) N沟道结型管　　　　(f) P沟道结型管

图 1-18　选择 Components 库中的场效应管

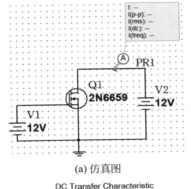

(a) 仿真图

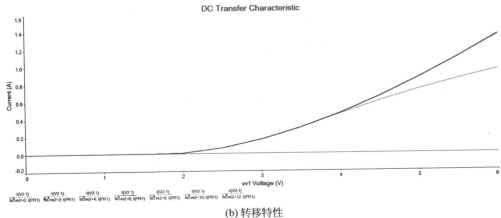

(b) 转移特性

图 1-19　增强型 N 沟道 MOS 管外特性仿真分析

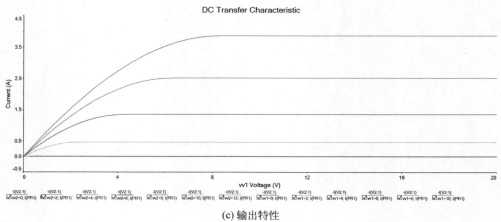

(c) 输出特性

图 1-19 （续）

它具有增益高（可达 60~180dB）、输入电阻大（几十千欧至百万兆欧）、输出电阻小（几十欧）、共模抑制比高（60~170dB）、失调与漂移小，以及输入电压为零时输出电压亦为零的特点。大体分为通用型、高阻型、低温漂型、高速型、低功耗型和高压大功率型等。

1. 选择集成运放

在 Multisim 中选择 View/Toolbars/Components 库，如图 1-1(a)所示。单击集成运放符号，在出现的界面里，单击不同型号的集成运放添加到界面上，如图 1-20 所示，双击集成运放符号，在出现的界面里可以编辑该集成运放。

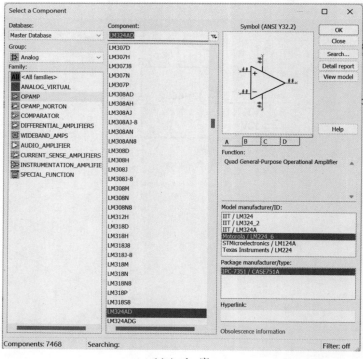

(a) Analog库

图 1-20　选择 Components 库中的集成运放

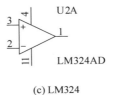

(b) 741   (c) LM324

图 1-20 （续）

2. 集成运放的外特性仿真

集成运放外特性仿真图如图 1-21 所示。图中，V1 作用于被测运放的输入端，作为扫描源。选择 Simulate/Analyses and simulation 命令，在弹出的界面里选择 DC Sweep 选项，并设置起始电压（−20V）、终止电压（20V）和 Increment（0.05V），如图 1-22（a）所示。单击 Output 标签，在 Variables in circuit 选项区域中选择 V(2)，将其添加到 Selected variables for analysis 选项区域里，如图 1-22（b）所示。单击 Run 按钮，得到该运放的外特性（传输特性），如图 1-22（c）所示。

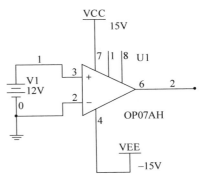

图 1-21 集成运放外特性仿真图

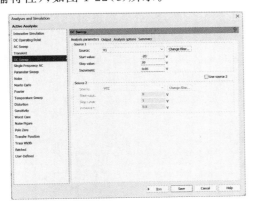

(a) 设置起始电压和终止电压   (b) 选择变量V(2)

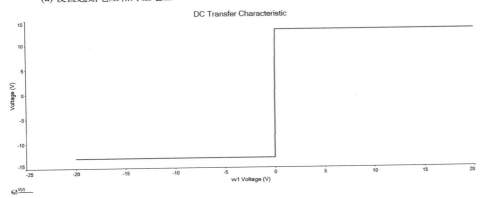

(c) 外特性(传输特性)

图 1-22 集成运放外特性仿真分析

从图 1-22 中可以看出，集成运放的电压传输特性反映的是输出电压与差模输入电压的关系。传输特性可分为线性放大区和非线性区，而非线性区即正向饱和区和负向饱和区。静态时,即差模输入电压 v_{Id} 为零时,输出电压 v_{O} 也为零,这相当于集成运放工作于传输特性的原点处。当差模输入电压 v_{Id} 不为零且幅值很小时,输出电压 v_{O} 随着输入电压 v_{Id} 的增加而线性增加,此时运放工作于线性区,其开环差模电压增益即直线的斜率。当运放工作在线性区时是一个高增益的差模电压放大器。由于 A_{vd} 的值很大,故运放输入电压的线性区很窄。当输入电压增加到一定程度时,由于受供电电压的限制,输出电压不再增加,达到了正的最大值 V_{Om} 和负的最大值($-V_{\mathrm{Om}}$),即运放的工作进入非线性区。

1.2　放大电路

　　放大电路是模拟电路中的核心电路,它不仅具有独立地完成信号放大的功能,而且也是构成各种功能模拟电路,如滤波器、振荡器、稳压器等的基本电路。下面将从放大电路的类型、放大电路的供电形式、放大电路的输入形式、放大电路的性能指标、放大电路的级联等几个方面加以介绍。

1.2.1　放大电路的类型

　　放大电路可视为一个二端口网络,根据二端口网络的四个模型,可以得到放大电路的四个类型。

1. 电压放大电路

　　一个低电压-高电压放大器,其信号源为低内阻的电压源,而负载要求得到恒定的电压信号,此时放大电路可视为电压控制型的电压源,该放大电路称为电压放大电路。

　　打开 Multisim 的 Sources 库,选择电压控制型的电压源,如图 1-23 所示。单击 OK 按钮,在界面上得到电压控制型的电压源,即电压放大电路,如图 1-24 所示。图的左侧为放大电路的输入端,右侧为放大电路的输出端,系数 1V/V 为放大电路的电压放大倍数。双击这个图形,在弹出的界面里可以设置相关参数。

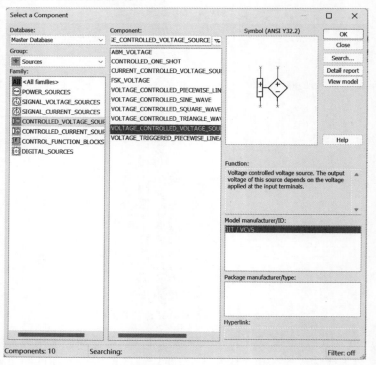

图 1-23　Sources 库

2. 互阻放大电路

一个电流—电压转换电路,其信号源为高内阻的电流源,而负载要求得到恒定的电压信号,此时放大电路可视为电流控制型的电压源,该放大电路称为互阻放大电路。

打开 Multisim 的 Sources 库,选择电流控制型的电压源,如图 1-23 所示。单击 OK 按钮,在界面上得到电流控制型的电压源,即电流—电压转换电路,如图 1-25 所示。图的左侧为转换电路的输入端,右侧为转换电路的输出端,系数 1Ω 为电路的互阻放大倍数。双击这个图形,在弹出的界面里可以设置相关参数。

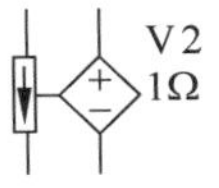

图 1-25 电流控制型的
电压源

图 1-24 电压控制型的
电压源

3. 互导放大电路

一个电压—电流转换电路,其信号源为低内阻的电压源,而负载要求得到恒定的电流信号,此时放大电路可视为电压控制型的电流源,该放大电路称为互导放大电路。

打开 Multisim 的 Sources 库,选择电压控制型的电流源,如图 1-23 所示。单击 OK 按钮,在界面上得到电压控制型的电流源,即电压—电流转换电路,如图 1-26 所示。图的左侧为转换电路的输入端,右侧为转换电路的输出端,系数 1Mho 为电路的互导放大倍数。双击这个图形,在弹出的界面里可以设置相关参数。

4. 电流放大电路

一个小电流—大电流放大器,其信号源为高内阻的电流源,而负载要求得到恒定的电流信号,此时放大电路可视为电流控制型的电流源,该放大电路称为电流放大电路。

打开 Multisim 的 Sources 库,选择电流控制型的电流源,如图 1-23 所示。单击 OK 按钮,在界面上得到电流控制型的电流源,即电流放大电路,如图 1-27 所示。图的左侧为放大电路的输入端,右侧为放大电路的输出端,系数 1A/A 为放大电路的电流放大倍数。双击这个图形,在弹出的界面里可以设置相关参数。

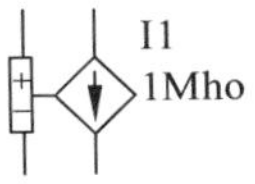

图 1-26 电压控制型的电流源

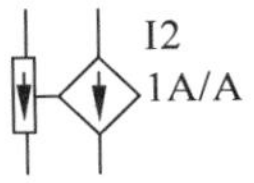

图 1-27 电流控制型的电流源

1.2.2 放大电路的供电形式

我们知道,放大电路是一种能够从直流电源取出能量,并将这个能量的一部分转换为输出信号能量的电子电路。因此,在放大电路上,需要接入一个或多个直流电源为电路供电。常见的供电形式有单电源和双电源两种。下面以集成运放为例介绍放大电路的供电形式。

1. 单电源供电形式

单电源供电形式是指只有一组电源为放大电路供电的形式。对放大电路的"地"而言,这个电源电压可以是"正"电压,也可以是"负"电压,视需要而定。

在 Multisim 中,电源有两种形式,一是电位形式的,二是电池形式的,分别如图 1-28(a)和图 1-28(b)所示。

VCC 5.0V   VEE −5.0V   VDD 5.0V   VSS 0.0V   V1 12V

(a)电位形式 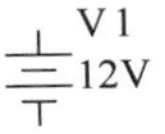   (b)电池形式

图 1-28 电源形式

单电源供电的集成运放电路如图 1-29 所示。比较常见的为图 1-29（a）所示的电路 1。

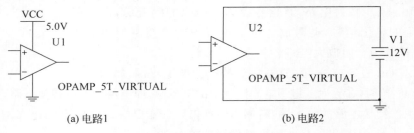

(a) 电路1　　　　　　　　　　　　　　(b) 电路2

图 1-29　单电源供电形式

2. 双电源供电形式

双电源供电形式是指有两组电源为放大电路供电的形式。对放大电路的"地"而言，这两组电源的电压一个是"正"电压，另一个是"负"电压，正负电压的绝对值一般来说是相等的，也可以不等，视需要而定。

双电源供电的集成运放电路如图 1-30 所示。比较常见的为如图 1-30（a）所示的电路 1。

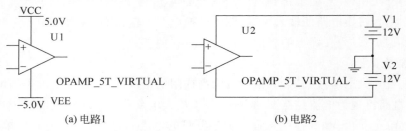

(a) 电路1　　　　　　　　　　　　　　(b) 电路2

图 1-30　双电源供电形式

1.2.3　放大电路的输入形式

放大电路的信号源输入分为单端输入和差分输入两种形式，下面通过仿真来理解这两种输入形式及其电路的特点。

1. 单端输入形式

单端输入放大电路是指仅有一个信号源输入的放大电路，其输出电压 v_o 与输入电压 v_i 的关系是

$$v_o = A_v v_i$$

式中，A_v 为电压放大倍数。

单端输入放大电路如图 1-31 所示。图中，V2 为信号源，RS 为信号源内阻，RL 为负载，其余部分为放大电路。输出电压与输入电压满足 $v_o = A_v v_i$。

当输出电压与输入电压同相时，称为同相单端输入放大电路，如图 1-32（a）所示。当输出电压与输入电压反相时，称为反相单端输入放大电路，如图 1-32（b）所示。

特别提醒，Multisim 中提供的受控源，可以在输入小信号下输出大信号，而不需要另外施加外接电源。如上所述，电压控制电压源，当输入低电压时，它可以输出高电压。当然，这是不符合能量守恒的。不过，这种模型为仿真交流等效电路带来了方便。

下面以场效应管模型（电压控制电流源）为例，来说明从模型到实际电路的仿真。

（1）互导放大电路模型仿真图如图 1-33（a）所示。先设置其参数为 1mMho，即输入 1V 电压时，输出电流为 1mA；负载取 2kΩ 电阻。当信号源电压为 1V 峰值、频率为 1kHz 的正弦波信号时，在负载上将产生 2V（1mA×2kΩ）峰值、频率为 1kHz 的正弦波信号，如图 1-33（b）所示。

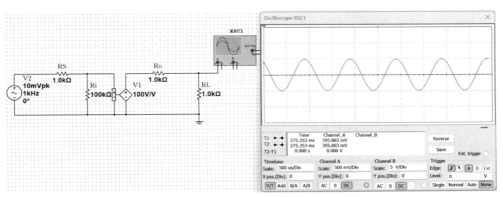

图 1-31 单端输入放大电路

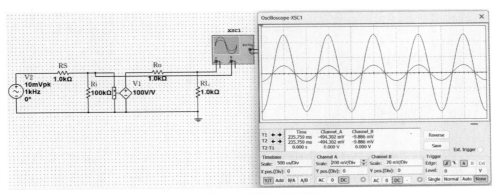

(a) 输入(小)与输出(大)同相

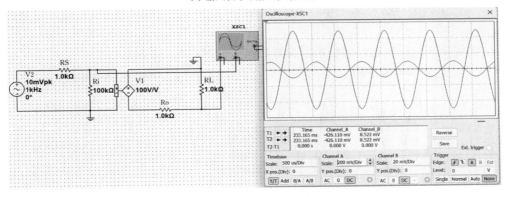

(b) 输入(小)与输出(大)反相

图 1-32 同相与反相放大电路

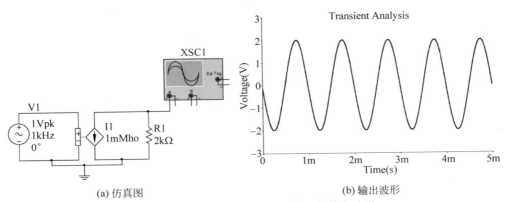

(a) 仿真图   (b) 输出波形

图 1-33 互导放大电路模型仿真图与输出波形

（2）实际互导放大电路仿真图如图 1-34（a）所示。可以看出，在电路中接入了直流电源，得到了一个接近实际电路的仿真电路，可以理解为场效应管放大电路。

在这里，直流电源经过电阻 R1 作用于受控源上，输入电压作用于输入端，于是，在电阻R1 上产生两个电压信号，一是直流电源在 R1 上的直流压降，二是由输入信号引起的交流信号。当通过电容输出信号于示波器时，在示波器上将看到交流信号，即电容 C1 起到了"通交流，隔直流"的作用，如图 1-34（b）所示。

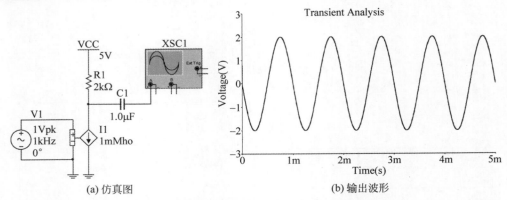

| (a) 仿真图 | (b) 输出波形 |

图 1-34　实际互导放大电路的仿真图与输出波形

不难发现，图 1-33（b）与图 1-34（b）所示是一样的，即只考虑交流信号的作用时，也就是令直流电源为零时，图 1-34（a）即等效为图 1-33（a）。换句话说，图 1-33（a）是图 1-34（a）的交流等效电路。

（3）将输出波形与输入波形进行比较，如图 1-35 所示。可知图 1-34（a）所示电路为反相放大电路。

（4）若无电容 C1，则输出的波形中含有直流分量，如图 1-36 所示。

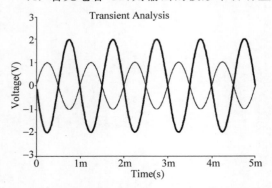

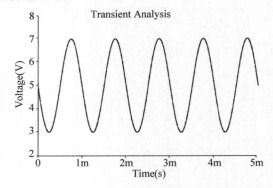

图 1-35　输出波形（粗线）与输入波形（细线）比较　　　　图 1-36　无电容 C1 时的输出波形

（5）若在 C1 的右端接入负载 R2（2kΩ），将看到输出电压减少了一半。也就是说，对于交流信号来说，负载为 R1 与 R2 的并联，即交流负载为 2kΩ//2kΩ=1kΩ，于是，交流输出电压为1V（1mA×1kΩ）峰值，如图 1-37 所示。注意，对于交流信号来说，电容 C1 的容抗较负载 R2的值可略，故 C1 视为交流的通路。

2. 差分输入形式

具有两个信号源输入的双端输入放大电路，由于这种电路只能放大两个输入信号电压的差，故又称为差分放大电路。其输入形式为差分输入形式，如图 1-38 所示。

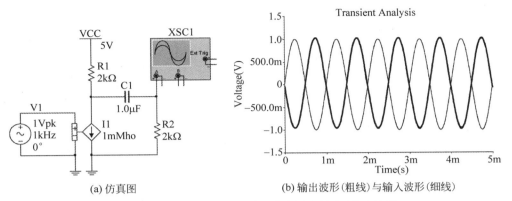

(a) 仿真图　　　　　　　　(b) 输出波形(粗线)与输入波形(细线)

图 1-37　带载互导放大电路的仿真图与输出/输入波形

一个理想的差分放大电路所产生的输出电压与输入电压的差值成正比,即

$$v_o(t) = A_d[v_{i2}(t) - v_{i1}(t)]$$

式中,A_d 称为电压放大倍数。

现考虑两种类型的信号,使之分别作用于差分放大电路,分析电路的输出电压。一种是大小相等,相位相反的信号,称为差模信号,即 $v_{i2}(t) = -v_{i1}(t)$;另一种是大小相等,相位相同的信号,称为共模信号,即 $v_{i2}(t) = v_{i1}(t)$。

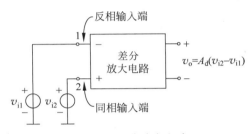

图 1-38　差分放大电路

不难得出,当差分放大电路的两个输入端加入差模信号时,输出电压为

$$v_o(t) = 2A_d v_{i2}(t) = -2A_d v_{i1}(t)$$

当差分放大电路的两个输入端加入共模信号时,输出电压为

$$v_o(t) = 0$$

由此可见,差分放大电路与单端输入放大电路不同,差分电路的优势表现为对差模信号和共模信号有不同的放大能力,即对于差模信号来说,具有较大的输出电压幅度,而对共模信号来说,输出电压幅度却很小。简言之,差分放大电路的特点是"放大差模信号,抑制共模信号",这是单端输入放大电路所不能及的。

利用功能模块库中的"电压放大器"模块,可以对差分放大电路进行仿真。仿真图如图 1-39(a)所示。设置"电压放大器"模块的增益为 2V/V,接入两个信号源:分别为 1.5V 和 1V 峰值的正弦波信号源。单端输出(对地)、双端输出的输出波形如图 1-39(b)所示。图中,两个细线波形为单端输出波形,粗线波形为双端输出波形。可以看出,单端输出的输出波形(对地)是互为反相的,且输出电压均为 0.5V 峰值,而双端输出的输出波形为单端输出的差值,即输出电压为 1V 峰值。

由以上分析可知,差分放大电路双端输出的差模放大倍数为

$$A_{vd} = \frac{v_o}{v_{i1} - v_{i2}}$$

在本例中,$A_{vd} = \dfrac{1}{1.5 - 1} = 2$,即模块的增益 2V/V。

单端输出的差模放大倍数为

$$A_{vd1} = \frac{1}{2} \frac{v_o}{v_{i1} - v_{i2}} = \frac{1}{2} A_{vd} \quad 或 \quad A_{vd2} = -\frac{1}{2} \frac{v_o}{v_{i1} - v_{i2}} = -\frac{1}{2} A_{vd}$$

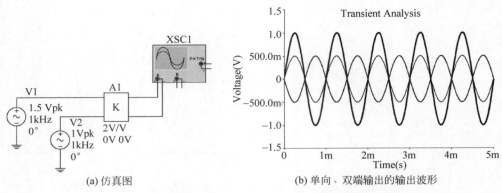

(a) 仿真图 (b) 单向、双端输出的输出波形

图 1-39 差分放大电路的仿真图与单端、双端输出的输出波形

在本例中,$A_{vd1} = \dfrac{1}{2} \times \dfrac{1}{1.5-1} = 1$ 或 $A_{vd2} = -1$,即差分放大电路的单端输出电压放大倍数为双端输出时的 $1/2$。

1.2.4 放大电路的性能指标

下面介绍三个放大电路的性能指标:电压放大倍数(增益)、输入电阻和输出电阻。

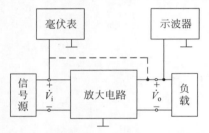

图 1-40 电压放大倍数的测量线路

1. 电压放大倍数

电压放大倍数的测量线路如图 1-40 所示。在保证示波器的波形不失真的条件下,调节信号源的输出幅度和频率至合适的数值,然后用毫伏表分别测出输入电压和输出电压的数值,再求二者的比值即可。

电压放大倍数测量仿真图如图 1-41 所示。图中,放大电路(电压控制电压源 V1)的输入电阻设为 $100\text{k}\Omega$,输出电阻设为 $1\text{k}\Omega$,电压放大倍数为 100。输入端接入信号源 V2,其内阻为 $1\text{k}\Omega$,输出端接入负载为 $1\text{k}\Omega$。

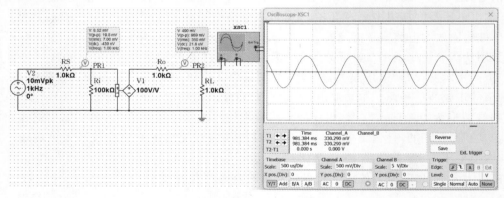

图 1-41 电压放大倍数测量仿真图

首先通过示波器观察输出波形,没有明显的失真。然后,读取电压探针测试结果:输入电压有效值为 7mV,输出电压有效值为 350mV,所以,电压放大倍数为 $350/7=50$,与理论值吻合。

2. 输入电阻

输入电阻的测量线路如图 1-42 所示。在信号源与放大电路输入端之间串入一个已知电

阻 R（电流采样电阻）。在保证示波器的波形不失真的条件下，用毫伏表分别测出电压 $\dot V_1$ 和 $\dot V_2$ 的值，然后即可求得 R_i，即

$$R_i = \frac{V_2}{V_1 - V_2}R$$

电压放大电路输入电阻测试电路 1 如图 1-43 所示。首先，观察示波器输出波形有无失真，若无失真，再进行测试。由于 Multisim 仿真中可以非常方便地

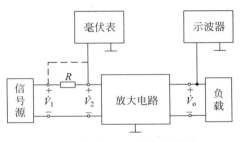

图 1-42　输入电阻的测量线路

放置电压电流探针，这样，在放大电路的输入端就很容易读取输入电压和输入电流值，从而求得输入电阻。由探针显示数据，求得输入电阻为 $100\text{k}\Omega(7\text{mV}/70\text{nA})$，与实际电路吻合。

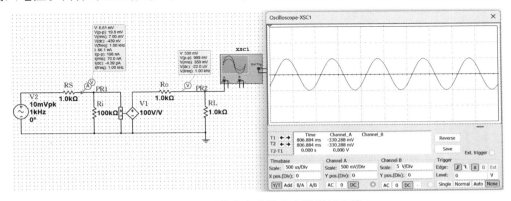

图 1-43　电压放大电路输入电阻测试电路 1

放大电路输入电阻的实际测量，往往采用电压测量法，仿真图如图 1-44 所示。在示波器显示波形不失真的前提下，读取电压探针的示数，即可求得输入电阻的值，即

$$R_i = \frac{V_2}{V_1 - V_2}R_o = \frac{6.9941}{7.0011 - 6.9941} \times 100\Omega = 99.9\text{k}\Omega$$

与实际值基本吻合。

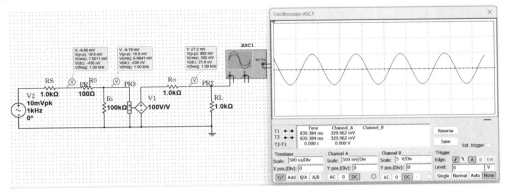

图 1-44　电压放大电路输入电阻测试电路 2

3. 输出电阻

输出电阻的测量线路如图 1-45 所示。在放大电路的输出端接入一个已知负载 R_L，并串入开关 S。信号源给放大电路输入幅度和频率合适的交流信号，以保证示波器的波形不失真。用毫伏表分别测出开关 S 断开和闭合时的输出电压，即 S 断开时，放大电路的空载输出电压

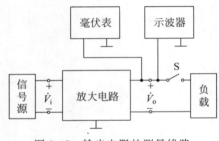

图 1-45　输出电阻的测量线路

V_{o1}；S 闭合时，放大电路的带载输出电压 V_{o2}，故有

$$R_o = \frac{V_{o1} - V_{o2}}{V_{o2}} R_L$$

输出电阻测量仿真图如图 1-46 所示。在输出波形不失真的前提下，分别测量空载时的输出电压有效值（700mV）和带载时的输出电压有效值（350mV），分别如图 1-46(a) 和图 1-46(b) 所示，由此求得输出电阻为

$$R_o = \frac{V_{o1} - V_{o2}}{V_{o2}} R_L = \frac{700 - 350}{350} \times 1k\Omega = 1k\Omega$$

与实际电路吻合。

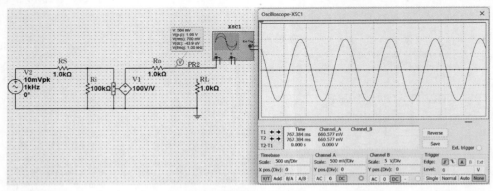

(a) 空载输出电压测量

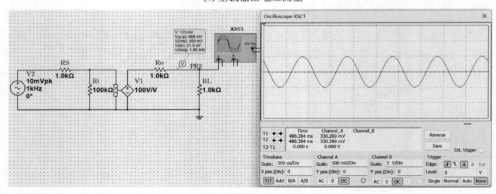

(b) 带载输出电压测量

图 1-46　电压放大电路输出电阻测量仿真图

1.2.5　放大电路的级联

在实际电路中，有时需要将一个放大电路的输出连接到另一个放大电路的输入端，如图 1-47 所示，这称为放大电路的级联。级联放大电路的总电压放大倍数等于单级电压放大倍数的乘积，即

$$\dot{A}_v = \dot{A}_{v1} \dot{A}_{v2}$$

特别注意，计算每一级的放大倍数时，需考虑后级的负载作用，即第二级的输入电阻为第一级的负载。

由两个电压放大电路构成的级联放大电路如图 1-48 所示。当输入峰值为 1mV、频率为

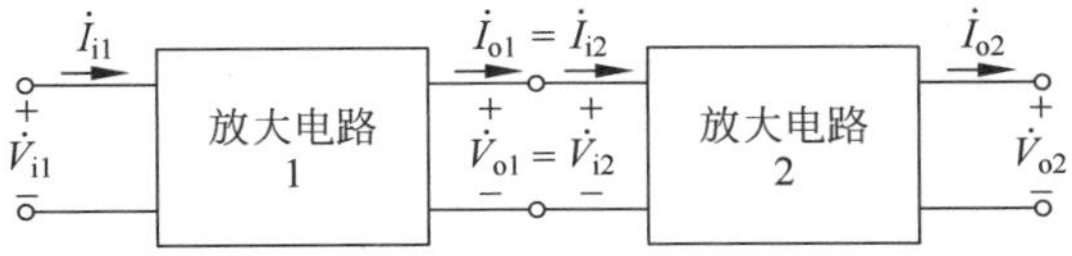

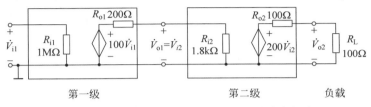

图 1-47 两个放大电路的级联

1kHz 正弦波时,确定电路的输出电压。

图 1-48 两个电压放大电路构成的级联放大电路

不难求得级联放大电路的总开路电压放大倍数为

$$A_{vo} = A_{v1}A_{v2} = 90 \times 200 = 1.8 \times 10^4$$

级联放大电路的输入电阻为

$$R_i = R_{i1} = 1\text{M}\Omega$$

输出电阻为

$$R_o = R_{o2} = 100\Omega$$

故接入负载 100Ω 后,有载电压放大倍数为 9.0×10^3,由此可知输出电压峰值为 9V。

图 1-48 所示电路的仿真图如图 1-49(a)所示。设置参数:根据已知条件,设 V1 受控源的输入端"漏电阻"为 1MΩ,"增益"为 100V/V;V2 受控源的输入端"漏电阻"为 1.8kΩ,"增益"为 200V/V。

当输入信号源电压为 1mV 峰值的正弦波时,其输出信号电压为 9V 峰值的正弦波,仿真输出波形如图 1-49(b)所示。可见,仿真测试与理论计算结果一致。

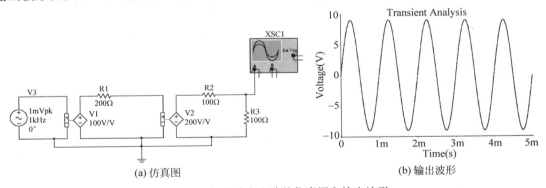

(a) 仿真图   (b) 输出波形

图 1-49 级联放大电路的仿真图和输出波形

1.3 放大电路的频率响应

放大倍数是放大电路的一个重要技术性能指标,包括电压放大倍数、电流放大倍数、互阻放大倍数和互导放大倍数,在整个频率范围内来讨论这个指标时,它们都应为频率的函数,放大倍数随频率变化的规律即为频率响应(又称频率特性)。

1.3.1 研究放大电路频率响应的必要性

在实际的放大电路中,存在许多电抗元件,如耦合电容、旁路电容,它们对于较低频率信号分量的分压作用不可忽略,导致放大倍数的数值减少且产生附加相移。又如晶体管的极间电容、电路的负载电容、分布电容和电感等,它们对于较高频率信号分量的分流作用不可忽略,导致放大倍数的数值减少且产生附加相移。图1-50给出了同时考虑电路中各种电容后而得出的放大电路模型。图中,C_1、C_4为耦合电容,C_2、C_3为放大电路内部的极间电容,C_L为负载电容,由此得到的放大倍数应是信号频率的函数。这里放大倍数数值随信号频率的变化规律,称为幅频特性;输出电压与输入电压的相位差随信号频率的变化规律,称为相频特性。幅频特性和相频特性统称为频率特性。可见,研究放大电路的频率特性,对于分析和设计放大电路是非常必要的。

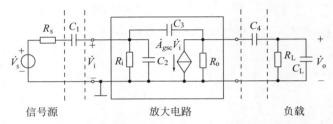

图 1-50　同时考虑电路中各种电容后而得出的放大电路模型

利用仿真,不仅可以方便地得到放大电路的频率特性,还可以直观地体会频率失真。

1. 频率特性

图1-50所示电路的仿真图如图1-51(a)所示。通过交流分析,得到电路的幅频特性和相频特性分别如图1-51(b)和图1-51(c)所示。

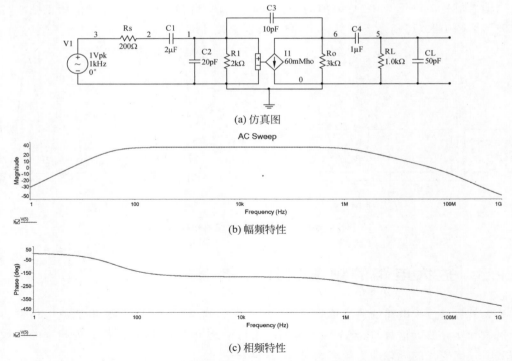

(a) 仿真图

(b) 幅频特性

(c) 相频特性

图 1-51　放大电路的仿真图与幅频特性和相频特性

由此可见,实际的幅频特性并不像理想的那样平坦。为了描述频率特性,人们定义了下限(截止)频率 f_L 和上限(截止)频率 f_H,并将频率在 f_L 和 f_H 之间的范围称为电路的通频带 BW,即任何一个具体的放大电路都有其确定的通频带,所以,它只适用于放大某一特定频率范围的信号。在设计电路时,往往是在已知信号频率范围的基础上,设计放大电路合适的频率特性,使之能够不失真地放大信号。

2. 频率失真

为了比较直观地体会频率失真,我们设计了一个电路,如图 1-52(a)所示。图中,U1 为反相加法器,可以实现两个信号 V1、V2 的合成;U2 为反相器,将 U1 输出的信号反相,得到合成的 V1 和 V2,即原信号。也就是说,原信号是由基波和二次谐波组成,它们的波形如图 1-52(b)所示。

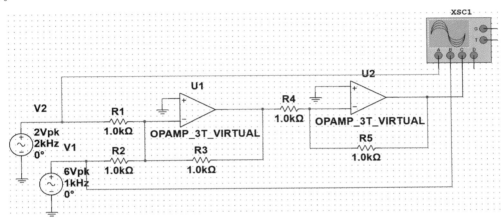

(a) 信号V1和V2的合成

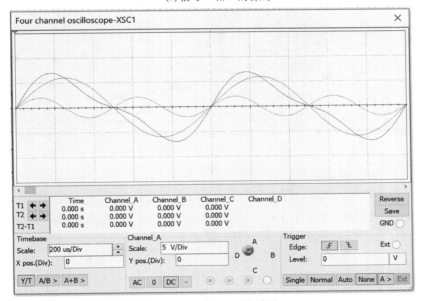

(b) V1、V2和V1+V2的波形

图 1-52　原信号波形

由于电抗元件的影响,经放大电路后,若仅信号中基波和二次谐波的幅值不同于输入信号,如图 1-53(a)所示,则使之合成的信号产生了失真,如图 1-53(b)所示。把这种由于电路放大倍数数值随频率变化而引起的失真称为幅频失真。

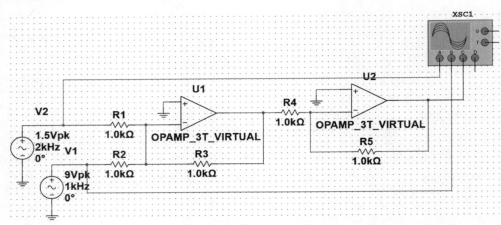

(a) 信号V1和V2的幅值不同于输入信号

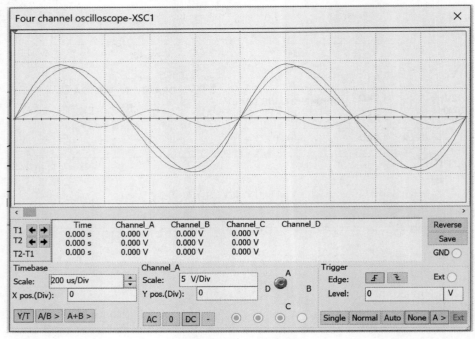

(b) V1、V2和V1+V2的波形

图1-53　幅频失真

　　由于电抗元件的影响,经放大电路后,若放大电路对基波和二次谐波的放大倍数数值相同,而延迟时间不同,即相位与频率不成正比,如图1-54(a)所示,则放大后的合成信号也将产生失真,如图1-54(b)所示。把这种失真称为相频失真。

　　在实际放大电路中,幅频失真和相频失真往往是同时发生的,此时的仿真图如图1-55(a)所示,V1、V2和V1+V2的波形如图1-55(b)所示。

1.3.2　三频段分析法

下面利用仿真来验证三频段分析法。

实例　电路如图1-56所示。

图中,$R_1 = 0.2\text{k}\Omega$,$R_2 = 2\text{k}\Omega$,$R_3 = 3\text{k}\Omega$,$g_m = 60\text{mA/V}$,$C_1 = 2\mu\text{F}$,$C_2 = 50\text{pF}$。求$\dot{A}_v$的

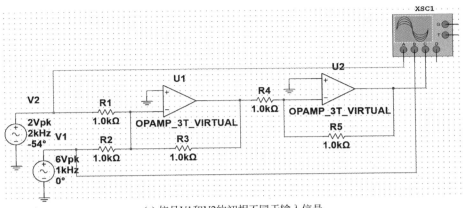

(a) 信号V1和V2的初相不同于输入信号

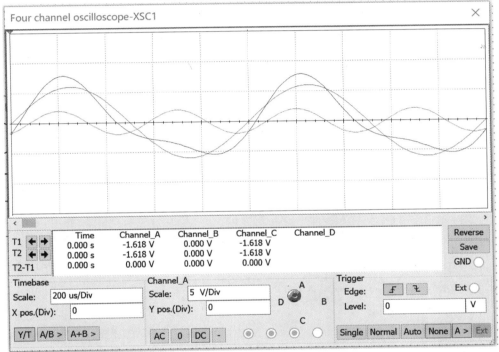

(b) V1、V2和V1+V2的波形

图 1-54　相频失真

表达式并画出近似波特图。

（1）中频段等效电路如图 1-57 所示。

由图可知，$\dot{A}_{vm} = \dfrac{\dot{V}_o}{\dot{V}_i} = -\dfrac{g_m \dot{V}_1 R_3}{\dfrac{R_1 + R_2}{R_2} \dot{V}_1} = -\dfrac{g_m R_3 R_2}{R_1 + R_2} = -\dfrac{60 \times 2 \times 3}{2 + 0.2} = -164$

故 $|\dot{A}_{vm}| = 44\text{dB}$。

（2）下限频率 $f_L = \dfrac{1}{2\pi(R_1 + R_2)C_1} = \dfrac{1}{2\pi(2 + 0.2) \times 10^3 \times 2 \times 10^{-6}} = 36\text{Hz}$

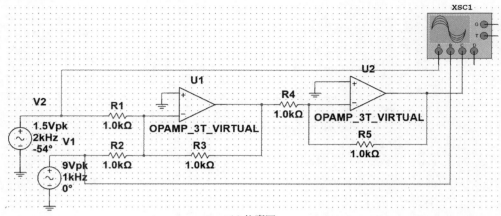

(a) 仿真图

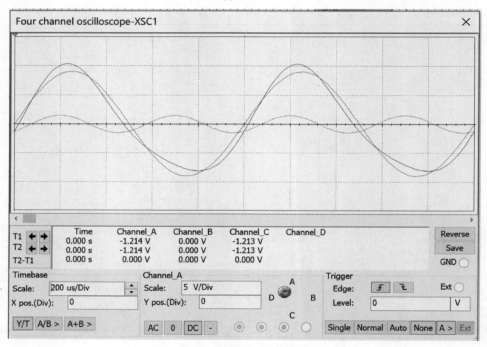

(b) V1、V2和V1+V2的波形

图 1-55　幅频失真和相频失真同时发生

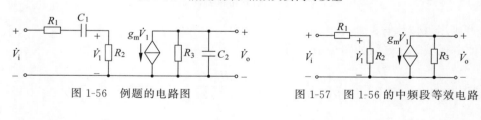

图 1-56　例题的电路图　　　　　图 1-57　图 1-56 的中频段等效电路

上限频率 $f_H = \dfrac{1}{2\pi R_3 C_2} = \dfrac{1}{2\pi \times 3 \times 10^3 \times 50 \times 10^{-12}} = 1.1 \times 10^6 \, \text{Hz} = 1.1 \, \text{MHz}$

（3）电路 $\dot{A}_v$ 的表达式为

$$\dot{A}_v(jf) = (-164) \cdot \dfrac{1}{1 + j\dfrac{f}{1.1 \times 10^6}} \cdot \dfrac{1}{1 - j\dfrac{36}{f}}$$

根据 $\dot{A}_v$ 的表达式,画出近似波特图如图 1-58 所示。

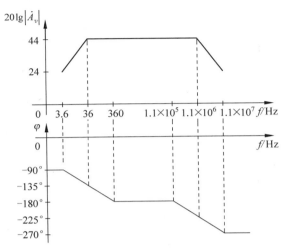

图 1-58 近似波特图

图 1-56 所示电路的仿真图如图 1-59(a)所示。通过 AC 分析,得到该电路的幅频特性和相频特性,如图 1-59(b)所示。

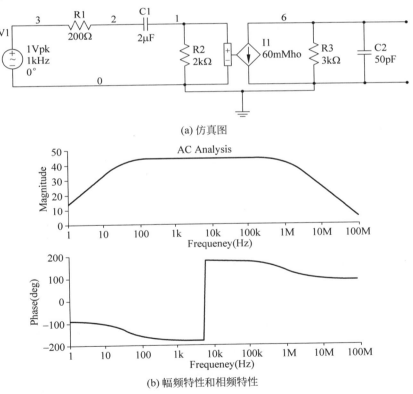

(a) 仿真图

(b) 幅频特性和相频特性

图 1-59 图 1-56 的仿真图与幅频特性和相频特性

仿真结果表明,仿真测试结果与三频段分析法计算结果基本一致。

1.3.3 密勒效应

根据密勒定理,图 1-50 中电容 C_3 等效到电路的输入回路和输出回路后分别为

微课视频

$$C_3' = C_3(1 - \dot{A}_v) \quad \text{和} \quad C_3'' = \frac{C_3(\dot{A}_v - 1)}{\dot{A}_v}$$

一般情况下，$|\dot{A}_v| \gg 1$，故输出回路中的 $C_3'' \approx C_3$，而对于输入回路来说，电容 C_3 就等效于在电路的输入端接入了电容 $C_3' = C_3(1 - \dot{A}_v)$，这就是所谓的密勒效应。例如，放大电路的 $\dot{A}_v = -100$，$C_3 = 2\text{pF}$，则跨接在输入端的等效电容 $C_3' = C_3(1 - \dot{A}_v) = 202\text{pF}$，这个值往往比电容 C_2 要大得多，即 C_3' 对电路上限频率的影响比 C_2 会更大。

下面利用仿真来分析图 1-50 中电容 C_2、C_3 对电路上限频率的影响。

（1）只考虑电容 C_2 的影响：设电容 $C_2 = 20\text{pF}$，仿真电路如图 1-60(a)所示。

AC 分析结果如图 1-60(b)所示。电路的上限频率为 7.950 2MHz。根据理论计算，从电容 C_2 两端看入的戴维南等效电阻为 $R1//R2 \approx 1\text{k}\Omega$，故电路的上限频率的理论值为 7.9577MHz，二者基本吻合。

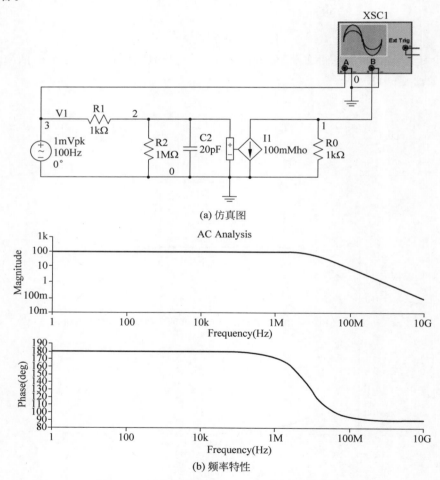

(a) 仿真图

(b) 频率特性

图 1-60　只考虑电容 C_2 对电路上限频率的影响

（2）只考虑电容 C_3 的影响：设电容 $C_3 = 10\text{pF}$，仿真电路如图 1-61(a)所示。

AC 分析结果如图 1-61(b)所示，电路的上限频率为 155.9840kHz。根据理论计算，先利用密勒定理将电容 C_3 等效到电路的输入端（即 C_3'）和输出端（即 C_3''）。从 C_3' 两端看入的戴维南等效电阻为 $R_1//R_2 \approx 1\text{k}\Omega$，电路的电压放大倍数约为

$$\dot{A}_v = (-100\mathrm{mMho} \times 1\mathrm{mV} \times 1\mathrm{k\Omega})/1\mathrm{mV} = -100$$

故由 C_3' 决定的电路上限频率的理论值为

$$f_\mathrm{H}' = \frac{1}{2\pi(R_1//R_2)C_3(1-\dot{A}_v)} = \frac{1}{2\pi \times 1 \times 10^3 \times 10 \times 10^{-12} \times [1-(-100)]} = 157.659\mathrm{kHz}$$

由 C_3'' 决定的电路上限频率的理论值为

$$f_\mathrm{H}'' = \frac{1}{2\pi R_0 C_3} = \frac{1}{2\pi \times 1 \times 10^3 \times 10 \times 10^{-12}} = 15.924\mathrm{MHz}$$

可见，$f_\mathrm{H}' \ll f_\mathrm{H}''$，故电路的上限频率主要由 f_H' 决定，其值与仿真测试值基本吻合。

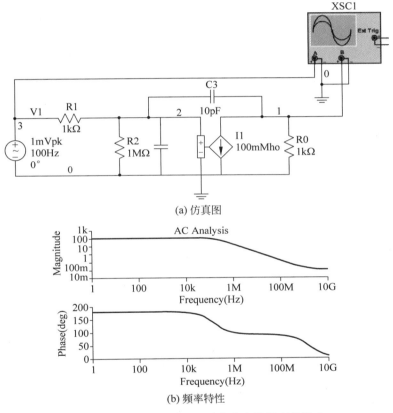

(a) 仿真图

(b) 频率特性

图 1-61 只考虑电容 C_3 对电路上限频率的影响

（3）同时考虑电容 C_2 和 C_3 的影响：仿真电路如图 1-62(a)所示。

AC 分析结果如图 1-62(b)所示，电路的上限频率为 153.1237kHz。根据理论计算，由 C_2 和 C_3' 并联决定的电路上限频率的理论值为

$$\frac{1}{2\pi(R_1//R_2)[C_3(1-\dot{A}_v)+C_2]}$$

$$= \frac{1}{2\pi \times 1 \times 10^3 \times \{10 \times 10^{-12} \times [1-(-100)]+20 \times 10^{-12}\}}$$

$$= 154.597\mathrm{kHz}$$

二者基本吻合，且与 f_H' 的值近似相等，说明 C_3' 对电路的上限频率起决定性作用。也就是说，密勒效应将主要影响该电路的上限频率。

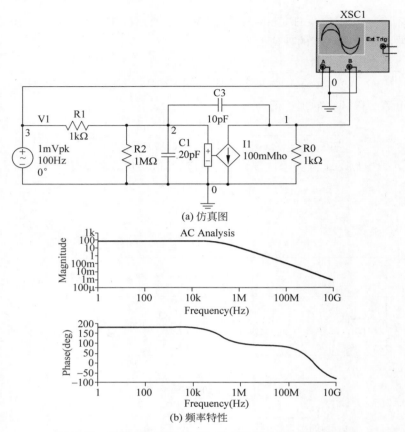

(a) 仿真图

(b) 频率特性

图 1-62　同时考虑电容 C_2 和 C_3 对电路上限频率的影响

1.4　反馈技术

对于实用电路来说,总是要引入不同形式的反馈来改善其各方面的性能,以满足实际问题对电路的要求。也就是说,任何一种实用放大电路都存在反馈技术的应用。

1.4.1　负反馈放大电路的四种组态

根据反馈量在电路输出端采样方式的不同,可分为电压反馈和电流反馈。若反馈信号取自输出电压,则称为电压反馈;若反馈信号取自输出电流,则称为电流反馈。

根据反馈量与输入量在电路输入回路中连接形式的不同,可分为串联反馈和并联反馈。若反馈信号与输入信号在输入回路中以电压形式求和,即二者为串联关系,则称为串联反馈;若反馈信号与输入信号在输入回路中以电流形式求和,即二者为并联关系,则称为并联反馈。

下面以电压控制电压源——电压放大电路为例,介绍负反馈放大电路四种组态的仿真图。

1. 电压串联负反馈

电路如图 1-63 所示。图中,R5、R6 为电路引入了电压串联负反馈。

2. 电流串联负反馈

电路如图 1-64 所示。图中,R5、R6、R7 为电路引入了电流串联负反馈。

3. 电压并联负反馈

电路如图 1-65 所示。图中,R5 为电路引入了电压并联负反馈。

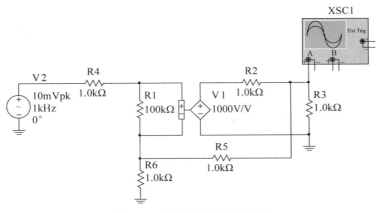

图 1-63　电压串联负反馈组态

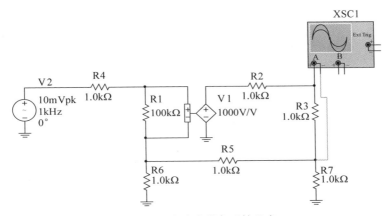

图 1-64　电流串联负反馈组态

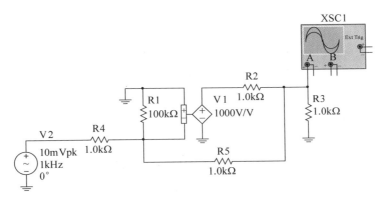

图 1-65　电压并联负反馈组态

4. 电流并联负反馈

电路如图 1-66 所示。图中，R5、R7 为电路引入了电流并联负反馈。

1.4.2　反馈放大电路的基本方程

研究放大电路中反馈一般规律的框图如图 1-67 所示。图中，输入量、输出量、反馈量和净输入量分别用相量 $\dot{X}_i$、$\dot{X}_o$、$\dot{X}_f$ 和 $\dot{X}'_i$ 表示，它们可能是电压量，也可能是电流量。

开环增益 $\dot{A}$、反馈系数 $\dot{F}$ 和闭环增益 $\dot{A}_f$ 三者的关系为

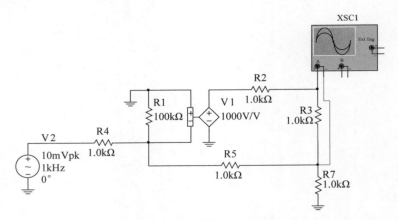

图 1-66　电流并联负反馈组态

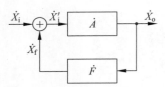

图 1-67　反馈放大电路的框图

$$\dot{A}_f = \frac{\dot{X}_o}{\dot{X}_i} = \frac{\dot{A}}{1+\dot{A}\dot{F}}$$

这就是反馈放大电路的基本方程。

若 $|1+\dot{A}\dot{F}|>1$，则 $|\dot{A}_f|<|\dot{A}|$，说明引入反馈后使放大倍数比原来减少，这种反馈称为负反馈；若 $|1+\dot{A}\dot{F}|\gg1$，则称为深度负反馈，且有

$$\dot{A}_f = \frac{\dot{A}}{1+\dot{A}\dot{F}} \approx \frac{1}{\dot{F}}$$

表明深度负反馈放大电路的闭环增益 $\dot{A}_f$ 几乎与基本放大电路的开环增益 $\dot{A}$ 无关，而主要取决于反馈网络的反馈系数 $\dot{F}$。

下面以电压控制电压源——电压放大电路为例，对负反馈放大电路进行仿真分析。

电路如图 1-68 所示。图中，受控源为电压控制电压源，其输入电阻 R_1 设为 $100\text{k}\Omega$，电压放大倍数为 100，输出电阻 R_2 设为 $1\text{k}\Omega$，负载 R_3 为 $1\text{k}\Omega$。通过 R_5、R_6 引入电压串联负反馈，构成负反馈放大电路。信号源 V2 通过内阻 R_4 作用于放大电路的同相输入端。

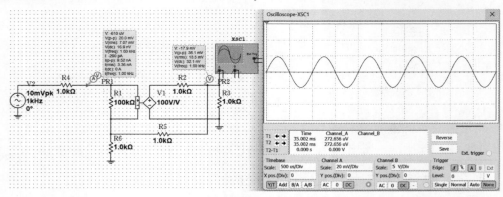

图 1-68　电压串联负反馈放大电路

由电压探针可知，输出电压有效值为 13.5mV，输入电压有效值为 7.07mV，据此可求得该电路的电压放大倍数为 $13.5/7.07=1.91$。

根据负反馈放大电路拆环,得到图 1-68 所示电路的基本放大电路如图 1-69 所示。由电压探针可知,输出电压有效值为 279mV,输入电压有效值为 7.00mV,据此可求得基本放大电路的电压放大倍数为 279/7.00=39.9。

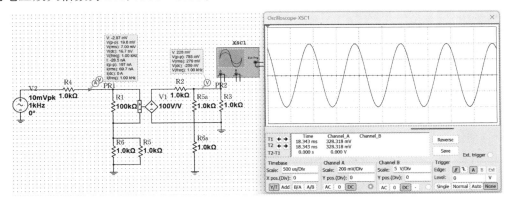

图 1-69　电压串联负反馈放大电路的基本放大电路

由图 1-68 可知,电路的反馈系数 $F=R_6/(R_5+R_6)=1/2$。代入反馈放大电路基本方程,有

$$\frac{A}{1+AF}=\frac{39.9}{1+39.9\times\frac{1}{2}}=1.90$$

与仿真测量值基本吻合,满足反馈放大电路基本方程。

由上述仿真可求得 $1+AF=20.95>1$,满足 $|\dot{A}_f|<|\dot{A}|$。

现将 V1 改为 1 000V/V,如图 1-70 所示,此时的 $1+AF\gg1$,输出电压的有效值为 14.1mV,据此求得电路的电压放大倍数为 14.1/7.07=1.99,与深度负反馈下

$$\dot{A}_f=\frac{\dot{A}}{1+\dot{A}\dot{F}}\approx\frac{1}{\dot{F}}=2$$

基本相等。说明提高 V1 的值,可实现放大电路的深度负反馈,使电路的闭环增益越趋于这个最大值(1/F)。在实际应用中,集成运算放大器就被设计成这样一种电压放大电路,其开环电压放大倍数大于或等于 10^5,将由运放构成的负反馈放大电路视为深度负反馈放大电路,这给我们设计放大电路和应用带来极大的方便。

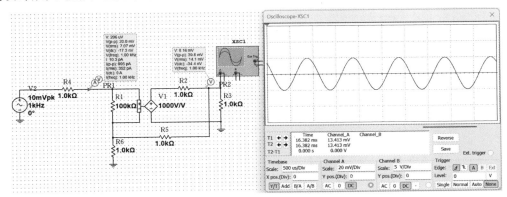

图 1-70　深度电压串联负反馈放大电路

1.4.3 负反馈对放大电路性能的影响

一个放大电路引入负反馈后,对其性能将产生多方面的影响,其中包括对电路整体性能(增益的稳定、展宽频带和减少非线性失真)和电路局部参数的影响(改变电路的输入电阻和输出电阻)。

1. 提高增益的稳定性

根据反馈放大电路的基本方程,可得

$$\frac{\mathrm{d}A_\mathrm{f}}{A_\mathrm{f}} = \frac{1}{1+AF}\frac{\mathrm{d}A}{A}$$

表明负反馈放大电路闭环增益 A_f 的相对变化量,等于基本放大电路开环增益 A 的相对变化量的 $(1+AF)$ 分之一,即反馈越深,$\mathrm{d}A_\mathrm{f}/A_\mathrm{f}$ 越小,闭环增益的稳定性越高。也就是说,引入负反馈后,电路增益下降为原来的 $(1+AF)$ 分之一,而电路增益的稳定性提高了 $(1+AF)$ 倍。

为了说明负反馈可以提高增益的稳定性,设计了一个由两个运放构成的放大电路,如图 1-71(a)所示。其中,运放 U2 的电压放大倍数为 10 倍,运放 U4 的电压放大倍数为 10～12

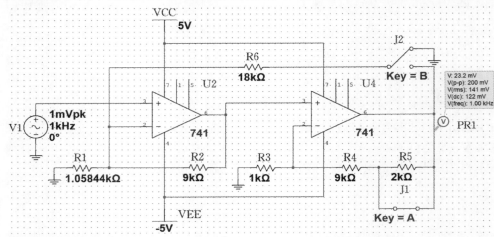

(a) 无负反馈,电压放大倍数为100

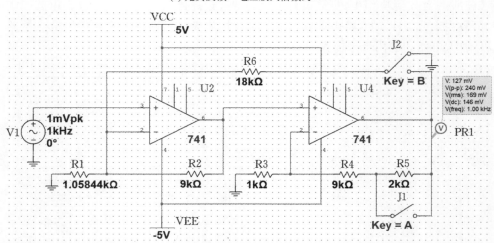

(b) 无负反馈,电压放大倍数为120

图 1-71　提高增益稳定性的仿真

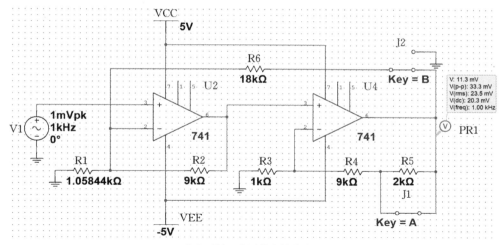

(c) 有负反馈，电压放大倍数为16.65

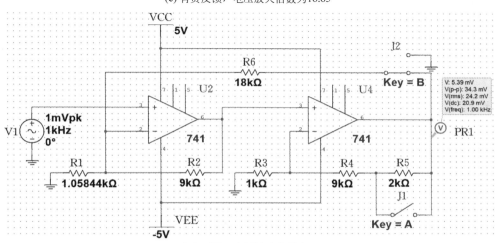

(d) 有负反馈，电压放大倍数为17.15

图 1-71　（续）

倍，这样总电压放大倍数为 100～120 倍。还设计了两个开关，其中，开关 J1 为放大倍数控制开关，开关 J2 为负反馈控制开关。图 1-71(a)中的电路无负反馈，总电压放大倍数为 100。

图 1-71(b)所示电路无负反馈，总电压放大倍数为 120，也就是电路无负反馈时，开关 J1 从闭合到断开，电路的电压放大倍数增加了 20%。图 1-71(c)所示电路是在图 1-71(a)基础上引入负反馈，此时的电压放大倍数为 16.65。图 1-71(d)所示电路是在图 1-71(b)基础上引入负反馈，此时的电压放大倍数为 17.15。也就是电路引入负反馈后，开关 J1 从闭合到断开，电路的电压放大倍数增加了 3%。符合"负反馈放大电路闭环增益 A_f 的相对变化量，等于基本放大电路开环增益 A 的相对变化量的 $(1+AF)$ 分之一"。

2. 展宽频带

对于由信号频率不同而引起放大电路增益的变化，也同样可用负反馈进行改善，即引入负反馈可使放大电路的频带展宽。

展宽频带的仿真电路图如图 1-72(a)所示。图中，C1 为极间电容，C2 为耦合电容，J1 为负反馈控制开关。断开 J1，电路无负反馈，通过交流分析，得到电路的幅频特性如图 1-72(b)所示。图中，显示电路的下限频率约为 53Hz，上限频率约为 48kHz。闭合 J1，电路引入负反馈，

通过交流分析,得到电路的幅频特性如图 1-72(c)所示。图中,显示电路的下限频率约为
4.5Hz,上限频率约为 580kHz。可见,放大电路引入负反馈后,可使其频带展宽。

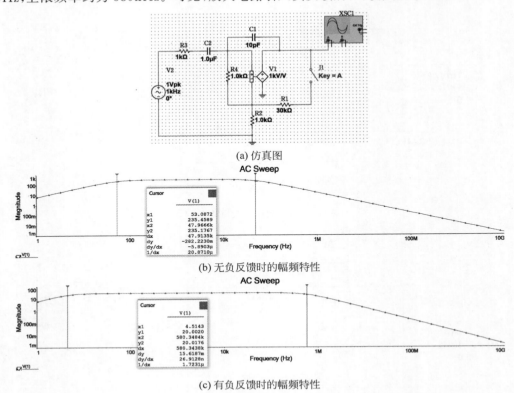

(a) 仿真图

(b) 无负反馈时的幅频特性

(c) 有负反馈时的幅频特性

图 1-72　展宽频带的仿真图和幅频特性

3. 减少非线性失真

例如,当输入信号为正弦波时,由于放大器件特性曲线的非线性,将导致输出信号的波形
可能不是正弦波,即输出波形产生了非线性失真,并且信号幅度越大,非线性失真越严重。而
引入负反馈,对放大电路的非线性有一定的抑制作用。

减少非线性失真仿真电路如图 1-73 所示。电路由线性部分(运放 U1)和非线性部分(二
极管 D1、D2 和电阻 R2、R5)构成,开关 S1 用以电路的反馈控制,S1 断开时,电路无反馈;S1
闭合时,电路引入电压串联负反馈。

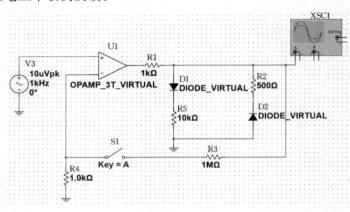

图 1-73　减少非线性失真仿真电路

仿真时,可以先观察 S1 断开时电路的输出波形,如图 1-74(a)所示。从中可以看出,输出波形上大下小,出现了非线性失真。然后,闭合 S1,电路引入电压串联负反馈,输出波形无明显失真,如图 1-74(b)所示。

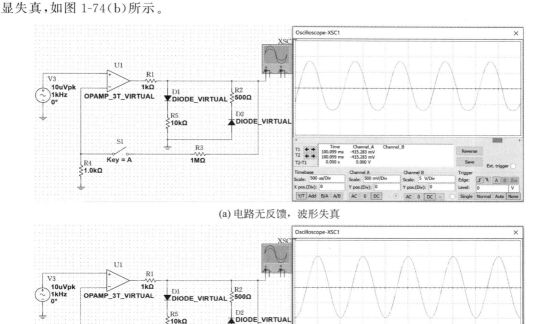

(a) 电路无反馈,波形失真

(b) 电路有反馈,波形无明显失真

图 1-74 减少非线性失真电路的输出波形

通过直流分析,可以得到电路的直流传输特性,进一步了解电路引入负反馈前后传输特性的变化。图 1-75(a)所示是引入负反馈前电路的传输特性。从中可以看出,放大区是非线性的。然后闭合开关 S1,得到引入负反馈后电路的传输特性,放大区无明显的非线性,如图 1-75(b)所示。可见,放大电路引入负反馈后,可以减少电路的非线性失真。

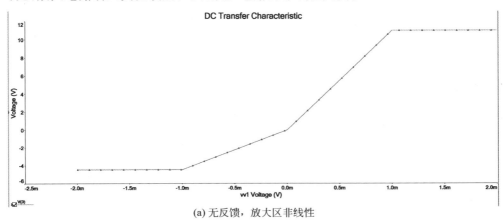

(a) 无反馈,放大区非线性

图 1-75 减少非线性失真电路的传输特性

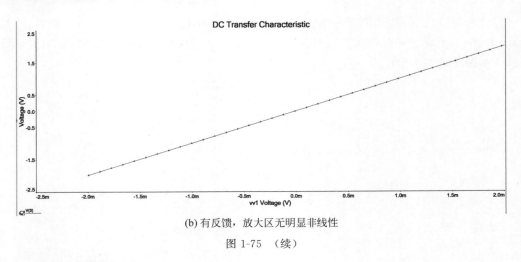

(b) 有反馈，放大区无明显非线性

图 1-75 （续）

4. 对输入电阻的影响

串联负反馈使输入电阻增大，并联负反馈使输入电阻减少。

1）串联负反馈

基本放大电路的输入电阻为 R_i，串联负反馈放大电路的输入电阻为

$$R_{if} = (1 + \dot{A}\dot{F})R_i$$

电路如图 1-76 所示。以电压控制型的电压源——电压放大电路为例，电路的输入电阻设为 $100k\Omega$。现在电路中没有引入负反馈，可以从电压电流探针数据中求得电路的输入电阻为 $100k\Omega(7mV/70nA)$。

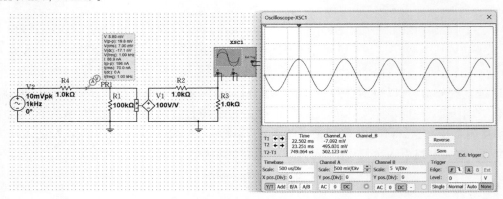

图 1-76　无负反馈的电压放大电路

串联负反馈放大电路如图 1-77 所示。图中，R_5 和 R_6 引入的是电压串联负反馈，从电压电流探针数据中求得电路的输入电阻为 $2.1M\Omega(7.07mV/3.36nA)$，与无负反馈的基本放大电路输入电阻 $100.5k\Omega(100+1//1)$ 相比，有明显的提高。

理论计算，基本放大电路的电压放大倍数为

$$A \approx \frac{(R_5 + R_6)//R_3}{R_2 + (R_5 + R_6)//R_3} \times 100 = 40$$

反馈系数 $F = \dfrac{R_6}{R_5 + R_6} = \dfrac{1}{2}$。引入串联负反馈后的输入电阻为

$$(1 + AF)R_i = \left(1 + 40 \times \frac{1}{2}\right) \times 100 = 2\,100k\Omega = 2.1M\Omega$$

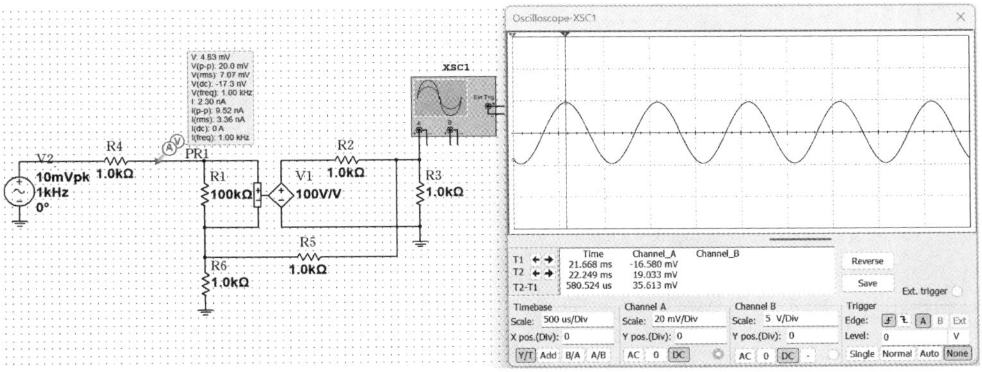

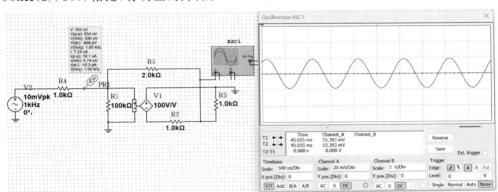

图 1-77 串联负反馈放大电路

说明仿真结果与理论值基本吻合。

2）并联负反馈

基本放大电路的输入电阻为 R_i，并联负反馈放大电路的输入电阻为

$$R_{if} = \frac{1}{1+\dot{A}\dot{F}}R_i$$

并联负反馈放大电路如图 1-78 所示。图中，R_5 引入的是电压并联负反馈，从电压电流探针数据中求得电路的输入电阻为 $49\Omega(330\mu V/6.74\mu A)$，与无负反馈的基本放大电路输入电阻 $1.96k\Omega(2//100)$ 相比，有明显的降低。

图 1-78 并联负反馈放大电路

理论计算，基本放大电路的互阻放大倍数为

$$A = \frac{\dfrac{R_5//R_3}{R_2+R_5//R_3}\times 100}{\dfrac{1}{R_5//R_1}} = \frac{40}{51/100} = 78.43k\Omega$$

反馈系数 $F = \dfrac{1}{R_5} = \dfrac{1}{2\,000}\text{S}$。引入并联负反馈后的输入电阻为

$$\frac{R_i}{1+AF} = \frac{100/51}{1+\dfrac{1}{2\,000}\times\dfrac{40}{51/100}\times 1\,000} = 0.049k\Omega = 49\Omega$$

说明仿真结果与理论值基本吻合。

5．对输出电阻的影响

电压负反馈减少输出电阻,电流负反馈增大输出电阻。

1)电压负反馈

基本放大电路的输出电阻为 R_o,电压负反馈放大电路的输出电阻为

$$R_{of} = \frac{R_o}{1 + \dot{A}_{oc}\dot{F}}$$

式中,$\dot{A}_{oc}$ 表示负载开路(open-circuit)时的放大倍数。

电压负反馈放大电路如图 1-79 所示。先断开负载 R_3,测得空载时的输出电压为 13.724mV,如图 1-79(a)所示。然后,接入负载,测得带载时的输出电压为 13.459mV,如图 1-79(b)所示。由此求得电路的输出电阻为

$$\frac{13.724 - 13.459}{13.459/1} = 0.0197\text{k}\Omega = 19.7\Omega$$

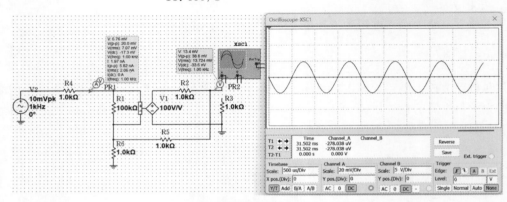

(a) 空载时的输出电压

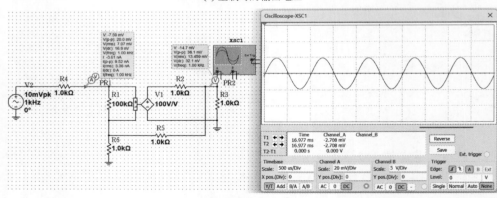

(b) 带载时的输出电压

图 1-79 电压负反馈放大电路输出电阻测量

与无负反馈的基本放大电路输出电阻 $667\Omega[1//(1+1)=0.667\text{k}\Omega]$ 相比,有明显的降低。

理论计算,基本放大电路的电压放大倍数为

$$A_{oc} = \frac{\dfrac{R_5 + R_6}{R_2 + R_5 + R_6} \times 100}{\dfrac{R_1 + R_5//R_6}{R_1}} = 66.3$$

反馈系数为 $F = R_6/(R_5 + R_6) = \dfrac{1}{2}$。引入电压负反馈后的输出电阻为

$$\frac{R_o}{1 + \dot{A}_{oc}\dot{F}} = \frac{0.667}{1 + \dfrac{1}{2} \times 66.3} = 0.0195\text{k}\Omega = 19.5\Omega$$

说明仿真结果与理论值基本吻合。

2）电流负反馈

基本放大电路的输出电阻为 R_o，电流负反馈放大电路的输出电阻为

$$R_{of} = (1 + \dot{A}_{sc}\dot{F})R_o$$

式中，$\dot{A}_{sc}$ 表示负载短路（short-circuit）时的放大倍数。

电流负反馈放大电路如图 1-80 所示。先测得带载时的输出电流为 $19.6176\mu\text{A}$，如图 1-80(a) 所示。然后，将负载短路，测得此时的输出电流为 $20.1870\mu\text{A}$，如图 1-80(b) 所示。由此求得电路的输出电阻为

$$\frac{19.6176 \times 10^{-6} \times 1 \times 10^3}{(20.1870 - 19.6176) \times 10^{-6}} = 34.5\text{k}\Omega$$

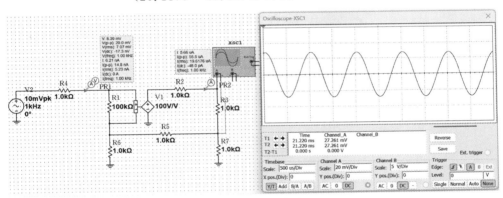

(a) 带载时的输出电流

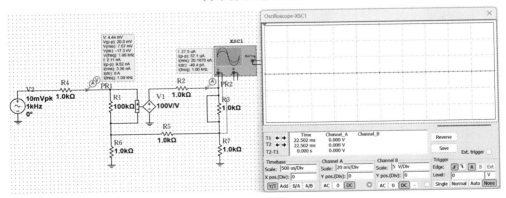

(b) 负载短路时的输出电流

图 1-80　电流负反馈放大电路输出电阻测量

与无负反馈的基本放大电路输出电阻 $1.67\text{k}\Omega[1 + 1//(1 + 1)]$ 相比，有明显的提高。

理论计算，基本放大电路的互导放大倍数为

$$A_{sc} = \frac{\dfrac{100}{R_2 + (R_5 + R_6)//R_7} \times 10^{-3}}{\dfrac{R_1 + (R_5 + R_7)//R_6}{R_1}} = 59.6 \times 10^{-3}\text{S}$$

反馈系数为 $F = \dfrac{R_6 R_7}{R_5 + R_6 + R_7} = \dfrac{1}{3}\text{k}\Omega$。引入电流负反馈后的输出电阻为

$$(1 + \dot{A}_{sc}\dot{F})R_o = \left(1 + 59.6 \times 10^{-3} \times \frac{1}{3} \times 10^3\right) \times 1.67 = 34.8\text{k}\Omega$$

说明仿真结果与理论值基本吻合。

第 2 章

CHAPTER 2

集成运算放大器

集成运算放大器(简称集成运放)是一种高电压增益放大电路,人们以集成运放这样一个通用模块作为基本放大电路,再配以反馈网络,便可构成各种拓扑结构的负反馈放大电路,以适用于各种不同应用的需求。

Multisim 仿真分析:瞬态分析、参数扫描、交流分析

本章知识结构图

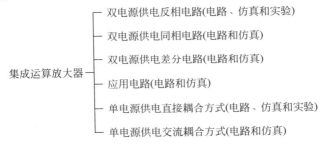

集成运算放大器
- 双电源供电反相电路(电路、仿真和实验)
- 双电源供电同相电路(电路和仿真)
- 双电源供电差分电路(电路和仿真)
- 应用电路(电路和仿真)
- 单电源供电直接耦合方式(电路、仿真和实验)
- 单电源供电交流耦合方式(电路和仿真)

微课视频

微课视频

微课视频

微课视频

2.1 双电源供电反相电路

集成运放作为一个完整器件,在双电源供电下,输入信号作用于反相输入端,通过引入负反馈,即可构成反相电路。

2.1.1 电路

1. 反相互阻放大电路

将集成运放的输出电压 v_O 通过电阻 R_F 反馈到运放的反相输入端,输入信号作用于反相输入端,同相输入端通过平衡电阻 R' 接地,如图 2-1 所示。该电路引入的是电压并联负反馈,是一个单端输入的反相互阻放大电路,可实现电流—电压的转换。其转换关系为

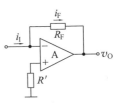

图 2-1 反相互阻放大电路

$$v_O = -i_I R_F$$

2. 反相比例运算电路

当驱动源为电压源时,需接入电阻 R_1,将电压源转换为电流源,就构成了反相比例运算电路,如图 2-2 所示。其输入与输出电压的关系为

$$v_O = -\frac{R_F}{R_1} v_I$$

3. T形网络反相比例运算电路

例如设计一个反相比例运算电路,要求比例系数为-100,输入电阻为$50\text{k}\Omega$。为了满足设计要求,且避免使用大阻值电阻,则可采用T形网络反相比例运算电路,如图2-3所示。它可以使用阻值较小的电阻,而达到数值较大的比例系数,并且还可具有较高的输入电阻。其输入与输出电压的关系为

$$v_O = -\frac{R_2 + R_4 + \dfrac{R_2 R_4}{R_3}}{R_1} v_I$$

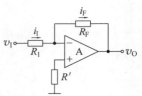

图 2-2 反相比例运算电路

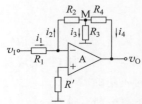

图 2-3 T形网络反相比例运算电路

4. 反相积分电路

将反相比例运算电路中的电阻R_F用电容C取代,便得到反相积分电路,如图2-4所示。其输入与输出电压的关系为

$$v_O = -\frac{1}{RC}\int_{t_0}^{t} v_I(t)\,\mathrm{d}t + v_O(t_0)$$

式中,$v_O(t_0)$为积分的初始条件。

5. 反相微分电路

将图2-4所示的反相积分电路中的电阻R和电容C的位置互换,可得到反相微分电路,如图2-5所示。其输入与输出电压的关系为

$$v_O = -RC\frac{\mathrm{d}v_I}{\mathrm{d}t}$$

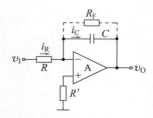

图 2-4 反相积分电路

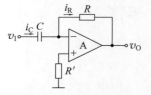

图 2-5 反相微分电路

2.1.2 仿真

1. 电流—电压转换电路

由OP07构成的电流—电压转换电路的仿真图如图2-6所示。仿真时,考虑了驱动电流源的内阻R_S。根据图中所给参数,输出电压理论值为-2V。用探针测得的输出电压为$-1.999\,97\text{V}$,与理论值基本吻合。

下面分两种情况进行仿真。

(1) 保持电流源的i_S和负载$R_L(2\text{k}\Omega)$不变,研究驱动电流源内阻R_S对输出电压的影响。

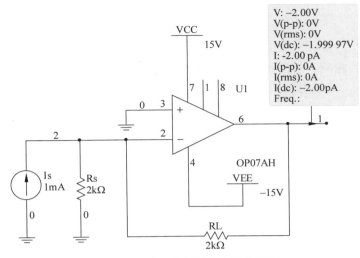

图 2-6 电流—电压转换电路仿真图

利用参数扫描,设置电流源内阻 R_S 在 1Ω 和 5000Ω 之间变化,输出电压的变化如表 2-1 所示。可以看出,随着驱动电流源内阻的不断增大,输出电压也在增大,并趋向于理论值,电路才能保证较高的转换精度。

表 2-1 电流源内阻 R_S 与输出电压的数值关系

电流源内阻 R_S/Ω	输出电压/V	电流源内阻 R_S/Ω	输出电压/V
1	−1.970 42	500	−1.999 92
56	−1.999 45	1 000	−1.999 95
111	−1.999 72	1 500	−1.999 96
166	−1.999 80	2 000	−1.999 97
221	−1.999 85	2 500	−1.999 97
276	−1.999 88	3 000	−1.999 97
331	−1.999 89	3 500	−1.999 98
386	−1.999 91	4 000	−1.999 98
441	−1.999 92	4 500	−1.999 98
496	−1.999 92	5 000	−1.999 98

(2) 保持驱动电流源内阻 R_S($3.5\mathrm{k}\Omega$)不变,调整电流源 i_S 的值,使输出电压的理论值为 2V,研究负载 R_L 对输出电压的影响。

设置电流源 i_S 和负载 R_L 的值,利用探针测试输出电压的变化,如表 2-2 所示。

表 2-2 负载 R_L 与输出电压的数值关系

电流源 i_S/mA	负载 $R_L/\mathrm{k}\Omega$	输出电压/V
0.001	2 000	−1.989 92
0.01	200	−1.998 98
0.1	20	−1.999 88
1	2	−1.999 98
10	0.2	−1.999 98

负载 R_L 的值越大,输出电压的误差越大。图 2-6 所示的电流—电压转换电路属于电压并联负反馈电路,其反馈系数 $F=-1/R_L$。当 R_L 的值较小时,反馈系数 F 较大,满足深度负反馈条件,电路的输入电阻很小,从而保证有较高的转换精度;反之,当 R_L 的值较大时,反馈

系数 F 较小,不满足深度负反馈条件,电路的输入电阻较大,从而导致电路的转换精度变低。

2. 反相放大器

采用运放 OP07,设计一个闭环电压增益为 -10 的反相放大器。已知正弦电压源的电动势 $v_S=0.1\sin\omega t\,V$,内阻 $R_S=1k\Omega$,可以输出的最大电流为 $5\mu A$。

根据图 2-2,可以求得输入电阻 R_1 的最小值为 $19k\Omega$,反馈电阻 R_F 为 $200k\Omega$。

设计的闭环电压增益为 -10 的反相放大器仿真图如图 2-7(a)所示;通过瞬态分析,得到的输入、输出波形如图 2-7(b)所示,且二者的相位相反,测得其电压增益的数值约为 10;用探针测得输入电流的峰峰值为 $9.99\mu A$,符合设计要求。

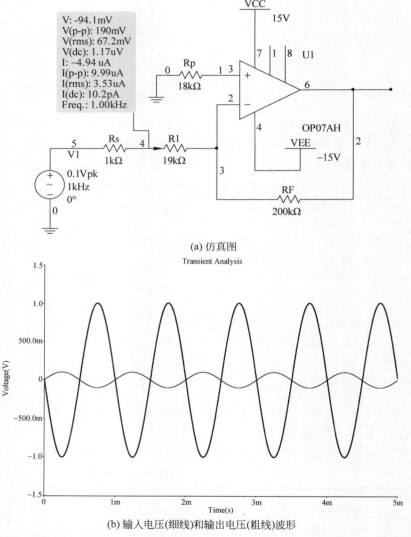

(a) 仿真图

(b) 输入电压(细线)和输出电压(粗线)波形

图 2-7 闭环电压增益为 -10 的反相放大器的仿真图与输入电压和输出电压波形

3. T 形网络反相电路

根据 2.1.1 节的设计要求,图 2-8(a)给出了 T 形网络反相电路的仿真图。输入信号为电压峰值 0.01V、频率 1kHz 的正弦波,图 2-8(b)显示了电路增益为 100 时的输出波形。实测输出电压的峰值为 988mV,同时可以看到输出电压波形(粗线)与输入电压波形(细线)之间 180° 的相位关系。

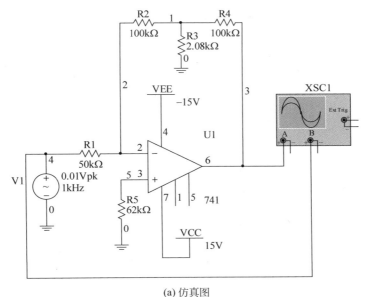

(a) 仿真图

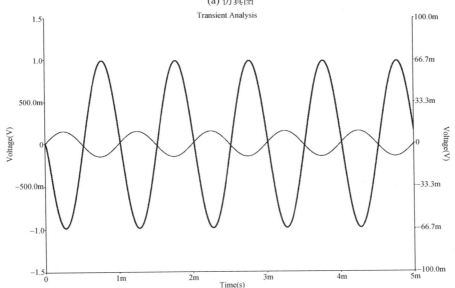

(b) 输出电压(粗线)和输入电压(细线)波形

图 2-8 T形网络反相电路的仿真图与输出电压和输入电压波形

4. 反相微分电路

反相微分电路的仿真图如图 2-9 所示，这是一种实用微分运算电路。图中，电阻 R_1 阻值较小，以限制输入电流的值，电容 C_2 的值也较小，起相位补偿作用。

（1）输入信号 v_I 为矩形波。矩形波通过微分电路后变为尖脉冲，如图 2-10(a) 所示。

（2）输入信号 v_I 为正弦波。输出电压 v_O 比输入电压 v_I 滞后 $90°$，此时微分电路起到了移相作用，如图 2-10(b) 所示。

2.1.3 实验

1. T形网络反相电路

面包板上的 T形网络反相电路如图 2-11 所示。实验时，首先，设置雨珠 S 的电源，即

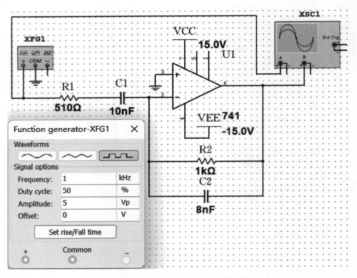

图 2-9 反相微分电路的仿真图

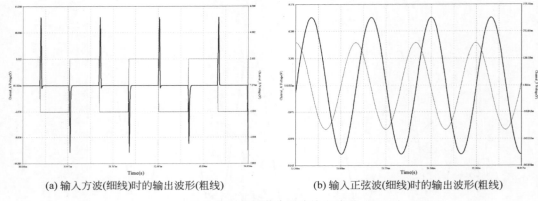

(a) 输入方波(细线)时的输出波形(粗线)　　　　　(b) 输入正弦波(细线)时的输出波形(粗线)

图 2-10 反相微分电路输出波形

＋5V 和－5V 电压。单击信号源,选择正弦波(幅值为 20mV,频率为 1kHz),打开示波器,看到输出波形,调节微调,改变电路的电压放大倍数,使输出波形幅度满足设计要求(幅值为 2V),如图 2-12 所示。

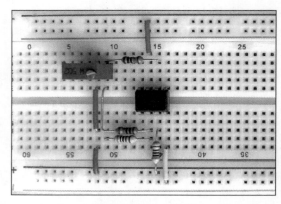

图 2-11 面包板上的 T 形网络反相电路

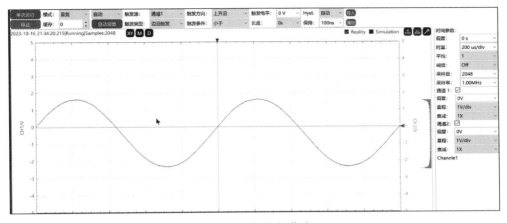

图 2-12 输出波形(幅值为 2V)

2. 反相积分电路

面包板上的反相积分电路如图 2-13 所示。通过实验,观察输入波形和输出波形。首先,设置雨珠 S 的电源,即 +5V 和 -5V 电压。单击信号源,选择方波(幅值为 1V,频率为 1kHz),打开示波器,看到输入信号方波和输出信号三角波,如图 2-14(a)所示。减少信号源频率,时间 t 增大,所以三角波幅度增大,如图 2-14(b)所示。增大信号源频率,时间 t 减少,所以三角波幅度减少,如图 2-14(c)所示。信号源改为正弦波,积分后,输出波形与输入波形相位差 90°,如图 2-14(d)所示。

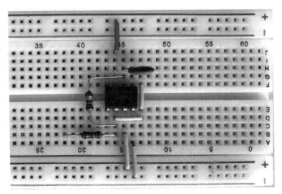

图 2-13 面包板上的反相积分电路

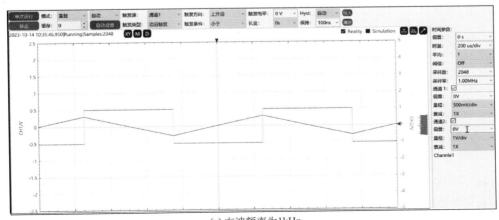

(a) 方波频率为1kHz

图 2-14 输入和输出波形

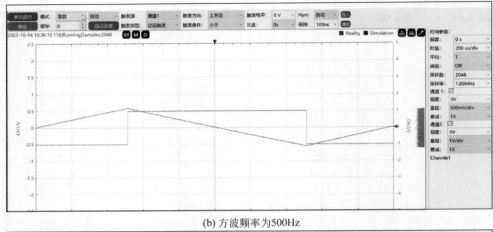

(b) 方波频率为500Hz

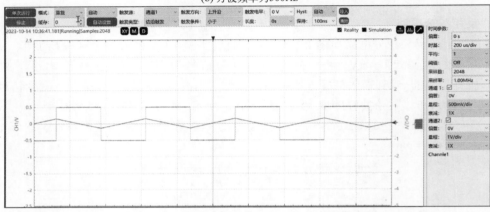

(c) 方波频率为2kHz

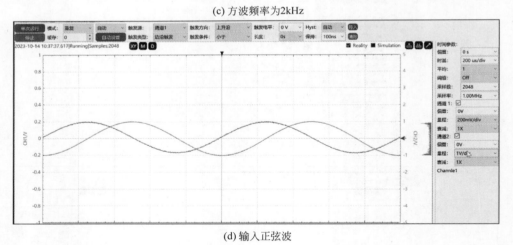

(d) 输入正弦波

图 2-14　（续）

微课视频

2.2　双电源供电同相电路

对换一下图 2-2 所示电路的信号输入端和接地端,即信号电压 v_I 通过平衡电阻 R' 加到运放的同相输入端,输出电压 v_O 通过电阻 R_F、R_1 串联分压,在 R_1 上得到反馈电压,作用于运放的反相输入端,这就是双电源供电的同相电路。

2.2.1　电路

双电源供电的同相电路如图 2-15 所示。经判断可知,该电路引入的是电压串联负反馈,其输出电压与输入电压的关系为

$$v_{\mathrm{O}} = \left(1 + \frac{R_{\mathrm{F}}}{R_1}\right) v_{\mathrm{I}}$$

当 $R_1 \to \infty$ 时,即断开 R_1,则 $v_{\mathrm{O}} = v_{\mathrm{I}}$,此时电路为电压跟随器,如图 2-16 所示。

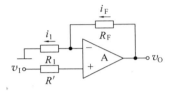

图 2-15　双电源供电的同相电路

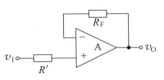

图 2-16　电压跟随器

由于电压跟随器具有输入电阻高、输出电阻低和输出电压跟随输入电压的特点,所以,作为一个单元电路得到了广泛的应用。例如,作放大电路的输入级、作放大电路的缓冲级(隔离级)和作放大电路的输出级。

2.2.2　仿真

1. 级联放大器

利用一个同相电路与一个反相电路组成级联放大电路,如图 2-17 所示,试确定电路的总电压放大倍数。

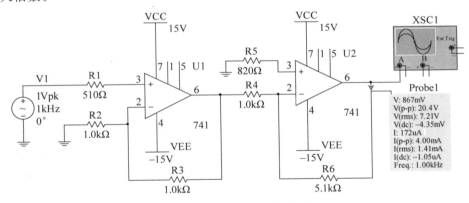

图 2-17　级联放大器仿真图

根据级联放大电路电压放大倍数的计算方法,求得该电路的总电压放大倍数的理论值为 -10.2。由图 2-17 所示的仿真结果可知,电路的电压放大倍数为 $20.4/2 = 10.2$,与理论值吻合得很好。

2. 电压跟随器

已知电源电压为 12V,阻性负载电压为 6V。设计一个电路,要求当负载在一定范围内变化时,负载压降基本不变。

利用两个等值电阻,对电源电压 12V 分压,得到所需的负载电压 6V。利用电压跟随器,来保证负载在一定范围内变化时,负载压降基本不变。

电路仿真图如图 2-18(a)所示。仿真显示,当负载电阻为 251Ω 时,负载电压为 5.99V,误

差不足 0.2%。

通过对负载 R_L 进行参数扫描可知,当负载电阻大于或等于 251Ω 时,负载电压基本不变,如图 2-18(b)所示。

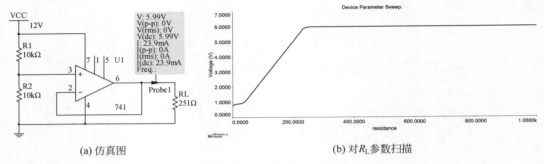

(a) 仿真图　　　　　　　　　　　　　　(b) 对 R_L 参数扫描

图 2-18　电压跟随器仿真

微课视频

2.3　双电源供电差分电路

前两节介绍的反相电路和同相电路均属于单端输入放大电路,下面将介绍三种不同电路结构的差分电路。

2.3.1　电路

1. 单运放差分电路

输入信号 v_{I2} 通过电阻 R_2、R_3 分压,并将 R_3 上的电压作用于运放的同相输入端;输入信号 v_{I1} 通过电阻 R_1 加到运放的反相输入端;输出电压 v_O 通过电阻 R_F 反馈到其反相输入端,如图 2-19 所示。

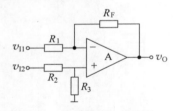

图 2-19　单运放差分电路

若取 $R_1 = R_2$,$R_3 = R_F$,则输出电压与两个输入电压的关系为

$$v_O = \frac{R_F}{R_1}(v_{I2} - v_{I1})$$

所以,该电路称为差分比例运算电路,或称减法运算电路。

2. 两运放仪用放大器

在图 2-19 所示电路中,对于每一路输入信号来说,电路呈现出不同的输入电阻,这在实际应用中,会导致两路输入信号的不平衡。对此,在单运放差分电路的基础上,增加了一级同相电路,如图 2-20 所示,这就构成了两运放仪用放大器。这样,既提高了每一路信号的输入电阻,又使电路参数的选取更为方便。

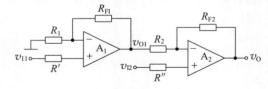

图 2-20　两运放仪用放大器

取 $R_1 = R_{F2}$,$R_{F1} = R_2$,则输出电压与两个输入电压的关系为

$$v_O = \left(1 + \frac{R_{F2}}{R_2}\right)(v_{I2} - v_{I1})$$

3. 三运放仪用放大器

电路如图 2-21 所示。电路的输出电压与两个输入电压的关系为

$$v_O = \frac{R_4}{R_3}(v_{O2} - v_{O1}) = \frac{R_4}{R_3}\left(1 + \frac{2R_2}{R_1}\right)(v_{I2} - v_{I1})$$

可以看出，A_1、A_2 作为输入级，可看作第一级差分电路，由于它们均为同相输入放大电路，故有很高的输入阻抗。A_3 组成第二级差分电路。通过两级差分电路，该电路具有很高的共模抑制能力。电路的差模增益 $v_O/(v_{I2} - v_{I1})$ 是 R_1 的函

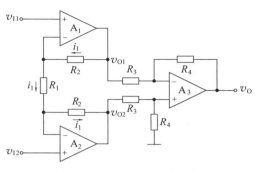

图 2-21 三运放仪用放大器

数，因此，将 R_1 改为可变电阻，就可方便地通过改变一个电阻的阻值，改变放大电路的增益。可见，三运放仪用放大器具有高输入阻抗、低输出阻抗、高电压增益和高共模抑制比的特点。

2.3.2 仿真

对于传感器电路来说，选取哪一种差分电路最合适呢？

如图 2-22 所示，这是一个带有传感器电阻（R_4）的桥式电路，当 R_4 增加 1%（由 $100\text{k}\Omega$ 变为 $101\text{k}\Omega$）时，电压表显示 12.437mV 的输出电压。

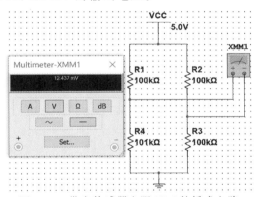

图 2-22 带有传感器电阻（R_4）的桥式电路

如何取出这个电压呢？采用图 2-19 单运放差分电路可以吗？如图 2-23 所示。仿真显示桥式电路输出电压降至 6.623mV，说明单运放差分电路的输入电阻太小了。

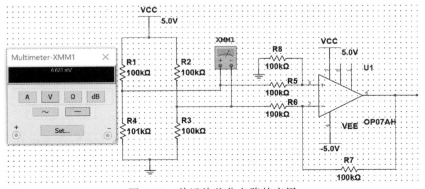

图 2-23 单运放差分电路的应用

引入电压跟随器,可以提高差分电路的输入电阻,于是桥式电路输出电压为12.436mV,接近桥式电路原输出电压,如图2-24所示。

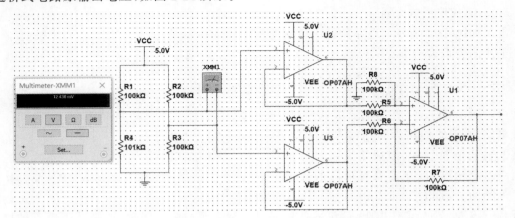

图 2-24　引入电压跟随器的差分电路应用

图 2-24 所示电路虽然解决了输入电阻问题,但电路的电压增益调节不方便。选用三运放仪用放大器的典型应用电路如图 2-25 所示。

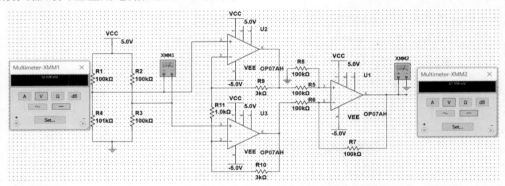

图 2-25　三运放仪用放大器的典型应用电路

可以看出,图 2-25 所示电路不仅保证了桥式电路原输出电压值,还可以通过调节 R_{11},放大这个输出电压。按照图中元件参数,电路电压放大倍数为 7,电路输出电压为

$$12.436 \times 7 = 87.052\text{mV}$$

仿真显示输出电压 87.104mV,理论值与仿真结果吻合得很好。

2.4　应用电路

设计一个传感器放大电路。要求:当传感器 R 产生 ±1% 偏差时,放大器输出 ±5V 的电压。运放的电源电压为 ±15V,$R = 100\text{k}\Omega$。

2.4.1　电路

电路如图 2-26 所示,分为三部分:

(1) 由 A_1、D 等组成稳压电路,它由 5.1V 的稳压管产生 7.5V 的稳定电压,为传感器所在的桥式电路提供一个稳定的基准电压 V_1。由理论设计过程可知,V_1 的稳定将直接影响桥式电路的输出电压。

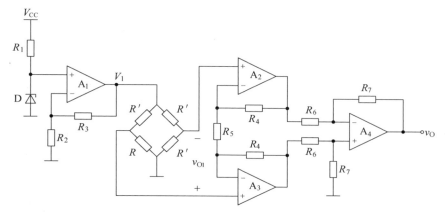

图 2-26 实用传感器放大电路

（2）三个电阻 R' 和传感器电阻 R 构成桥式电路，将 R 的变化转化为输出电压 v_{O1}。

（3）A_2、A_3、A_4 等组成三运放仪用放大器，进一步放大桥式电路的输出电压 v_{O1}。

1. 基准电压电路设计

由图 2-26 可以看出

$$R_1 = \frac{V_{CC} - V_D}{I_D} = \frac{15 - 5.1}{10} = 1\text{k}\Omega$$

这里稳压管电流 I_D 取 10mA。若 R_2 取 $10\text{k}\Omega$，由

$$\frac{V_1}{V_D} = 1 + \frac{R_3}{R_2}$$

可求得 $R_3 = 4.7\text{k}\Omega$。

2. 三运放仪用放大器设计

对于传感器所在的桥式电路，有

$$v_{O1} = \left[\frac{R'(1+\delta)}{R' + R'(1+\delta)} - \frac{R'}{R' + R'} \right] V_1 \approx \left(\frac{1+\delta}{2+\delta} - \frac{1}{2} \right) V_1 \approx \frac{\delta}{4} V_1$$

当 $V_1 = 7.5\text{V}$，$\delta = 1\%$ 时，桥式电路的最大输出电压 $v_{O1\text{max}} = 0.01875\text{V}$。

根据设计要求，$v_O = 5\text{V}$，则放大器的放大倍数为

$$A_v = \frac{v_O}{v_{O1\text{max}}} = \frac{5}{0.01875} = 266.7$$

根据三运放仪用放大器放大倍数公式，有

$$\frac{v_O}{v_{O1}} = \frac{R_7}{R_6} \left(1 + \frac{2R_4}{R_5} \right)$$

一般选择 $\dfrac{R_7}{R_6}$ 和 $\dfrac{R_4}{R_5}$ 具有相同的量级。为了估计 $\dfrac{R_7}{R_6}$ 和 $\dfrac{R_4}{R_5}$ 的量级，可以近似地认为

$$\frac{v_O}{v_{O1}} = \frac{R_7}{R_6} \frac{R_4}{R_5}$$

故将 $\sqrt{\dfrac{v_O}{v_{O1}}}$ 认为是 $\dfrac{R_7}{R_6}$ 和 $\dfrac{R_4}{R_5}$ 的近似值。因为 $\sqrt{266.7} \approx 16.3$，若取 $R_6 = 15\text{k}\Omega$，$R_7 = 180\text{k}\Omega$，则 $\dfrac{R_7}{R_6} = 12$，$\dfrac{R_4}{R_5} = 10.6125$。取 $R_4 = 180\text{k}\Omega$，则 $R_5 = 16.96\text{k}\Omega$。

除 R_5 以外，其他电阻的阻值均为标称值。实际制作时，R_5 可通过一个固定电阻和一个

可调电阻串联的形式实现，以满足增益的要求。

2.4.2 仿真

图 2-27 给出了利用三运放仪用放大器构成的传感器放大电路的仿真图。其中，R_{13} 代表传感器。仿真时，首先测 V_1。适当调整 R_1，当 $R_1 = 4.654\text{k}\Omega$ 时，实测 $V_1 = 7.5\text{V}$。然后调整 R_{13} 的值，测量输出电压 v_O。为满足增益要求，对 R_{10} 作适当调整，当 $R_{10} = 16.85\text{k}\Omega$，测试传感器电阻变化 $\pm 1\%$ 时，观察输出电压 v_O 的变化情况，结果如图 2-28 所示。可见该放大器的 $v_O \sim R_{13}$ 表现出良好的线性关系。

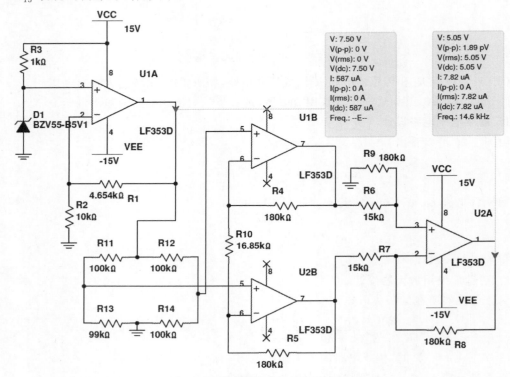

图 2-27　传感器放大电路的仿真图

$R_{13}(\text{k}\Omega)$	$v_O(\text{V})$
99	5.06
99.2	4.04
99.5	2.52
99.8	1.01
100	-2.05×10^{-4}
100.2	-1.01
100.5	-2.51
100.8	-4.01
101	-5

图 2-28　传输特性

2.5　单电源供电直接耦合方式

微课视频

在众多的电池供电设备中，更需要运放工作在单电源下，所以，研究单电源供电下的运放电路是非常必要的。从耦合方式来说,单电源供电的运放电路分为直接耦合和交流耦合两种方式,下面先介绍直接耦合方式。

2.5.1 电路

实例 设计一个直接耦合反相放大器。要求:将峰值为 0.1V、频率为 1kHz、偏置电压为 −0.2V 的正弦波转换为最小值为 1V、最大值为 5V,频率仍为 1kHz 的正弦波,电路采用 5V 单电源供电,电阻选用标称值。

根据题目要求,放大器的电路方程为

$$v_O = -20v_1 - 1$$

所采用的电路如图 2-29 所示。选择 $R_1 = 1k\Omega$,由此求得 $R_2 = 20k\Omega$ 和 $R_3 = 100k\Omega$。

图 2-29 符合 $v_O = -20v_1 - 1$ 的放大电路

2.5.2 仿真

图 2-29 的仿真图如图 2-30(a)所示。图中,运放 OPA735AID 为轨对轨运放,V1 的偏置电压设置为 −0.2V。通过直流分析,得到其电压传输特性如图 2-30(b)所示。当输入电压为 −300mV 时,输出电压为 4.985 5V;当输入电压为 −100mV 时,输出电压为 1.000 0V,符合设计要求。

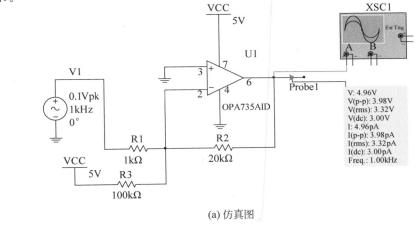

(a) 仿真图

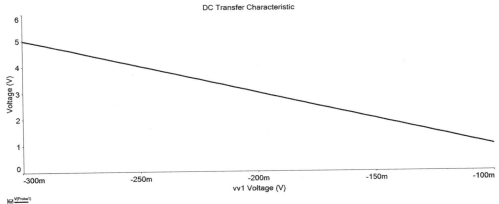

(b) 电压传输特性

图 2-30 直接耦合反相放大器的仿真图与电压传输特性

2.5.3 实验

面包板上的单电源直接耦合反相放大器如图 2-31 所示。图中,运放选用 AD8542 CMOS 轨对轨运放,为了方便调整,R_3 选用 68kΩ 电阻串联 50kΩ 可调电阻。

图 2-31 面包板上的单电源直接耦合反相放大器

实验采用雨珠 3 口袋实验仪器。单击电源,设置＋5V,关闭负电源,如图 2-32(a)所示。

单击信号源,选择正弦波,设置幅值 100mV,偏置－200mV,如图 2-32(b)、图 2-32(c) 所示。

单击示波器,观察输出波形,调节微调电阻,使波形处于 1～5V 之间,如图 2-32(d)所示。

(a) 设置5V电压

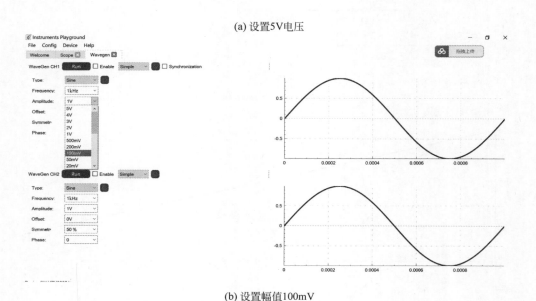

(b) 设置幅值100mV

图 2-32 单电源直接耦合反相放大器实验

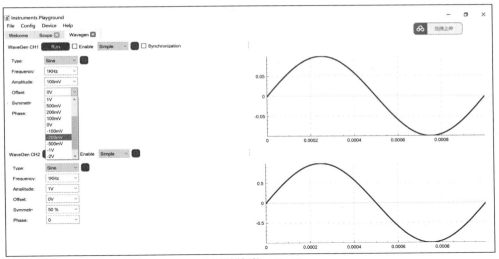

(c) 设置幅值−200mV

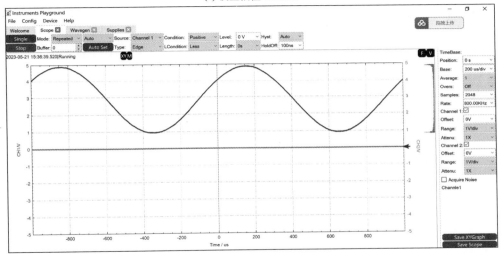

(d) 调节输出波形

图 2-32 （续）

2.6 单电源供电交流耦合方式

如果只希望放大输入信号中的交流分量,而避免其直流分量对电路的影响,则可采用交流耦合方式。利用电容"通交隔直"的作用,在放大器的信号输入端串入耦合电容,可实现交流耦合方式。

2.6.1 电路

实例 设计一个交流耦合反相放大器。要求:将峰值为 0.1V、频率为 1kHz、偏置电压为 1V 的正弦波转换为最小值为 0.1V、最大值为 5V,频率仍为 1kHz 的正弦波,电路采用 5V 单电源供电,电阻选用标称值。

满足题意的交流耦合单电源供电的反相放大器电路如图 2-33 所示。

电路方程为

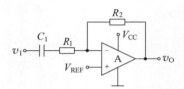

图 2-33　交流耦合单电源供电的反相放大器电路

$$v_O = V_{REF} - \frac{R_2}{R_1}v_I$$

根据已知条件,取 $R_1 = 1.6\text{k}\Omega$,则 $R_2 = 39.2\text{k}\Omega$,选标称值 39kΩ。于是,所设计电路的方程为

$$v_O = 2.55 - 24.5v_I$$

2.6.2　仿真

图 2-33 所示电路的仿真电路图如图 2-34(a)所示。利用瞬态分析,得到电路的输入(细线)和输出(粗线)波形图如图 2-34(b)所示。仿真测试结果表明电路符合设计要求。

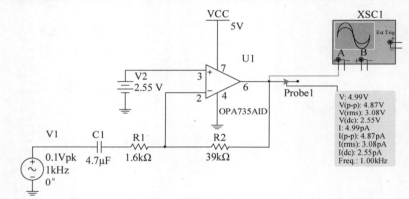

(a) 仿真电路图

(b) 输入(细线)和输出(粗线)波形图

图 2-34　交流耦合反相放大器的仿真电路图与输入和输出波形图

采用交流耦合方式势必会影响电路的频率特性,该电路的下限频率可表示为

$$f_L = \frac{1}{2\pi R_1 C_1} = \frac{1}{2\pi \times 1.6 \times 10^3 \times 4.7 \times 10^{-6}} = 21\text{Hz}$$

通过 AC 分析,可得到该电路的幅频特性,如图 2-35 所示。测试结果表明电路的电压放大倍数为 24.4,电路的下限频率为 21Hz,均与理论值吻合得很好。

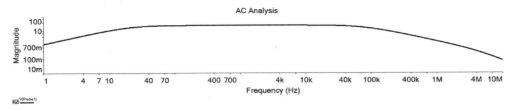

图 2-35　图 2-34(a)的幅频特性

第 3 章

CHAPTER 3

电压比较器和乘法器

集成电压比较器是一种重要的模拟集成电路,它的基本功能是对两个输入电压进行比较,并根据比较结果输出高电平或低电平。比较器的输入信号是连续变化的模拟量,而输出信号是数字量 0 或 1。因此,比较器可以作为模拟电路和数字电路的接口电路。

模拟乘法器是实现两个模拟量相乘的非线性电子器件,它也是一种模拟集成电路,下面仅作为一个电路模块,介绍它的各种应用。

Multisim 仿真分析:瞬态分析、直流分析

本章知识结构图

电压比较器和乘法器 ─┬─ 单限电压比较器(电路和仿真)
　　　　　　　　　　├─ 滞回电压比较器(电路和仿真)
　　　　　　　　　　├─ 应用电路(电路和仿真)
　　　　　　　　　　└─ 乘法器(电路和仿真)

微课视频

3.1　单限电压比较器

单限电压比较器是电压比较器最基本的应用形式。

3.1.1　电路

电路如图 3-1 所示。其中,图 3-1(a)是在比较器的反相端接参考电压 V_{REF},同相端接输入电压 v_1,以同相端的输入电压与反相端的参考电压比较,即同相单限电压比较器。图 3-1(c)是在比较器的同相端接参考电压 V_{REF},反向端接输入电压 v_I,以反相端的输入电压与同相端的参考电压比较,即反相单限电压比较器。

根据图 3-1(a)和图 3-1(c),对于同相比较器来说,有

当 $v_I > V_{\text{REF}}$ 时,$v_O = +V_{\text{Om}}$

当 $v_I < V_{\text{REF}}$ 时,$v_O = -V_{\text{Om}}$

对于反相比较器来说,有

当 $v_I > V_{\text{REF}}$ 时,$v_O = -V_{\text{Om}}$

当 $v_I < V_{\text{REF}}$ 时,$v_O = +V_{\text{Om}}$

它们的电压传输特性分别如图 3-1(b)和图 3-1(d)所示。电路的门限电压 $V_T = V_{\text{REF}}$,这里假设参考电压 V_{REF} 为正值。

3.1.2　仿真

实例　电压比较器如图 3-2(a)所示,求出它的门限电压,画出其电压传输特性。

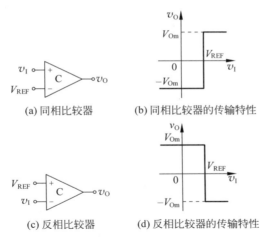

(a) 同相比较器   (b) 同相比较器的传输特性

(c) 反相比较器   (d) 反相比较器的传输特性

图 3-1　电压比较器两种最基本的应用形式

解析　利用叠加原理,可得

$$v_P = \frac{R_2}{R_1 + R_2} V_{REF} + \frac{R_1}{R_1 + R_2} v_I$$

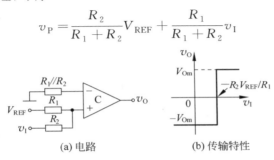

(a) 电路   (b) 传输特性

图 3-2　电压比较器

因 v_P 与 $v_N(=0)$ 比较,故令 $v_P = 0$,可求得门限电压,即

$$R_2 V_{REF} + R_1 v_I = 0$$

于是,门限电压

$$V_T = v_I = -\frac{R_2}{R_1} V_{REF}$$

当 $v_P > 0$,即 $v_I > -\dfrac{R_2}{R_1} V_{REF}$ 时,输出为 V_{Om};同理,当 $v_I < -\dfrac{R_2}{R_1} V_{REF}$ 时,输出为 $-V_{Om}$。由此,可画出图 3-2(a) 的电压传输特性,如图 3-2(b) 所示。这里令 $V_{REF} < 0$。

仿真图如图 3-3(a) 所示。图中,比较器采用集成电压比较器 TLC393CD,其输出端为集电极开路输出,须经上拉电阻 R_4 接电源 $+V_{CC}$,参考电压 V_{REF} 为 -2V。通过对 V1 的 DC 扫描,得到的电压传输特性如图 3-3(b) 所示。仿真测试:输出电压最大值为 12.000 0V,最小值为 -11.895 4V;门限电压为 1.992 6V,与理论值 2V 基本吻合。

1. 过零电压比较器

当门限电压 $V_{REF} = 0$ 时,称其为过零电压比较器。图 3-4(a) 给出了采用 TLC393CD 构成的过零电压比较器。为讨论问题方便,输入模拟信号以正弦波为例。图中,将同相端接地,反相端输入信号,构成反相输入过零比较器。在输入端加入电压幅值 1V、频率 1kHz 的正弦波信号,通过比较器后的输出波形为方波,如图 3-4(b) 所示。图中,细线为输入波形,粗线为输出波形。仿真测试:输出高电平为 5.007 9V,输出低电平为 -4.871 3V,实现了过零比较器的

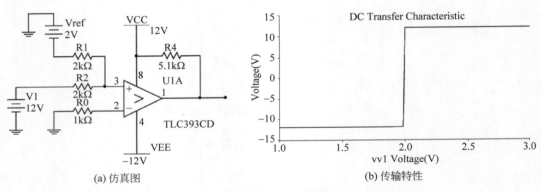

(a) 仿真图　　　　　　　　　　(b) 传输特性

图 3-3　比较器实例仿真

基本功能，即输入信号 v_I 与零的比较，当 $v_I > 0$ 时，输出为低电平；当 $v_I < 0$ 时，输出为高电平。

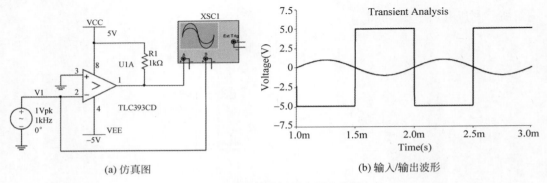

(a) 仿真图　　　　　　　　　　(b) 输入/输出波形

图 3-4　反相输入过零电压比较器

可见，过零比较器可作为零电平检测电路，也可以用于波形的"整形"，即将不规则的输入波形整形为规则的输出波形。

2. 响应时间对输出波形的影响

一个比较器是否能够正确地实现其功能，与它的一个重要指标——响应时间，有很大关系，即响应时间对输出波形的影响很大。下面以图 3-4(a)所示电路为例，在其输入端加入不同频率的正弦波信号，观察其输出信号波形的变化情况。输入信号的频率分别为 1kHz、1MHz 和 5MHz，输出波形分别如图 3-4(b)、图 3-5(a)和图 3-5(b)所示。

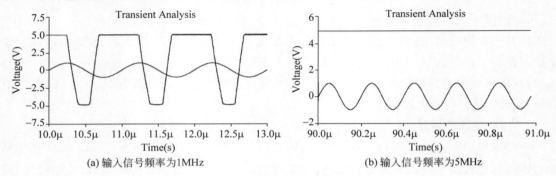

(a) 输入信号频率为1MHz　　　　　　　　(b) 输入信号频率为5MHz

图 3-5　不同频率输入信号时的输出波形比较

可以看出，输入信号频率为 1kHz 时，比较器输出为方波；输入信号频率为 1MHz 时，比较器的响应时间对输出波形产生较大的影响，输出方波的上升沿和下降沿明显变差了，且输出波形已不再是方波;输入信号频率为 5MHz 时,输出波形几乎为一条直线,说明信号的半周期已经小于比较器的响应时间,致使比较器的输出状态来不及翻转。因此,在实际应用中选择器件时,要特别注意器件的参数是否满足要求。

3. 噪声对输出波形的影响

我们知道,实际的信号并不像上述波形那样“纯”,这是因为信号在传输过程中要受到干扰或噪声的影响。当这样的信号进行电压比较时,就会在门限电压附近上下波动,造成比较器误判断,从而使输出电压在高、低电平之间反复跳变,这不仅导致输出波形异常,而且有可能对后续电路造成影响。图 3-6 给出了含噪声正弦波通过过零比较器的仿真电路及其输出波形。图中,用一个热噪声源与信号源串联,来模拟含噪声正弦波。通过过零比较器的输出波形如图 3-6(b)所示,其前、后沿明显出现了错误的跳变。输出波形的前沿如图 3-6(c)所示。这是我们不希望看到的。

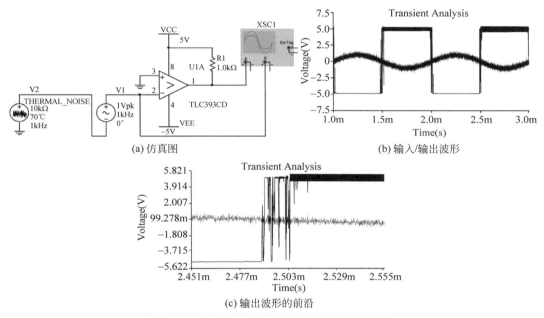

(a) 仿真图

(b) 输入/输出波形

(c) 输出波形的前沿

图 3-6　含噪声正弦波通过过零比较器的情况

3.2　滞回电压比较器

为了克服图 3-1(a)和图 3-1(c)单限电压比较器的不足,我们在电路中引入正反馈,一是正反馈加速了输出状态的转换,从而改善了输出波形的前后沿;二是通过正反馈,将输出的两个状态送回比较器的同相端,将单限比较器变为具有上、下门限的滞回比较器,从而使比较器具有很强的抗干扰能力,可以说是一举两得。

3.2.1　电路

反相输入滞回电压比较器及其传输特性如图 3-7 所示。图中,参考电压 V_{REF} 通过电阻 R_1 作用于比较器的同相端,同时,输出电压 v_O 通过电阻 R_2 也作用于比较器的同相端,构成正反馈;输入信号 v_I 通过电阻 $R'(R_1//R_2)$ 作用于比较器的反相端,即为反相输入滞回电压比较器。

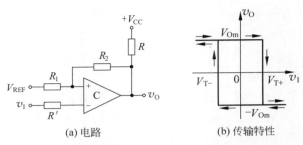

(a) 电路　　　　　　(b) 传输特性

图 3-7　反相输入滞回电压比较器及其传输特性

令 $V_{REF}=0$,电路的上门限电压 V_{T+} 和下门限电压 V_{T-} 分别为

$$V_{T+}=+\frac{R_1}{R_1+R_2}V_{Om}$$

$$V_{T-}=-\frac{R_1}{R_1+R_2}V_{Om}$$

反相输入滞回比较器完整的电压传输特性如图 3-7(b)所示。可以看出,只要输入电压 v_I 满足 $V_{T-}<v_I<V_{T+}$,输出电压将保持原来的状态,即电路具有"记忆"功能;只有当 v_I 增大到 V_{T+} 以上或下降到 V_{T-} 以下时,输出才会转换状态。特别注意,曲线是具有方向性的。

滞回比较器的上门限电压 V_{T+} 与下门限电压 V_{T-} 之差称为回差,用 ΔV 来表示,即

$$\Delta V=V_{T+}-V_{T-}=\frac{2R_1}{R_1+R_2}V_{Om}$$

由此可见,正是由于回差的存在,才使得滞回比较器输出状态的跳变,不再是发生在同一个输入信号的电平上,这样,当含噪声信号作用于比较器时,只要噪声信号的幅度不大于回差,则噪声就不会导致比较器输出状态的误跳变。

3.2.2　仿真

实例　根据实际情况设计一个滞回比较器。首先对噪声的幅度进行估测,约为 950mV,所以,设计比较器的回差约为 1V。参考图 3-7(a),已知 $V_{Om}=5V$,取 $R_2=100k\Omega$,可求得 $R_1\approx11k\Omega$。

首先测试电压传输特性。在比较器的输入端接入三角波,以实现输入电压的正向和负向扫描;示波器设置为 A/B 状态,即 A 通道(纵轴)接输出电压,B 通道(横轴)接输入电压,示波器的其他选择如图 3-8(a)所示,可以得到滞回比较器的电压传输特性,如图 3-8(c)所示。

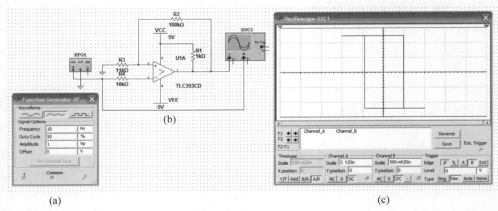

图 3-8　电压传输特性测量

对图 3-8 所示电压传输特性进行测量,测得其回差约为 0.982 7V,输出高电平为 4.955V,输出低电平为 -4.871V,基本满足设计要求。含噪声正弦波通过滞回比较器的仿真电路及其输出波形如图 3-9(a)和图 3-9(b)所示。可以看出,输出波形是很规则的矩形波,且波形的前后沿也很陡峭。

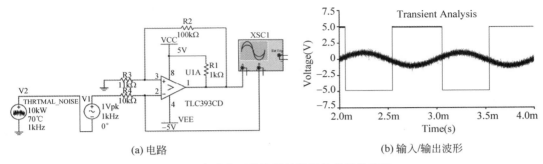

(a) 电路   (b) 输入/输出波形

图 3-9 含噪声正弦波通过滞回比较器的情况

3.3 应用电路

在实际应用中,要根据需要,如采用单电源供电模式、利用运算放大器的非线性作比较器等,选用不同的集成芯片,并在电路中适当添加辅助电路,以提高电路的适应能力。下面将以实际的集成芯片为例,通过仿真来了解电路的结构和特性。

1. 单电源供电的比较器电路

1) 单限比较器

图 3-10(a)是由集成电压比较器构成的单电源供电模式下的单限比较器。图中,MAX907CPA 采用单 +4.5V ~ +5.5V 电源电压供电,其输出高、低电平的典型值分别为 3.5V 和 0.3V,直接与 TTL 电平兼容。利用电阻 R_2、R_3 将电源电压 $+V_{CC}$ 分压,得到该比较器的门限电压为 $+\dfrac{R_3}{R_2+R_3}V_{CC} = +2.5V$,这里的电容 C_1 为旁路电容,其作用是防止噪声引起比较器的误动作;输入信号经过电阻 R_1 加到比较器的同相端,这里的二极管 D1、D2 构成比较器输入端保护电路。图 3-10(b)给出了仿真输入(细线)、输出(粗线)波形。测试结果:门限电压为 2.496 0V,输出高电平为 4.928 4V,低电平为 18.229 7mV。

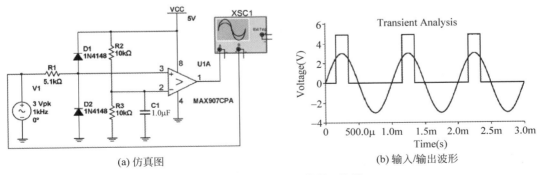

(a) 仿真图   (b) 输入/输出波形

图 3-10 单电源供电的单限比较器

2) 过零比较器

图 3-11(a)是由集成电压比较器构成的单电源供电模式下的过零比较器。图中,

TLC393CD 可采用单电源或双电源供电,其输出高、低电平可以与 TTL、MOS 和 CMOS 电平兼容,这里采用单电源供电。首先利用电阻 R_4、R_5 将电源电压 $+V_{CC}$ 分压,由此得到比较器的同相端电压 $v_P = +\dfrac{R_4}{R_4+R_5}V_{CC}$,这是在单电源模式下为比较器内部电路提供一个工作电压而设置的;同理,将对应的相同阻值电阻接于反相端;输入信号 v_I 经过电阻 R_1、R_2 加到比较器的反相端,这样,反相端电压为 $v_N = \dfrac{R_1+R_2}{R_1+R_2+R_3}V_{CC} + \dfrac{R_3}{R_1+R_2+R_3}v_1$。当 $v_P = v_N$ 时,此时的输入电压即为比较器的门限电压。根据图中数据,可求得门限电压 $V_T = v_1 = 0$,也就是说,该电路为过零比较器。图中的二极管 D1 构成比较器输入端负向限幅电路。由于 TLC393CD 为集电极开路输出,故接有电阻 R_L 对电源电压 V_{CC}。图 3-11(b)给出了仿真输入(细线)、输出(粗线)波形。测试结果:门限电压为 7.737 8mV,输出高电平为 4.997 9V,低电平为 105.890 9mV。

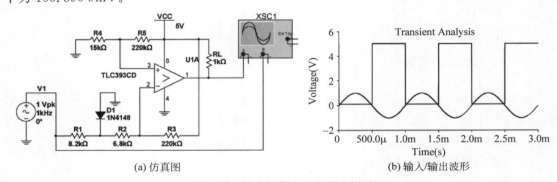

(a) 仿真图　　　　　　　　　　(b) 输入/输出波形

图 3-11　单电源供电的过零比较器

2. 由集成运放构成的电压比较器

在要求工作速度不高的情况下,利用集成运放的非线性,将运放作为电压比较器使用,可构成低速比较器。一般来说,使用集成比较器时,与后续电路的接口是没有问题的,而使用运放时,输出电平通常比较高,为了适应数字电路的逻辑电平,则需要使用接口电路。

1) 滞回比较器

图 3-12(a)给出了由集成运放 741 构成的单电源供电的反相滞回比较器。图中,运放 741 采用单电源 +5V 供电。利用电阻 R_2、R_4 将电源电压 +5V 分压,得到 2.5V,为运放内部电路提供一个工作电压。根据叠加定理,可得到运放的同相端电压为

$$v_P = \frac{R_2//R_3}{R_4+R_2//R_3}V_{CC} + \frac{R_2//R_4}{R_3+R_2//R_4}v_O$$

输入信号 v_1 通过电阻 R_1 加到运放的反相端,即 $v_1 = v_N$。当 $v_P = v_N$ 时,求得的输入电压即为比较器的门限电压,考虑到输出的高电平 V_{oH} 和低电平 V_{oL},于是,有

$$V_{T+} = \frac{R_2//R_3}{R_4+R_2//R_3}V_{CC} + \frac{R_2//R_4}{R_3+R_2//R_4}V_{oH}$$

$$V_{T-} = \frac{R_2//R_3}{R_4+R_2//R_3}V_{CC} + \frac{R_2//R_4}{R_3+R_2//R_4}V_{oL}$$

利用示波器得到该比较器的电压传输特性如图 3-12(b)所示。仿真测试:输出的高电平约为 4.118 0V,低电平约为 0.881 8V,回差为 164.226 6mV,上门限电压 $V_{T+} = 2.582$ 4V,下门限电压 $V_{T-} = 2.418$ 2V,而利用图中数据,可求得上门限电压 $V_{T+} = 2.577$ 0V,下门限电压 $V_{T-} =$

2.422 9V，与仿真测试值基本吻合。图 3-12（c）给出了仿真输入（细线）、输出（粗线）波形。

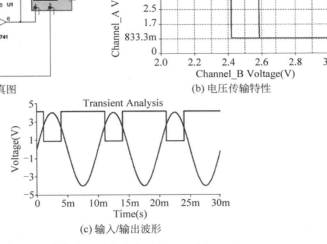

(a) 仿真图　　　　　　　　　　　　　(b) 电压传输特性

(c) 输入/输出波形

图 3-12　由集成运放构成的单电源供电滞回比较器

2）带限幅电路的滞回比较器

若供电电压较高，如 15V，则电路输出端需接入限幅电路，限制输出电压的幅度，以便更好地适应后续的数字电路。电路如图 3-13（a）所示。图中，电阻 R_5 和稳压管 D1 构成最简单的单向限幅电路，正反馈电阻 R_3 的右端接于限幅输出端。仿真得到的电压传输特性和输入输出波形分别如图 3-13（b）和图 3-13（c）所示。仿真测试：输出的高电平约为 5.104 9V，低电平约为 0.928 8V，上门限电压 $V_{T+}=7.423\ 4V$，下门限电压 $V_{T-}=7.177\ 4V$，回差为 246mV。

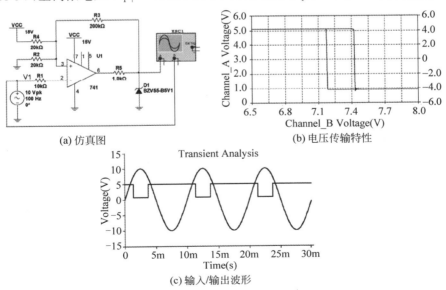

(a) 仿真图　　　　　　　　　　　　　(b) 电压传输特性

(c) 输入/输出波形

图 3-13　单电源供电的带限幅电路的滞回比较器

3. 窗口比较器

图 3-14 给出了由双集成电压比较器 LM2903D 构成的窗口比较器。可以看出，电路由两个单限比较器构成，输入电压 v_I 加在 U1A 的反相端和 U1B 的同相端，电阻 R_L 为二比较器

输出晶体管集电极的上拉电阻；电阻 R_1、R_2 和 R_3 将电源电压 V_{CC} 分压，分别得到上门限电平 V_{refH} 和下门限电平 V_{refL}，分别加在 U1A 的同相端和 U1B 的反相端，显然，$V_{refH} > V_{refL}$。它们由以下表达式给出，即

$$V_{refH} = \frac{R_2 + R_3}{R_1 + R_2 + R_3} V_{CC}$$

$$V_{refL} = \frac{R_3}{R_1 + R_2 + R_3} V_{CC}$$

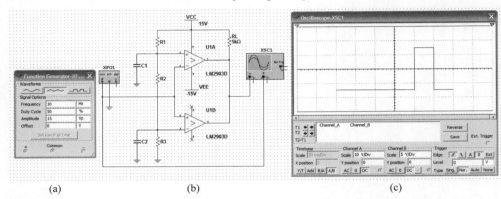

图 3-14   由双集成电压比较器 LM2903D 构成的窗口比较器

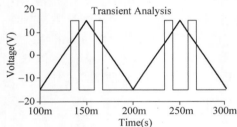

图 3-15   窗口比较器输入三角波的输出波形

这里取 $R_1 = R_2 = R_3$，可得 $V_{refH} = 10V$，$V_{refL} = 5V$，利用示波器仿真，得到此时窗口比较器的传输特性如图 3-14(c)所示。当输入三角波时，其输出波形如图 3-15 所示。

4．PWM 调制电路

在 D 类放大电路和开关电源电路中，需使用一种电路——PWM(Pulse Width Modulation)电路，即脉宽调制电路。这种电路是在基本比较器中，将参考电压改为三角波，输入信号如为正弦波，则随着输入信号的变化，输出矩形波的脉宽也随之变化。图 3-16 给出了 PWM 电路和输入/输出波形。

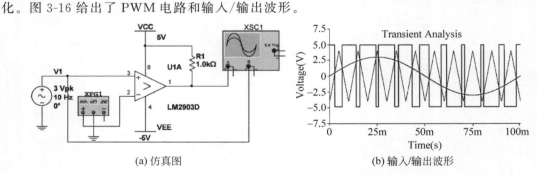

(a) 仿真图   (b) 输入/输出波形

图 3-16   PWM 电路和输入/输出波形

3.4　乘法器

根据乘法运算的基本要求，模拟乘法器有两个输入端和一个输出端，输入电压和输出电压

均对"地"而言,其电路符号如图 3-17(a)所示。其中,输入的两个模拟信号是互不相干的,输出信号是它们的乘积,表示为

$$v_O = k v_X v_Y$$

式中,k 为乘积增益,其单位为 V^{-1}。

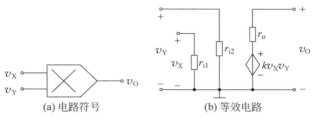

图 3-17 模拟乘法器

模拟乘法器的等效电路如图 3-17(b)所示。其中,r_{i1} 和 r_{i2} 分别为两个输入端的输入电阻,r_o 为输出电阻。对于理想模拟乘法器而言,r_{i1} 和 r_{i2} 应为无穷大,r_o 为零;k 为定值,且当 v_X 或 v_Y 为零时,v_O 也为零。

3.4.1 电路

1. 乘方运算电路

乘方运算电路如图 3-18 所示。输出电压为

$$v_O = k v_I^2$$

若输入电压为正弦波,即 $v_I = \sqrt{2} V_i \sin\omega t$,则输出电压为

$$v_O = 2k V_i^2 \sin^2\omega t = k V_i^2 - k V_i^2 \cos 2\omega t$$

图 3-18 乘方运算电路

式中,第一项为直流信号,第二项为输入信号的二倍频信号。

可通过输出端的耦合电容隔离直流信号,从而得到二倍频信号,此时的电路称为倍频电路。

2. 除法运算电路

将模拟乘法器置于集成运放的反馈支路中,便可构成除法运算电路,如图 3-19 所示。

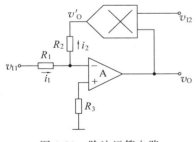

图 3-19 除法运算电路

值得注意的是,用运放和模拟乘法器构成运算电路时,必须保证运放引入的是负反馈。就图 3-19 所示电路来说,当 $i_1 = i_2$ 时,电路即引入了负反馈。具体地说,当 $v_{I1} > 0$ 时,$v_O' < 0$;当 $v_{I1} < 0$ 时,$v_O' > 0$。而 v_{I1} 与 v_O 反相,故要求 v_O' 与 v_O 同相。因此,当模拟乘法器为反相乘法器(k 小于零)时,v_{I2} 应小于零;当为同相乘法器(k 大于零)时,v_{I2} 应大于零,即 v_{I2} 应与 k 同符号。

根据运放的基本分析方法,有

$$\frac{v_{I1}}{R_1} = -\frac{v_O'}{R_2} = -\frac{k v_O v_{I2}}{R_2}$$

整理后可得到输出电压

$$v_O = -\frac{R_2}{kR_1} \frac{v_{I1}}{v_{I2}}$$

由于 v_{I2} 的极性受 k 的限制,故图 3-19 所示电路是一个两象限除法运算电路。

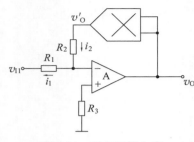

图 3-20 开方运算电路

根据运放的分析方法:

对于前一种情况,有

$$-\frac{v_{I1}}{R_1} = \frac{v'_O}{R_2} = \frac{k v_O^2}{R_2}$$

即

$$v_O = \sqrt{-\frac{R_2}{k R_1} v_{I1}}$$

对于后一种情况,有

$$-\frac{v_{I1}}{R_1} = \frac{v'_O}{R_2} = \frac{k v_O^2}{R_2}$$

即

$$v_O = -\sqrt{-\frac{R_2}{k R_1} v_{I1}}$$

在前一种情况中,若 $v_{I1} > 0$,则 v'_O 依然大于零,会导致电路的反馈变为正反馈,从而使电路不能正常工作;同理,在后一种情况中,若 $v_{I1} < 0$,则 v'_O 依然小于零,会导致电路的反馈变为正反馈,从而使电路也不能正常工作。因此,在实际电路中,需在运放的输出端接入一个二极管,如图 3-21 所示,以保证只有在 $v_{I1} < 0$ 时电路才能正常工作。图中电阻 R_L 为二极管提供直流通路。

3. 开方运算电路

将乘方运算电路置于集成运放的反馈支路中,便可构成开方运算电路,如图 3-20 所示。

欲保证电路引入的是负反馈,我们分两种情况:

当模拟乘法器为同相乘法器时,$v'_O > 0$,故 v_{I1} 必须小于零,则 v_O 大于零;当模拟乘法器为反相乘法器时,$v'_O < 0$,故 v_{I1} 必须大于零,则 v_O 小于零。图中标出的电流方向为前一种情况下电阻中电流的实际方向。

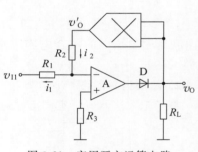

图 3-21 实用开方运算电路

3.4.2 仿真

1. 倍频电路

选择仿真库中的乘法器,其输出增益、X 增益和 Y 增益均设为 1V/V。在输入端加入峰值为 1V、频率为 1kHz 的正弦信号,输出端接入耦合电容和负载,通过瞬态分析,得到输入(细线)和输出(粗线)波形,如图 3-22 所示。可以看出,输出信号的频率为输入信号的 2 倍,而幅度为输入信号的一半。

2. 除法运算电路

除法电路仿真图如图 3-23 所示。因为 V_2 应与乘法器 k 同号,所以取 V_2 为正值。当 V_1 为 12V 时,输出电压为 -2.4V,如图 3-23(a)所示;当 V_1 为 -12V 时,输出电压为 2.4V,如图 3-23(b)所示,与理论值吻合得很好。

3. 开方运算电路

开方运算电路仿真图如图 3-24 所示。由于乘法器为同相乘法器,故 V_1 必须小于零,则输

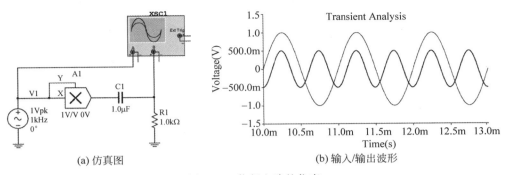

(a) 仿真图   (b) 输入/输出波形

图 3-22 倍频电路的仿真

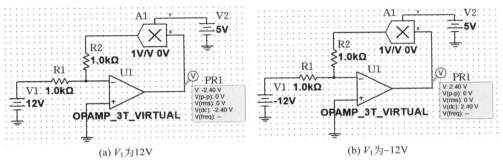

(a) V_1 为12V   (b) V_1 为−12V

图 3-23 除法电路仿真图

出电压大于零。当 V_1 为−9V 时，输出电压为 3V，如图 3-24 所示，与理论值吻合得很好。

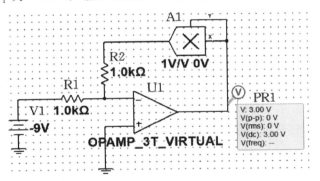

图 3-24 开方运算电路仿真图

更多模拟乘法器应用的介绍，可参见 11.7 节。

第 4 章

半导体二极管电路

一般来说,电路中的二极管工作在其特性曲线的不同区域,将具有不同的电路功能:例如,当工作在正向特性的线性部分时,可用于放大电路;当工作在正向特性的非线性部分时,可用于高频电路;当工作在正向特性(导通状态)和反向特性(未击穿)时,二极管呈现单向导电性;当工作在反向特性的击穿状态时,可用于稳压电路,等等。下面介绍几种常见的应用电路。

Multisim 仿真分析:直流分析、瞬态分析

本章知识结构图

半导体二极管电路 ——
- 半波整流电路(电路和仿真)
- 全波整流电路(电路和仿真)
- 桥式整流电路(电路和仿真)
- 精密整流电路(电路、仿真和实验)
- 稳压电路(电路和仿真)
- 限幅电路(电路、仿真和实验)
- 钳位电路(电路和仿真)

4.1 半波整流电路

将交流电变为直流电的过程称为整流。当输入交流电压的幅值远远大于二极管的导通电压,利用交流电的正半周和负半周,使二极管导通(截止)和截止(导通),故无须给二极管施加偏置电压,即零偏置。因此,整流电路是利用二极管的单向导电性的一种功能电路。

4.1.1 电路

由一个二极管和负载构成的最简单的一种整流电路及其输入、输出波形如图 4-1 所示。若输入交流电压 $v_i = \sqrt{2} V_i \sin\omega t$,当 v_i 为正半周时,二极管 D 导通,输出电压 $v_o = v_i$;当 v_i 为负半周时,D 截止,$v_o = 0$。我们把这种电路称为半波整流电路。

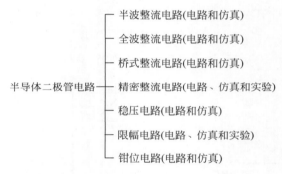

(a) 电路　　(b) 输入、输出波形

图 4-1　半波整流电路及其输入、输出波形

4.1.2 仿真

图 4-1(a)的仿真图如图 4-2(a)所示,输入、输出波形如图 4-2(b)所示。可以看出,输出波

形的幅值小于输入波形的幅值,说明二极管的导通电压 V_{on} 影响电路的整流效果。

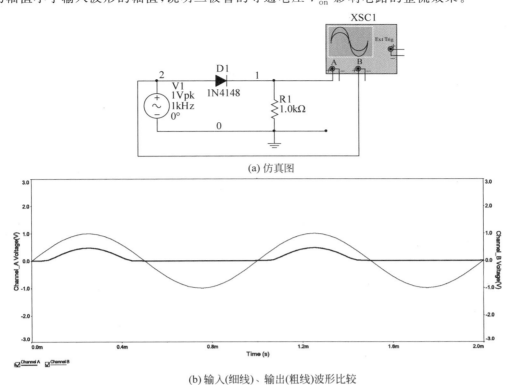

(a) 仿真图

(b) 输入(细线)、输出(粗线)波形比较

图 4-2　半波整流电路仿真图与输入、输出波形

再通过 DC 扫描,得到该电路的 DC 传输特性,如图 4-3 所示。可以看出,v_i 大于零点几伏时,v_o 正比于 v_i;v_i 小于该值时,$v_o=0$。可以清楚地看到二极管的导通电压 V_{on} 对整流输出电压 v_o 的影响。

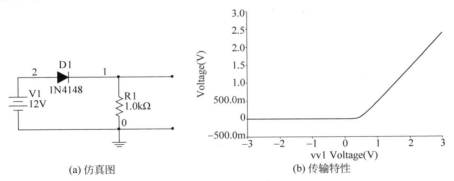

(a) 仿真图　　　　　　　　　(b) 传输特性

图 4-3　半波整流电路直流分析

4.2　全波整流电路

半波整流电路是利用二极管的单向导电性,只保留了正弦波的正半周(或负半周),使正弦交流电压变为脉动直流电压的,如何将正弦波的正负半周都保留下来呢?

4.2.1 电路

全波整流电路及其输入、输出波形如图 4-4（a）和图 4-4（b）所示。可以看出，全波整流电路是由 D_1、D_2 两个半波整流电路组成的，它们的输入电压大小相等，相位相反，这可以利用具有中心抽头的变压器来实现。D_1、D_2 在交流电的正半周和负半周内轮流导通，且流过负载的电流保持同一方向，从而使正、负半周在负载上均有输出电压。

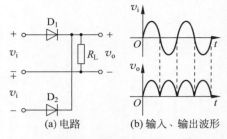

图 4-4 全波整流电路及其输入、输出波形

4.2.2 仿真

全波整流电路的仿真图如图 4-5（a）所示。特别说明，图中采用了一个低阻值的可变电阻，对输入电压分压，其滑动端接地，由此得到大小相等、极性相反的电压，然后，作用于全波整流电路。

通过示波器，可以同时观察输入、输出波形，如图 4-5（b）所示。可以看出，输入波形的正负半周均在横轴以上，已将正弦交流电压变为脉动直流电压，较半波整流，正弦电压的负半周也得以利用。但由于二极管正向压降的影响，导致输出波形幅值小于输入波形幅值，且正负半周的波形不能很好地衔接。

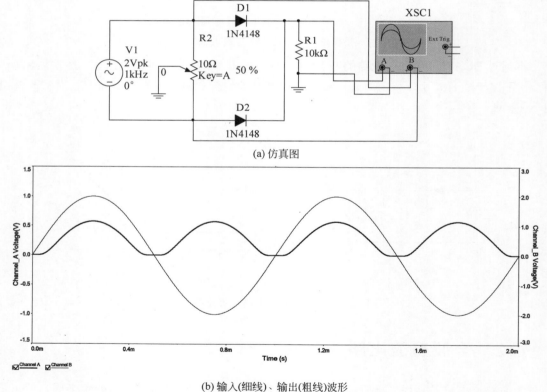

(a) 仿真图

(b) 输入(细线)、输出(粗线)波形

图 4-5 全波整流电路仿真图与输入、输出波形

图 4-6 给出了实际电路中，输入电压通过变压器与全波整流电路相连的电路结构。图 4-6(a)为带中心抽头的变压器的连接图，图 4-6(b)为两个相同变压器的连接图。这两张图的输入、输

出波形与图 4-5(b)相同。

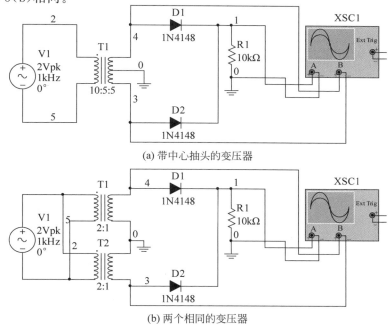

(a) 带中心抽头的变压器

(b) 两个相同的变压器

图 4-6　带变压器的全波整流电路仿真图

　　同样,通过 DC 扫描,可以得到该电路的 DC 传输特性,如图 4-7(b)所示。在进行 DC 扫描时,用一个可变电阻分压,来模拟具有中心抽头的变压器,以便得到大小相等、相位相反的输入电压。可以看出,v_i 的绝对值大于零点几伏时,v_o 正比于 v_i;v_i 的绝对值小于该值时,$v_o=0$。同样可以清楚地看到二极管的导通电压 V_{on} 对整流输出电压 v_o 的影响。

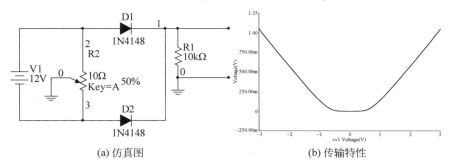

(a) 仿真图　　　　　　　　　　　(b) 传输特性

图 4-7　全波整流电路直流分析 1

也可以采用图 4-8 所示的仿真图,进行 DC 扫描,得到图 4-7(b)所示的 DC 传输特性。

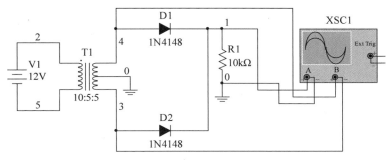

图 4-8　全波整流电路直流分析 2

4.3 桥式整流电路

全波整流电路由两个二极管来完成,但它需要输入大小相等、极性相反的电压,这在有的应用情况下就不一定方便了,而桥式整流电路很好地解决了输入电压的问题。

4.3.1 电路

桥式整流电路及其输入、输出波形如图 4-9 所示。可以看出,桥式整流电路由四个二极管 D_1、D_2、D_3 和 D_4 组成,它们接成电桥的形式,其输入电压只需要一个电压 v_i。在交流电的正半周内 D_2、D_4 导通,D_1、D_3 截止;在交流电的负半周内 D_1、D_3 导通,D_2、D_4 截止,且流过负载的电流保持同一方向,从而使正、负半周在负载上均有输出电压。桥式整流电路也是一种绝对值电路。

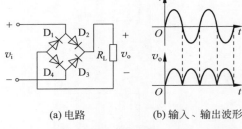

(a) 电路　　　　(b) 输入、输出波形

图 4-9　桥式整流电路及其输入、输出波形

4.3.2 仿真

桥式整流电路由四个二极管组成,可以用四个分立的二极管搭建,也可以用全波桥式整流器。图 4-10(a)给出了由全波桥式整流器 3N255 构成的桥式整流电路,负载为 10kΩ,图 4-10(b)是该电路的输入、输出波形。输入电压的幅值为 1V,输出电压的幅值还不足 0.5V,且正、负两

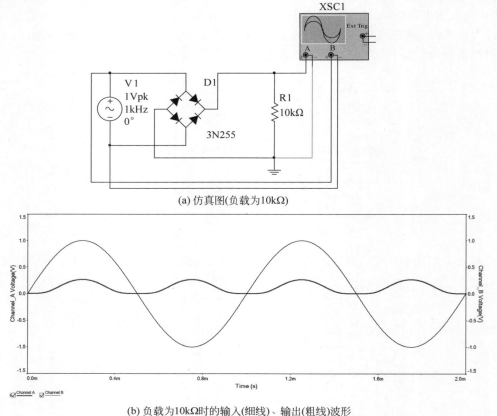

(a) 仿真图(负载为10kΩ)

(b) 负载为10kΩ时的输入(细线)、输出(粗线)波形

图 4-10　全波桥式整流器整流电路仿真图及其输入、输出波形

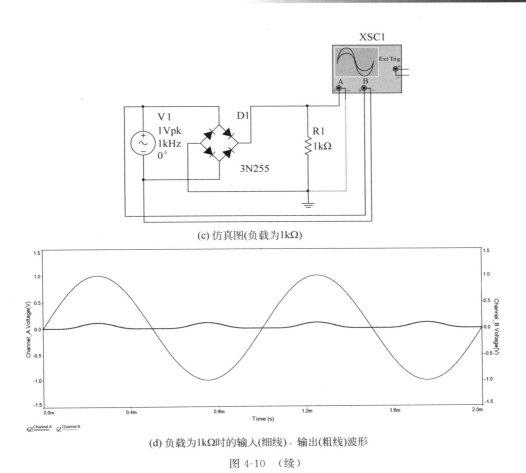

(c) 仿真图(负载为1kΩ)

(d) 负载为1kΩ时的输入(细线)、输出(粗线)波形

图 4-10　(续)

个半周的波形没有很好地衔接。与 4.2 节全波整流电路输出波形相比,二极管正向压降的影响更加突出,这主要是由于桥式整流电路工作时,不论正半周还是负半周,均为两个二极管同时导通,这就导致二极管正向压降的影响较全波整流电路加倍了。若负载改为 1kΩ,如图 4-10(c)所示,负载电流变大,二极管的正向压降也变大,二极管正向压降的影响也就更明显了,如图 4-10(d)所示。

　　由四个分立的二极管搭建的桥式整流电路仿真图及其输入、输出波形如图 4-11 所示。与图 4-10 相比没有明显的差别。

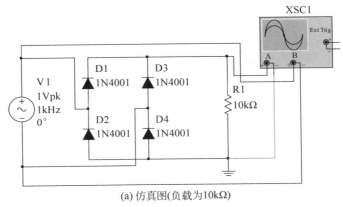

(a) 仿真图(负载为10kΩ)

图 4-11　分立的四个二极管搭建的桥式整流电路仿真图及其输入、输出波形

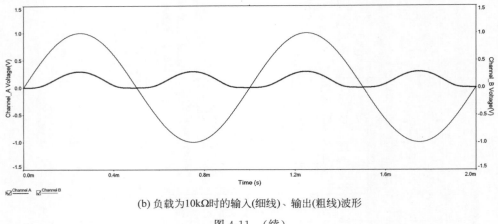

(b) 负载为10kΩ时的输入(细线)、输出(粗线)波形

图 4-11　(续)

至此,不论半波整流,还是全波、桥式整流,当输入电压幅值为 1V 时,输出电压幅值都很小,整流效果不好,这是因为二极管的正向压降为零点几伏,输入电压为 1V,二者几乎是同一量级,使得二极管正向压降的影响比较突出。若输入电压的幅值远大于二极管的正向压降,整流效果如何呢?

图 4-12 给出了输入电压幅值为 10V 时的仿真图和输入、输出波形。可以看出,二极管的正向压降可以忽略不计了。可见,普通(半波、全波和桥式)整流电路更适于较高电压的整流。

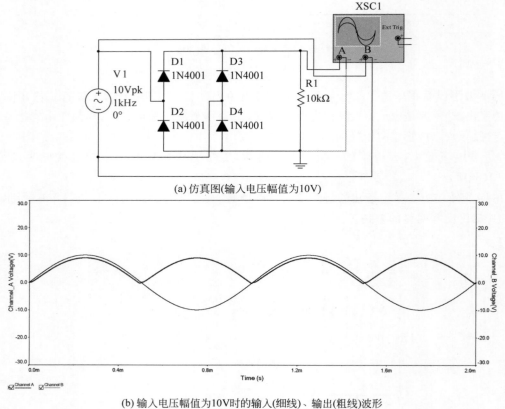

(a) 仿真图(输入电压幅值为10V)

(b) 输入电压幅值为10V时的输入(细线)、输出(粗线)波形

图 4-12　输入电压幅值为 10V 时的仿真图及其输入、输出波形

4.4 精密整流电路

精密整流电路由集成运放和二极管等元器件组成,利用集成运放的放大作用,可将微弱的交流电转换为直流电。

4.4.1 电路

由二极管和集成运放构成的半波精密整流电路及其输入、输出波形如图 4-13 所示。

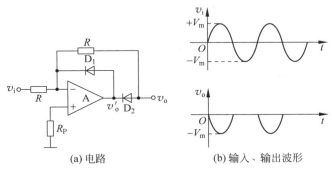

(a) 电路 (b) 输入、输出波形

图 4-13 半波精密整流电路及其输入、输出波形

全波精密整流电路是在上述半波精密整流电路的基础上,利用一个二输入反相加法器,使交流信号的正半周和负半周在负载上均有相同的输出电压,从而降低了输出波形的脉动成分,其电路及其输入、输出波形如图 4-14 所示。

全波精密整流电路的输出电压与输入电压的关系为

$$v_o = | v_i |$$

表明输入电压不论正半周还是负半周,电路的输出电压均为正值。因此,该电路又称绝对值电路。

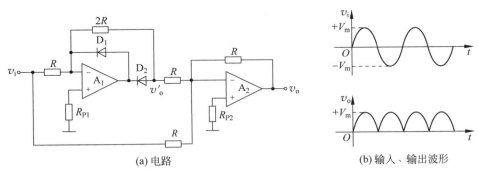

(a) 电路 (b) 输入、输出波形

图 4-14 全波精密整流电路及其输入、输出波形

4.4.2 仿真

半波精密整流电路的仿真图如图 4-15(a)所示。通过 DC 扫描,得到的电压传输特性如图 4-15(b)所示。从图中可以看出该整流电路确实是很"精密"的,因为在输入电压幅度很小时,依然有 $v_o = -v_i$,而没有观察到二极管导通电压的影响。

全波精密整流电路的仿真图如图 4-16(a)所示。通过 DC 扫描,得到的电压传输特性如图 4-16(b)所示。从图中也可看出它所具有的"绝对值"电路特性。

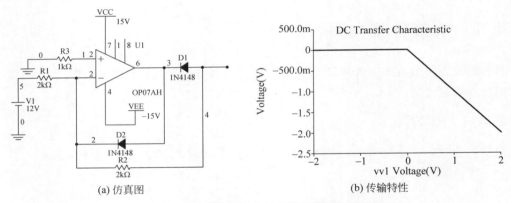

(a) 仿真图   (b) 传输特性

图 4-15   半波精密整流电路仿真图及其传输特性

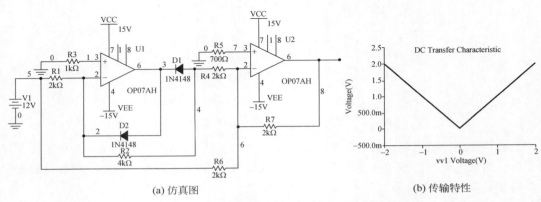

(a) 仿真图   (b) 传输特性

图 4-16   全波精密整流电路仿真图及其传输特性

4.4.3   实验

面包板上的精密全波整流电路如图 4-17 所示。实验时,采用雨珠 3 口袋仪器,单击电源,设置＋5V 和－5V 电压,然后,单击信号源,选择幅度 500mV、1kHz 正弦波,再单击示波器,适当调节时基和灵敏度,可以看到合适的波形。在输入 500mV 时,电路可以输出完整的全波整流波形,如图 4-18(a)所示。再选择信号幅度 200mV,观察输出波形,还是比较完整的全波整流波形,如图 4-18(b)所示。选择信号幅度 100mV,可以看出,输出波形中的正半周和负半周波形幅度不相同,如图 4-18(c)所示,说明整流的效果不是很好,但与普通全波整流电路相比,已经看到全波精密整流电路的"精密"程度了。

图 4-17   面包板上的精密全波整流电路

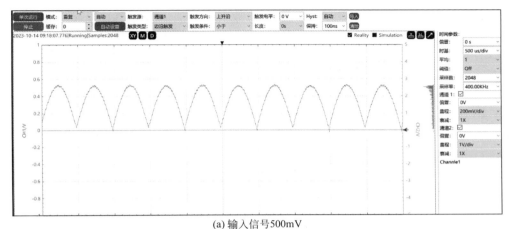

(a) 输入信号500mV

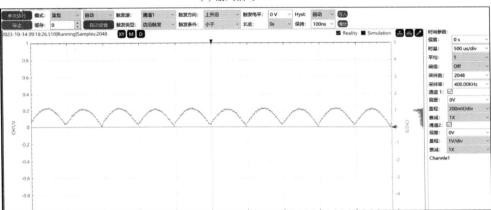

(b) 输入信号200mV

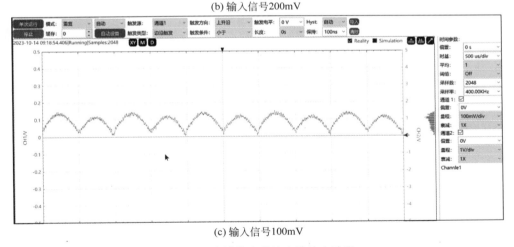

(c) 输入信号100mV

图4-18　全波精密整流电路输出波形

4.5　稳压电路

微课视频

从稳压管的特性曲线上来看,其反向击穿区的曲线非常陡峭。当稳压管工作在反向击穿状态时,它表现出很好的稳压作用,即在反向击穿电压 V_Z 附近,电流增量 ΔI_Z 很大,而电压变化量 ΔV_Z 却很小。如何利用稳压管的这一特点来构建稳压电路呢?

4.5.1　电路

在使用稳压管时,首先应将其设置在反向击穿区,而流过稳压管的反向电流必须加以限制,若小于最小工作电流 I_{Zmin},则稳压管还没有被可靠"击穿",起不到稳压作用;若大于允许的最大工作电流 I_{Zmax},则稳压管将过热而损坏。这里给出了最简稳压电路,如图 4-19 所示,电路的输入电压的极性和稳压管的接入应使稳压管反偏,输入电压的值应大于稳压管的稳压值(即反向击穿电压 V_Z),通过设置电阻 R 的值,来保证稳压管有一个合适的工作电流,也就是说,给稳压管设置一个合适的工作点。

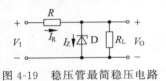

图 4-19　稳压管最简稳压电路

在这个最简稳压电路中,电阻 R 是至关重要的,它具有双重作用,一是限流作用,即通过设计合适的 R 值,将稳压管设置在反向击穿区,并保证其电流在最小工作电流 I_{Zmin} 与允许的最大工作电流 I_{Zmax} 之间;二是调整作用,即通过电阻 R 上压降 V_R 的变化,对输出电压进行调整。R 的取值应满足

$$R > \frac{V_{Imax} - V_Z}{I_{Zmax} + I_{Lmin}}, \quad R < \frac{V_{Imin} - V_Z}{I_{Zmin} + I_{Lmax}}$$

式中,V_{Imax} 为输入电压的最大值;V_{Imin} 为输入电压的最小值;I_{Zmin} 为稳压管的最小工作电流;I_{Zmax} 为允许的最大工作电流;I_{Lmin} 为负载电流的最小值;I_{Lmax} 为负载电流的最大值。

4.5.2　仿真

实例　现用蓄电池为一台 9V 收音机供电,收音机的最大消耗功率为 0.5W,蓄电池的电压波动为 12~13.6V。设计一个简易稳压电路,如图 4-19 所示。试确定电阻 R 和稳压管的参数。

解析　当收音机关闭时,负载电流最小,$I_{Lmin} = 0$;当收音机音量最大时,负载电流最大,$I_{Lmax} = 0.5/9 \approx 56\text{mA}$。输入电压的最小值为 12V,最大值为 13.6V。

由已知条件可知,稳压管的稳定电压为 9V。设 $I_{Zmin} = 0.05 I_{Zmax}$,根据 R 的表达式,可得

$$R > \frac{13.6 - 9}{I_{Zmax}} = \frac{4.6}{I_{Zmax}}, \quad R < \frac{12 - 9}{0.05 I_{Zmax} + 56} = \frac{3}{0.05 I_{Zmax} + 56}$$

令二式相等,可求得 I_{Zmax} 的最小值

$$I_{Zmax} = 93\text{mA}$$

稳压管消耗的功率为 $9 \times 93 = 837\text{mW}$,这个计算结果是稳压管应满足的最低限度值。对应的限流电阻 $R = 4.6/93 = 49.5\Omega$。

选择参数时,要根据实际情况,对上述值进行适当的调整。例如,取电阻 R 为 47Ω(标称值),则稳压管的 I_{Zmax} 应大于 98mA[(13.6-9)V/47Ω=0.098A],此时稳压管消耗的功率为 882mW($9 \times 98\text{mW}$),并可求得电阻 R 上消耗的最大功率为 0.451W[(13.6-9)×0.098W]。为了确保电路工作的安全、可靠,参数选择需留有一定的余量。因此,R 选用 47Ω、1W 的电阻;稳压管选用 1N4739A,其参数:稳定电压为 9.1V,耗散功率为 1W。

仿真图如图 4-20 所示。仿真显示,当输入电压为 12V 时,负载电压为 9.06V,电流为 55.9mA;当最大值为 13.6V 时,负载电压为 9.11V,电流为 56.2mA。符合设计要求。

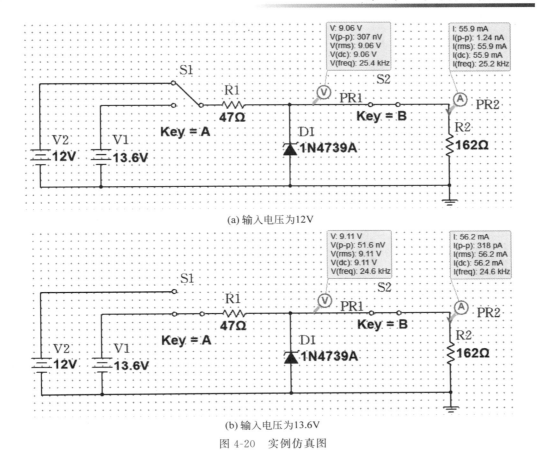

(a) 输入电压为12V

(b) 输入电压为13.6V

图 4-20 实例仿真图

微课视频

4.6 限幅电路

限幅电路的作用是消除信号中大于或小于某一特定值的部分,它可分为上限幅电路、下限幅电路和双向限幅电路。下面重点介绍双向限幅电路。

4.6.1 电路

二极管的正向导通特性和反向击穿特性均具有限制电压的作用,下面介绍一个利用二极管的正向导通特性构成的双向限幅电路,如图 4-21(a)所示。从图中可以看出,当 D_1、E 支路的端电压等于 $E + V_{on}$ 时,D_1 处于导通与截止之间的临界状态,而当 $v_i > E + V_{on}$ 时,D_1 导通,$v_o = E + V_{on}$;当 $v_i < E + V_{on}$ 时,D_1 截止,该支路等效为开路,$v_o = v_i$,即电路实现了上限幅。当 D_2、E 支路的端电压等于 $-(E + V_{on})$ 时,D_2 处于导通与截止之间的临界状态,而当 $v_i < -(E + V_{on})$ 时,D_2 导通,$v_o = -(E + V_{on})$;当 $v_i > -(E + V_{on})$ 时,D_2 截止,该支路等效为开路,$v_o = v_i$,即电路实现了下限幅。因此,电路的下门限、上门限分别为

$$V_{IL} = -(E + V_{on}), \quad V_{IH} = E + V_{on}$$

电路的传输特性如图 4-21(b)所示。

4.6.2 仿真

1. 二极管双向限幅电路

二极管双向限幅电路的仿真图如图 4-22(a)所示。仿真时,取 $E = 3V$,$R = 1k\Omega$。输入信

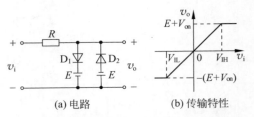

(a) 电路　　　　　　　(b) 传输特性

图 4-21　二极管双向限幅电路及其传输特性

号为正弦波电压,其幅值为 6V,频率为 1kHz。通过 DC 扫描,得到电路的 DC 传输特性如图 4-22(b)所示。测试结果表明,电路的下门限、上门限电压分别为 -3.634V 和 $+3.634$V,与理论分析结果基本一致;通过瞬态分析,得到的输入、输出波形如图 4-22(c)所示。比较二波形可以看出,电路将输入电压超出 ±3.634V 的部分削去后作为输出电压。考虑到实际二极管的特性,仿真与理论结果是有差异的,比较图 4-22(b)与图 4-21(b)即可看出。

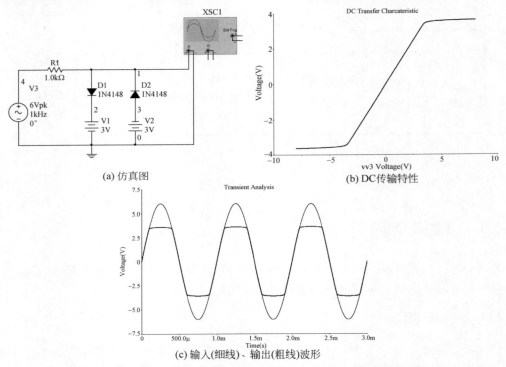

(a) 仿真图　　　　　　　　　　　(b) DC传输特性

(c) 输入(细线)、输出(粗线)波形

图 4-22　二极管双向限幅电路仿真图及其 DC 传输特性和输入、输出波形

2. 限幅放大器

利用集成运放和稳压管,设计一个具有放大与限幅双重功能的电路——限幅放大器。要求:限幅放大器的放大倍数为 20,输出电压限制在 $-3.5\sim+3.5$V。

先设计一个 20 倍电压放大器,如采用反相比例放大器,然后,利用背靠背的稳压管,对输出电压加以限制,以实现双向限幅。仿真图如图 4-23 所示。图中,若 R_1 取 1kΩ,则 R_2 取 20kΩ,R_3 取 $1//20\approx1$kΩ。考虑到稳压管的正向压降,稳压管的稳压值取 3.3V。

根据设计要求,当 $|v_o|<3.5$V,即输入电压 $|v_i|<3.5/20=0.175$V 时,D_1、D_2 均处于截止状态,此时电路等效为 -20 倍的电压放大器,即 $v_o=-20v_i$;当 $|v_i|>0.175$V 时,D_1、D_2 一个正向导通,一个反向击穿,此时电路的反馈电流主要流过稳压管,使 $|v_o|$ 稳定在 3.5V。

通过 DC 扫描,得到电路的 DC 传输特性,如图 4-24(a)所示。测试结果:输出电压摆幅为

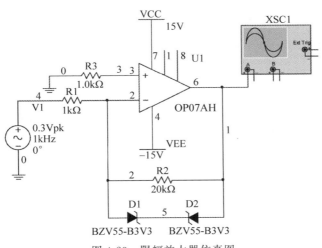

图 4-23　限幅放大器仿真图

±3.538 2V,输入电压范围为−0.175～+0.175V,基本符合要求。

通过瞬态分析,可以观测输出电压波形的情况。当输入正弦电压幅值较小(如 0.1V)时,输出电压小于 3.5V,波形未被限幅,仍为正弦波,如图 4-24(b)所示。当输入正弦电压幅值较大(如 0.3V)时,输出电压大于 3.5V 而被限幅于 3.5V,如图 4-24(c)所示。图中,细线为输入波形,粗线为输出波形。

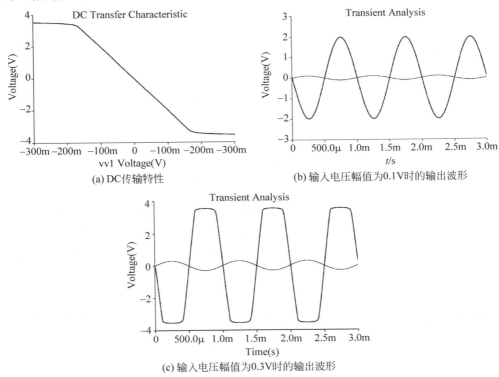

图 4-24　限幅放大器的 DC 传输特性和输出波形

4.6.3　实验

在实际应用中,可以利用普通二极管的正向特性,实现低电压稳压电路,如两只普通硅二极管正向串联,可得到约为 1.4V 的稳定电压;还可以利用发光二极管的正向特性(正向导通电压约为 2V),实现约为 2V 的稳定电压。在这里选用发光二极管来制作一个限幅放大器。电原理图如图 4-25 所示。

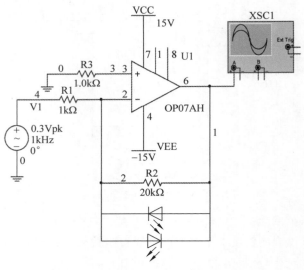

图 4-25　采用 LED 的限幅放大器

面包板上的 LED 限幅放大器如图 4-26(a)所示,放大倍数设置为 10 倍。实验选用雨珠 3 口袋仪器,单击电源,设置电源电压为 +5V 和 −5V,如图 4-26(b)所示。单击信号源,选择信号源电压幅值为 100mV,如图 4-26(c)所示。单击示波器,观察输出波形,如图 4-26(d)所示。输出波形幅值为 1V,此时输出波形没有被限幅。然后,选择信号源电压幅值为 200mV,此时的输出波形如图 4-26(e)所示,已经被限幅了。

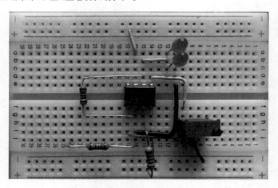

(a) 面包板上的LED限幅放大器

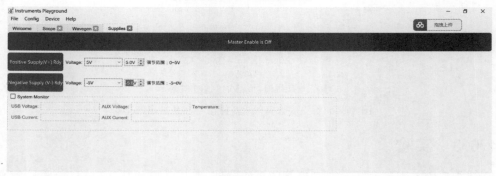

(b) 设置电源电压为+5V和−5V

图 4-26　LED 限幅放大器实验

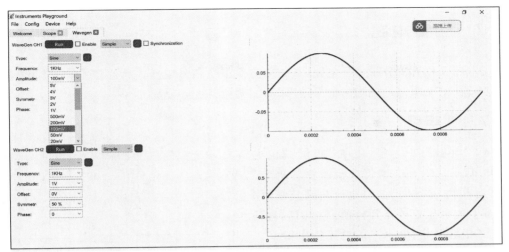

(c) 选择信号源电压幅值为100mV

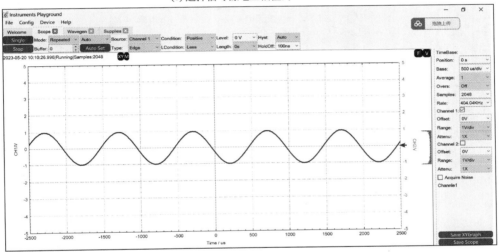

(d) 输出波形1

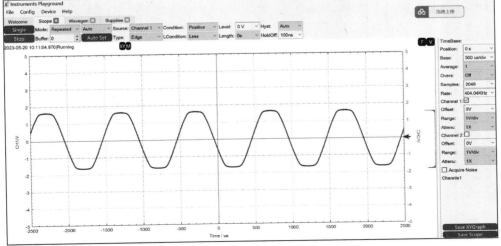

(e) 输出波形2

图 4-26 （续）

4.7　钳位电路

钳位电路又称直流分量恢复电路,其作用是使整个信号电压进行直流平移。钳位电路的一个重要特征是无须知道确切的信号波形,而能调整其直流分量。

4.7.1　电路

图 4-27 给出了一种简单的二极管钳位电路。若输入电压 $v_i = V_m \sin\omega t$,将二极管视为理想二极管,则在时间为 $T/4$ 时,信号电压达到其幅值 V_m,同时电容上的电压也被充到幅值 V_m,而后,信号电压下降,二极管截止,电容上的电压将保持 V_m。当电路稳定后,输出电压应为

$$v_o = -V_m + V_m \sin\omega t$$

可见,输出波形相对输入波形有了 $-V_m$ 的直流平移。

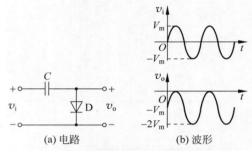

图 4-27　二极管钳位电路及其波形

4.7.2　仿真

二极管钳位电路仿真图如图 4-28(a)所示,输入输出波形如图 4-28(b)所示。考虑到实际二极管的正向压降,所以电容 C_1 上的直流电压小于 V_1 的幅值,应等于 V_1 的幅值减去二极管的正向压降,也就是输出波形较输入波形只下降了零点几伏。

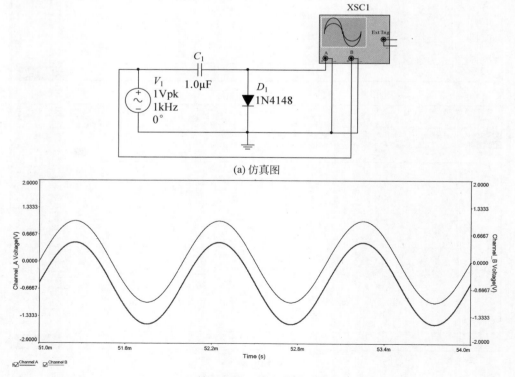

(a) 仿真图

(b) 输入(细线)、输出(粗线)波形

图 4-28　二极管钳位电路仿真图及其输入、输出波形

第 5 章

CHAPTER 5

双极型晶体管电路

双极型晶体管是电子电路中应用极为广泛的电子器件,它在电路中的工作状态包括静态和动态,前者主要分析晶体管的静态参数,后者主要研究电路的动态参数及其波形和频率特性等,本章将从偏置电路、六种晶体管电路及其应用进行仿真分析和设计。

Multisim 仿真分析:瞬态分析、交流分析、直流分析、参数扫描

本章知识结构图如下。

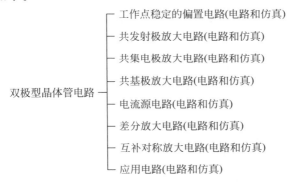

5.1 工作点稳定的偏置电路

晶体管是对温度较敏感的电子器件,寻求一种工作点稳定的偏置电路是非常必要的,利用负反馈原理来实现工作点的稳定,是人们常用的一种方法。

5.1.1 电路

在电路中引入直流电流负反馈,将起到稳定静态电流 I_{CQ} 的作用。电路如图 5-1 所示。稳定 I_{CQ} 的过程可概括为

$$T \uparrow \rightarrow I_{CQ} \uparrow \rightarrow I_{EQ} \uparrow \rightarrow V_{EQ} = I_{EQ}R_e \uparrow \rightarrow V_{BEQ} = V_{BQ} - V_{EQ} \downarrow \rightarrow I_{BQ} \downarrow$$

$$I_{CQ} \downarrow \longleftarrow \underline{\qquad\qquad\qquad\qquad\qquad\qquad}$$

下面通过实例仿真来体会工作点稳定的偏置电路。

设 $V_{CC} = 9\text{V}, R_c = 4.7\text{k}\Omega, V_{BE(on)} = 0.7\text{V}, \beta = 120, V_{CEQ} = 4\text{V}$。试确定 R_{b1}, R_{b2} 和 R_e 的值。

解析 一般情况下,选择 R_e 上的压降与 $V_{BE(on)}$ 的数量级相当。例如,选择 $R_e = 680\Omega$,则有

$$I_{EQ} = \frac{V_{CC} - V_{CEQ}}{R_e + R_c} = \frac{9 - 4}{4.7 + 0.68} \approx 0.93\text{mA}$$

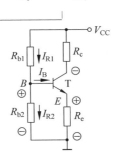

图 5-1　工作点稳定的偏置电路

此时 R_e 上的压降为 $0.93 \times 0.68 = 0.632\text{V}$，基本符合要求。

根据条件 $R_{EQ} = 0.1 \times (1+\beta)R_e$，有

$$R_{EQ} = 0.1 \times 121 \times 0.68 = 8.228\text{k}\Omega$$

所以，有

$$V_{EQ} = I_{EQ}\left(\frac{R_{EQ}}{1+\beta} + R_e\right) + V_{BEQ} = 0.93 \times \left(\frac{8.228}{1+120} + 0.68\right) + 0.7 \approx 1.396\text{V}$$

由此，得

$$\frac{R_{b2}}{R_{b1} + R_{b2}} = \frac{V_{EQ}}{V_{CC}} = \frac{1.396}{9} \approx 0.155$$

又 $R_{EQ} = \dfrac{R_{b2}R_{b1}}{R_{b1} + R_{b2}} = 0.155R_{b1} = 8.228$，故

$$R_{b1} = \frac{8.228}{0.155} = 53.08\text{k}\Omega, R_{b2} = 9.74\text{k}\Omega$$

取 $R_{b1} = 53\text{k}\Omega, R_{b2} = 9.1\text{k}\Omega$。

5.1.2 仿真

在仿真界面上搭建图 5-1 所示电路，晶体管选用 2SC945，并将其 BF 参数改为 120，然后进行"DC 工作点"测试，测得 I_{CQ} 为 0.942mA，与设计值基本吻合。

通过"模型参数扫描"，可以观察晶体管 β 变化对 I_{CQ} 的影响，扫描结果如表 5-1 所示。

表 5-1 扫描结果

β	I_{CQ}/mA	β	I_{CQ}/mA
100	0.931	160	0.957
120	0.942	180	0.962
140	0.950		

微课视频

例如，β 从 100 变为 120，变化了 20%，而 I_{CQ} 从 0.931 变为 0.942，变化了 1.18%；又如，β 从 160 变为 180，变化了 12.5%，而 I_{CQ} 从 0.957 变为 0.962，变化了 0.52%，等等。表明在一定范围内，选用不同 β 的晶体管，对电路的 Q 点影响很小。

5.2 共发射极放大电路

在工作点稳定的偏置电路基础上，信号源经耦合电容接基极，集电极经耦合电容接负载，发射极经旁路电容接地，这就构成了共发射极放大电路（简称共射电路）。

5.2.1 电路

共发射极放大电路电原理图如图 5-2(a)所示。由它的交流通路[图 5-2(b)]可以看出，所谓共射电路，是指信号输入端为基极，输出端为集电极，发射极为输入回路和输出回路的公共端。

几个主要参数：

(1) 电压增益 $\dot{A}_v$

$$\dot{A}_v = \frac{\dot{V}_o}{\dot{V}_i} = -\frac{\beta R'_L}{r_{be}}$$

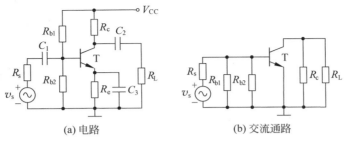

(a) 电路   (b) 交流通路

图 5-2　共发射极放大电路电原理图

（2）电流增益 $\dot{A}_i$

$$\dot{A}_i = \beta$$

（3）输入电阻 R_i

$$R_i = \frac{\dot{V}_i}{\dot{I}_i} = R_{b1} // R_{b2} // r_{be}$$

（4）输出电阻 R_o

$$R_o = \frac{\dot{V}}{\dot{I}} \bigg|_{\dot{V}_s = 0, R_L = \infty} = R_c // r_{ce}$$

表明共射放大电路既有电压放大能力，又有电流放大能力，即具有较高的功率增益。

5.2.2　仿真

1. 共射电路

图 5-3(a)是图 5-2(a)电路在给定参数下的仿真图。晶体管选用 2SC945，设置其 BF 参数，使晶体管的 β 为 100；设置其 VAF 参数，以减少晶体管输出电阻 r_{ce} 对输出电压的影响。然后，用探针进行"DC 工作点"测试，测得 I_{EQ} 为 1.69mA。当信号源电压幅值为 10mV 时，探针测得输出电压有效值为 836mV，输入电压有效值为 5.20mV，故电压增益为 836/5.20＝161，源电压增益为 836/7.07＝118，与理论值基本吻合。

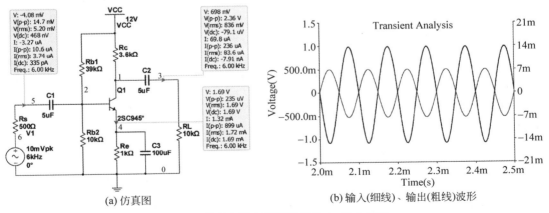

(a) 仿真图   (b) 输入(细线)、输出(粗线)波形

图 5-3　共射电路仿真图及其输入、输出波形

通过瞬态分析，观察输入、输出波形，可见输出波形与输入波形反相，如图 5-2(b)所示。这里以右轴坐标表示输入波形；以左轴坐标表示输出波形。

通过 AC 分析,得到共射电路的频率特性。仿真时,取 $C_1 = C_2 = 1\mu\text{F}$、$C_3 = 100\mu\text{F}$、$C_L = 10\text{pF}$、$C_{b'e} = 30\text{pF}$ 和 $C_{b'c} = 3\text{pF}$,仿真图及其幅频特性和相频特性如图 5-4 所示。通过对频率特性的测试,可得中频增益为 41.5dB,中频相移为 $-180°$;下限频率为 154Hz,对应的相移为 $-128°$(理论值为 $-135°$);上限频率为 982kHz,对应的相移约为 $-225°$(理论值为 $-225°$)。若不考虑 C_L 的影响,上限频率约为 1.15MHz。可见,负载电容较小时,对共射电路的上限频率影响不大,这其中还是密勒电容起决定性作用。

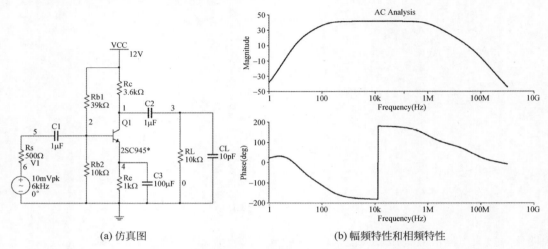

(a) 仿真图　　　　　　　　　　　(b) 幅频特性和相频特性

图 5-4　共射电路仿真图及其幅频特性和相频特性

2. 电压增益可调的共射电路

能否设计一种共射电路,在保持静态工作点不变的条件下,使电压增益可以在一定范围内调整呢?图 5-5 给出了这种电路的电原理图。可以看出,它是将 R_e 分成两个电阻 R_{e1} 和 R_{e2} 的串联,其中 C_3 只并联在 R_{e2} 两端,这样,只要 R_e 的总阻值不变,Q 点将不会受到影响。而改变 R_{e1} 的值(R_{e2} 也作相应变动),即可改变电压增益 $\dot{A}_{vf}$ 的值。

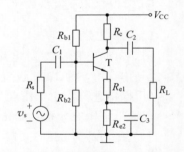

图 5-5　电压增益可调的共射电路

电路的电压增益表达式为

$$\dot{A}_{vf} = \frac{\dot{V}_o}{\dot{V}_i} = -\frac{\beta R'_L}{r_{be} + (1+\beta)R_{e1}}$$

在图 5-3(a)的基础上,设计一个电压增益 A_{vf} 为 10～30 倍的共射放大电路,试确定电阻 R_{e1} 和 R_{e2} 的值。

由计算可知,当 $A_{vf} = 10$ 时,求得 $R_{e1} = 247\Omega$;当 $A_{vf} = 30$ 时,求得 $R_{e1} = 72\Omega$,即 A_{vf} 为 10～30 时,R_{e1} 在 247Ω 和 72Ω 之间变化,与之对应的 R_{e2} 的值为 753Ω～928Ω。

仿真图如图 5-6 所示。改变 R_{e1} 的值和对应的 R_{e2} 的值,即可得到不同电压增益的共射电路,且电路的 Q 点不变。图 5-6(a)和图 5-6(b)所示电路的电压增益分别为 10 倍和 30 倍。从探针的测试结果可知,二图的电压增益分别为 $65.1/6.54 = 9.95$ 和 $188/6.33 = 29.70$,I_{EQ} 仍为 1.69mA,与理论值基本吻合。

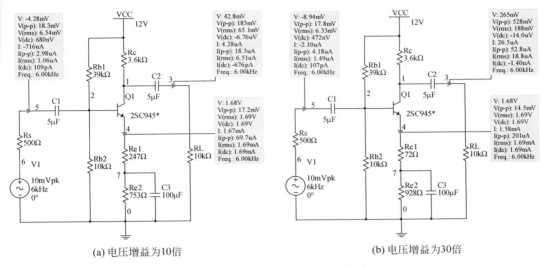

(a) 电压增益为10倍　　　　　　　　(b) 电压增益为30倍

图 5-6　电压增益可调的共射电路仿真图

5.3　共集电极放大电路

在工作点稳定的偏置电路基础上,信号源经耦合电容接基极,发射极经耦合电容接负载,集电极经旁路电容接地,这就构成了共集电极放大电路(简称共集电路)。

5.3.1　电路

共集电极放大电路电原理图如图 5-7(a)所示。由它的交流通路[图 5-7(b)]可以看出,所谓共集电路,是指信号输入端为基极,输出端为发射极,集电极为输入回路和输出回路的公共端。

将图 5-7(a)中的 R_c 和 C_2 去掉,集电极直接连在 V_{CC} 上,这样做既保证了晶体管的正常工作,又节省了 R_c 和 C_2 两个元件。简化的共集放大电路如图 5-8 所示。

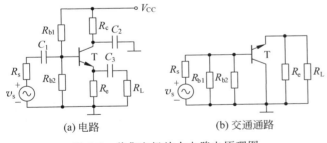

(a) 电路　　　　　　(b) 交通通路

图 5-7　共集电极放大电路电原理图

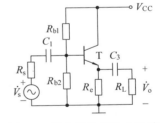

图 5-8　简化的共集放大电路

几个主要参数:

(1) 电压放大倍数 $\dot{A}_v$

$$\dot{A}_v = \frac{\dot{V}_o}{\dot{V}_i} = \frac{(1+\beta)(R_e /\!/ R_L)}{r_{be} + (1+\beta)(R_e /\!/ R_L)}$$

(2) 电流放大倍数 $\dot{A}_i$

$$\dot{A}_i = \frac{\dot{I}_o}{\dot{I}_i} = (1+\beta)\frac{R_e}{R_e + R_L}\frac{R_{b1} /\!/ R_{b2}}{R_{b1} /\!/ R_{b2} + R_i'}$$

其中

$$R'_i = r_{be} + (1 + \beta)(R_e // R_L)$$

（3）输入电阻 R_i

$$R_i = R_{b1} // R_{b2} // R'_i$$

（4）输出电阻 R_o

$$R_o = \left.\frac{\dot{V}}{\dot{I}}\right|_{\dot{V}_s = 0} = R_e // \frac{\dot{V}}{\dot{I}_e} = R_e // \frac{r_{be} + R_{b1} // R_{b2} // R_s}{1 + \beta}$$

共集电极放大电路的特点是，输出电压与输入电压大小相等，相位相同，输入电阻大，输出电阻小。

5.3.2 仿真

将图 5-3（a）共射电路改接为共集电路，即电容 C_2 改为 $100\mu F$，右端接地；电容 C_3 改为 $1\mu F$，右端接负载，如图 5-9（a）所示。通过 AC 分析，得到其幅频特性和相频特性，如图 5-9（b）所示。测试结果：电压增益为 0.92，上限频率约为 118MHz。可见，在元器件参数相同的条件下，共集电路的上限频率远大于共射电路。

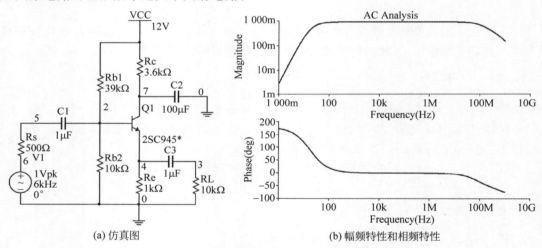

(a) 仿真图   (b) 幅频特性和相频特性

图 5-9　共集放大电路仿真图及其幅频特性和相频特性

由于共集电路属于串联负反馈电路，故适用于恒压源型信号源作驱动。源内阻 R_s 将影响电路的上限频率。图 5-10（a）给出了不同信号源内阻时的幅频特性，图中曲线由粗线到细线，源内阻分别为 10Ω、100Ω 和 500Ω，对应的上限频率分别为 7.3GHz、725MHz 和 118MHz。比较可知，内阻越小，上限频率越高。

只改变结电容 $C_{b'c}$，将原来的 3pF 改为 6pF，得到的幅频特性分别如图 5-10（b）中的粗线和细线所示，对应的上限频率分别为 118MHz 和 70MHz。若只改变 $C_{b'e}$，将原来的 30pF 改为 15pF，对应的上限频率分别为 118MHz 和 141MHz。可见，结电容对电路上限频率的影响比较小。

由于信号源内阻和负载电容的影响，使共射电路的带宽较小。根据共集电路输入电阻大、输出电阻小的特点，在信号源与共射电路之间接入一个共集电路作为隔离级，以减少信号源内阻对上限频率的影响，同时，共射电路与负载之间也接入一个共集电路作为隔离级，以减少负载电容对上限频率的影响。将上述共集电路和共射电路组合起来，构成一个共集-共射-共集组态电路。仿真图及其幅频特性如图 5-11 所示。

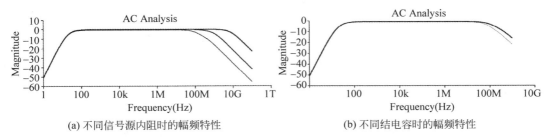

(a) 不同信号源内阻时的幅频特性　　　　　(b) 不同结电容时的幅频特性

图 5-10　源内阻和结电容对共集电路上限频率的影响

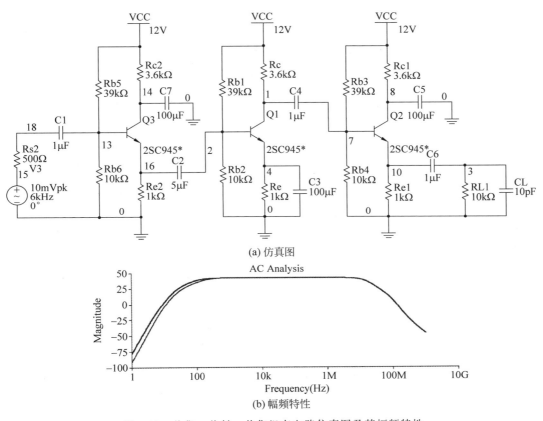

(a) 仿真图

(b) 幅频特性

图 5-11　共集—共射—共集组态电路仿真图及其幅频特性

由仿真结果可知,电路的总增益为 42.4dB,较原共射电路(41.5dB)略有提高;电路的上限频率为 11MHz,较原共射电路(982kHz)有很大提高;电路的下限频率为 208Hz,较原共射电路(154Hz)变大了,如图 5-11(b)中的细线所示,这是由于多个耦合电容和旁路电容所致。对此,需要对原电容值进行适当调整,将图中的 C_2 由 $1\mu F$ 改为 $5\mu F$,如图 5-11(a)所示,得到的幅频特性如图 5-11(b)中的粗线所示,此时测得的下限频率为 126Hz。可见,像图 5-11(a)所示的阻容耦合方式电路,由于受耦合电容、旁路电容的影响,其下限频率不易作得很低。正因为耦合电容的隔直作用,故这种电路每一级的 Q 点可独立调整而彼此互不影响,这也是该电路的一个优点。

5.4　共基极放大电路

在工作点稳定的偏置电路基础上,信号源经耦合电容接发射极,集电极经耦合电容接负载,基极经旁路电容接地,这就构成了共基极放大电路(简称共基电路)。

5.4.1 电路

共基极放大电路电原理图如图 5-12(a)所示。由它的交流通路[图 5-12(b)]可以看出,所谓共基电路,是指信号输入端为发射极,输出端为集电极,基极为输入回路和输出回路的公共端。

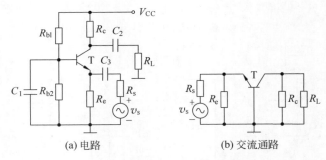

(a) 电路 (b) 交流通路

图 5-12 共基极放大电路电原理图

几个主要参数:

(1) 电压放大倍数 $\dot{A}_v$

$$\dot{A}_v = \frac{\dot{V}_o}{\dot{V}_i} = \frac{\beta(R_c//R_L)}{r_{be}}$$

(2) 电流放大倍数 $\dot{A}_i$

$$\dot{A}_i = \frac{\dot{I}_o}{\dot{I}_i} = \frac{\beta}{1+\beta}\frac{R_c}{R_c+R_L} = \alpha\frac{R_c}{R_c+R_L}$$

(3) 输入电阻 R_i

$$R_i = \frac{\dot{V}_i}{\dot{I}_i} = R_e // \frac{\dot{V}_i}{-\dot{I}_e} = R_e // \frac{-\dot{I}_b r_{be}}{-(1+\beta)\dot{I}_b} = R_e // \frac{r_{be}}{1+\beta}$$

(4) 输出电阻 R_o

$$R_o \approx R_c$$

共基极放大电路的特点是,输出电流与输入电流大小相等,相位相同,输入电阻小,输出电阻大。

5.4.2 仿真

将共射电路改接为共基电路,即电容 C_1 改为 $100\mu F$,左端接地;电容 C_3 改为 $1\mu F$,右端接信号源,如图 5-13(a)所示。通过 AC 分析,得到其幅频特性和相频特性,如图 5-13(b)所示。测试结果:电压增益为 $14dB$,上限频率约为 $30MHz$。可见,在元器件参数相同的条件下,共基电路的上限频率远大于共射电路。

将共射电路与共基电路组合起来,构成共射—共基组态电路,它不仅具有共射电路的优点,也具有共基电路的优点,如图 5-14(a)所示。从信号的传输来看,输入信号从共射电路 Q_1 的基极输入,Q_1 集电极输出的信号传送到共基电路 Q_2 的发射极,Q_2 集电极输出的信号为组

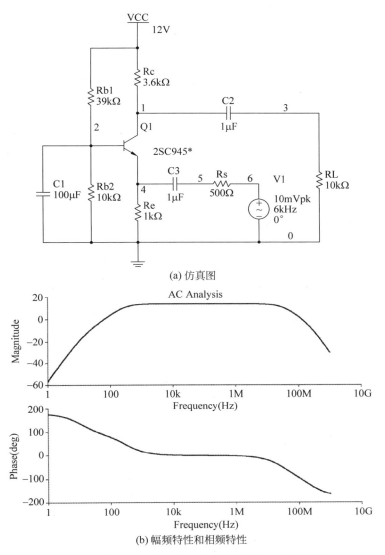

(a) 仿真图

AC Analysis

(b) 幅频特性和相频特性

图 5-13　共基电路的仿真图及其幅频特性和相频特性

合电路的输出信号。在这个过程中,共基电路的输入电阻是共射电路的负载,且其值很小,故使得此时共射电路的电压增益很小,从而减少了共射电路中的密勒电容,提高了电路的上限频率;根据共基电路的电流跟随性,Q_1 的输出电流将通过 Q_2 集电极输出,几乎大小不变地传输给负载,进而确保了组合电路的电压增益。共射—共基电路的幅频特性和相频特性如图 5-14(b)所示。

　　由仿真结果可知,电路的总增益为 41.3dB,与原共射电路(41.5dB)基本相同;电路的上限频率为 8.4MHz,较原共射电路(982kHz)有很大提高,可见,共射—共基电路在展宽频带的同时,仍具有较高的电压增益;由于多个耦合电容和旁路电容的影响,电路的下限频率会变大。对此,对原电容值进行了适当调整,将图中的 C_5 由 $1\mu F$ 改为 $5\mu F$,如图 5-14(a)所示,此时测得电路的下限频率为 155.5Hz,与原共射电路(154Hz)相当,得到的幅频特性和相频特性如图 5-14(b)所示。

　　为了减少信号源内阻对共射电路上限频率的影响,我们在信号源与共射电路之间接入一

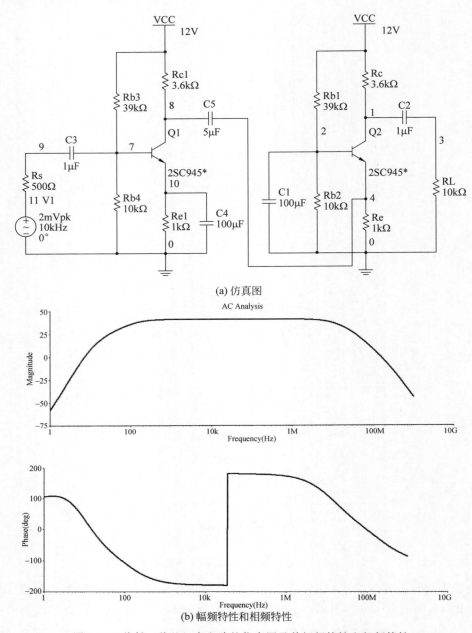

(a) 仿真图

(b) 幅频特性和相频特性

图 5-14　共射—共基组态电路的仿真图及其幅频特性和相频特性

个共集电路,这样,便得到了共集—共射—共基组态电路,如图 5-15(a)所示。其幅频特性如图 5-15(b)所示。

　　由仿真结果可知,电路的总增益为 43.1dB,较原共射—共基电路(41.3dB)有所提高;电路的上限频率为 41.3MHz,较原共射—共基电路(8.4MHz)有很大提高;同样,由于多个耦合电容和旁路电容的影响,电路的下限频率会变大。对此,对原电容值进行了适当调整,将图中的 C_3 由 $1\mu F$ 改为 $5\mu F$,如图 5-15(a)所示,此时测得电路的下限频率为 124.8Hz,与原共射—共基电路(155.5Hz)基本相等,得到的幅频特性如图 5-15(b)所示。

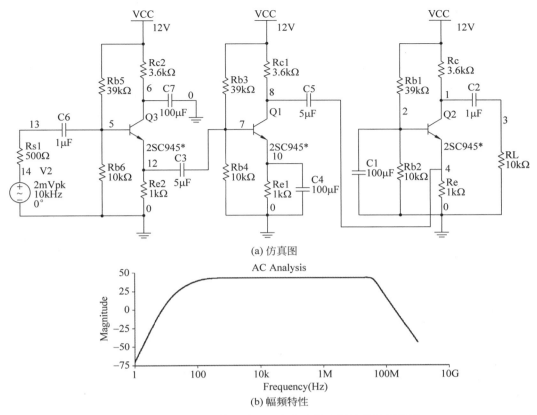

(a) 仿真图

(b) 幅频特性

图 5-15　共集—共射—共基组态电路仿真图及其幅频特性

5.5　电流源电路

在电路中,可以利用电流源为各级电路提供稳定的直流偏置电流;由于电流源的交流电阻很大,所以,又可以将电流源作为单级放大电路的负载——有源负载,以提高放大电路的增益;电流源还是电流模式电路的最小单元。可见,电流源在提高放大电路性能等方面起到重要作用。

5.5.1　电路

1. 基本电流镜

电路如图 5-16 所示。图中,T_1、T_2 是特性完全相同的晶体管。由于两管的发射结并联,基—射极电压相同,故 $I_{B1} = I_{B2}$,$I_{C1} = I_{C2}$,即

$$I_o = I_{C2} = I_{C1} = I_{REF} - 2I_B = I_{REF} - 2\frac{I_{C2}}{\beta} = I_{REF} - 2\frac{I_o}{\beta}$$

由此,可得

$$I_o = \frac{1}{1 + \dfrac{2}{\beta}} I_{REF}$$

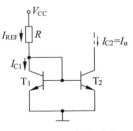

图 5-16　基本电流镜

当 $\beta \gg 2$ 时,则 $I_o \approx I_{REF}$,即 I_o 是 I_{REF} 的"复制",亦即二者好比是物与镜中的像一样,故又称为镜像电流源。这里的基准电流 I_{REF} 为

$$I_{REF} = \frac{V_{CC} - V_{BE}}{R} \approx \frac{V_{CC}}{R}$$

显然,基本电流镜的内阻为

$$R_o = r_{ce2}$$

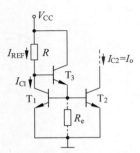

2. 基本三晶体管电流镜

电路如图 5-17 所示。图中,基准电流和输出电流分别为

$$I_{REF} = \frac{V_{CC} - V_{BE} - V_{BE3}}{R} \approx \frac{V_{CC} - 2V_{BE}}{R}$$

$$I_o = \frac{1}{1 + \frac{2}{\beta(1 + \beta_3)}} I_{REF}$$

其输出电阻仍为

$$R_o = r_{ce2}$$

图 5-17 基本三晶体管电流镜

3. Cascode 电流镜

将两个基本电流镜级联起来,即得到 Cascode 电流镜,如图 5-18 所示。图中,基准电流和输出电流分别为

$$I_{REF} = \frac{V_{CC} - 2V_{BE}}{R}$$

$$I_o = \frac{\beta^2}{2 + 4\beta + \beta^2} I_{REF}$$

输出电阻为

$$R_o = r_{ce4}(1 + \beta_4) + r_{be4} \approx \beta_4 r_{ce4}$$

4. Wilson 电流镜

Wilson 电流镜通过电流负反馈来改善其输出性能,电路如图 5-19 所示。图中,基准电流和输出电流分别为

$$I_{REF} = \frac{V_{CC} - 2V_{BE}}{R}$$

$$I_o = \frac{\beta^2 + 2\beta}{\beta^2 + 2\beta + 2} I_{REF} = \frac{I_{REF}}{1 + \frac{2}{\beta^2 + 2\beta}}$$

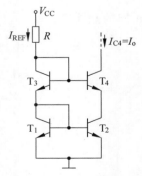

图 5-18 Cascode 电流镜

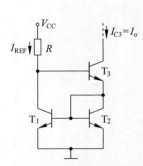

图 5-19 Wilson 电流镜

其输出电阻为

$$R_\mathrm{o} \approx \frac{\beta}{2} r_\mathrm{ce3}$$

5．Widlar 电流镜

Widlar 电流镜是一种适合产生小电流的电流源，如图 5-20 所示。图中，基准电流和输出电流分别为

$$I_\mathrm{REF} = \frac{V_\mathrm{CC} - V_\mathrm{BE}}{R}$$

$$I_\mathrm{o} R_\mathrm{e} = V_\mathrm{T} \ln\left(\frac{I_\mathrm{REF}}{I_\mathrm{o}}\right)$$

其输出电阻为

$$R_\mathrm{o} = r_\mathrm{ce2} \left[1 + \frac{\beta}{r_\mathrm{be2}} (r_\mathrm{be2} // R_\mathrm{e}) \right]$$

6．多路电流镜

多路电流镜是对一个 I_REF 的多路"复制"，其基本电路如图 5-21 所示。若所用晶体管均是相同的，则每路电流与基准电流的关系为

$$I_\mathrm{o1} = I_\mathrm{o2} = \cdots = I_\mathrm{on} = \frac{I_\mathrm{REF}}{1 + \dfrac{1 + n}{\beta}}$$

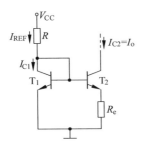

图 5-20　Widlar 电流镜

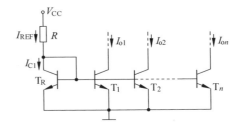

图 5-21　多路电流镜

5.5.2　仿真

基本电流镜仿真图如图 5-22 所示。调整电阻 $R_2 = 9.3\mathrm{k}\Omega$，使 $I_\mathrm{REF} = 1\mathrm{mA}$。

1．负载电流 I_o 与负载电阻 R_L 的关系

通过参数扫描，可得到负载电阻 R_L 从 0 到 $10\mathrm{k}\Omega$ 变化时，负载电流 I_o 的变化情况，如图 5-23(a)所示。

2．负载电流 I_o 与电流放大系数 β 的关系（$R_\mathrm{L} = 6\mathrm{k}\Omega$）

通过参数扫描，可得到晶体管电流放大系数 β 从 50 到 500 变化时，负载电流 I_o 的变化情况，如图 5-23(b)所示。

3．传输函数分析

如图 5-24 所示，可得到基本电流镜的输出电阻为 74.813 50kΩ。而所用晶体管 2N3904 的 Early 电压为 74.03V，其集电极电流约为 1mA，故电阻 $r_\mathrm{ce} = 74.03\mathrm{k}\Omega$，即基本电流镜输出电阻的理论值为 74.03kΩ，与仿真测试值基本吻合。

其他电流镜的仿真图可分别参考图 5-25(a)～图 5-25(d)。

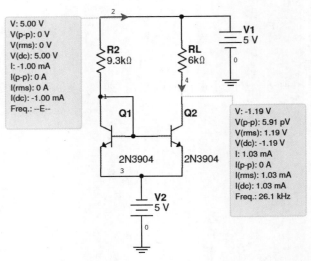

图 5-22　基本电流镜仿真图

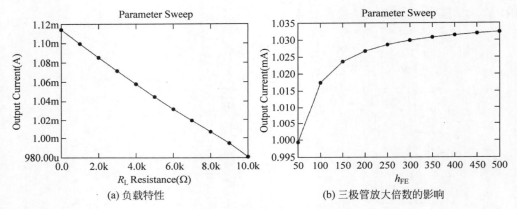

(a) 负载特性　　　　　　　　　　　　　(b) 三极管放大倍数的影响

图 5-23　基本电流镜仿真结果

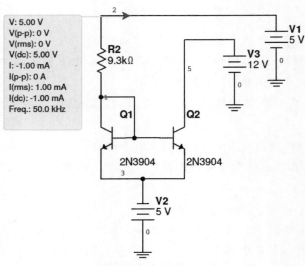

图 5-24　传输函数分析

不同电流镜输出电阻仿真结果如表 5-2 所示。

表 5-2　不同电流镜输出电阻仿真结果

电流镜类型	基本电流镜	三晶体管电流镜	Cascode 电流镜	Wilson 电流镜	Widlar 电流镜
输出电阻	74.813 50kΩ	74.646 73kΩ	8.184 45MΩ	6.301 19MΩ	48.925 41MΩ

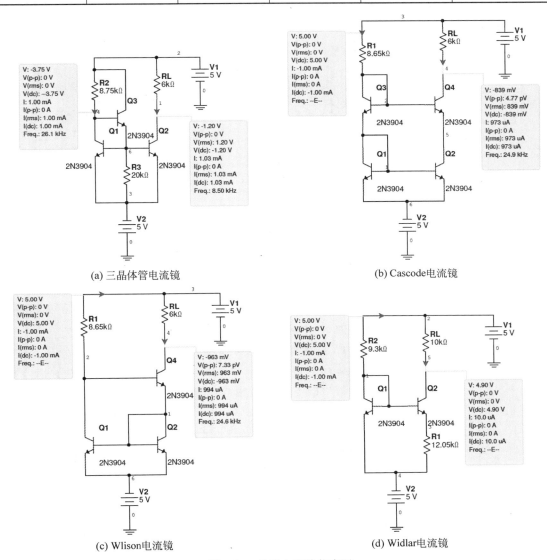

(a) 三晶体管电流镜　　　　　　　　　　(b) Cascode电流镜

(c) Wlison电流镜　　　　　　　　　　(d) Widlar电流镜

图 5-25　各种电流镜仿真图

5.6　差分放大电路

差分放大电路的特点是"放大差模信号,抑制共模信号",较单端输入放大电路有明显的优势,特别是在集成电路中有着极为广泛的应用。如何用双极型晶体管构建一个差分电路呢?

5.6.1　电路

由双极型晶体管构成的差分电路的基本形式如图 5-26(a)所示。为了更好地"放大差模信号,抑制共模信号",可考虑电流源偏置,图 5-26(a)变为图 5-26(b)。

再考虑到有源负载,如图 5-27 所示。图中,T_3、T_4 构成基本电流镜,作为 T_1、T_2 差分电路的有源负载,且电路采用单端输出;T_5、T_6 也构成基本电流镜,T_5 为 T_1、T_2 差分电路提供工作电流,同时,由于电流源 T_5 具有极高的交流电阻,故对共模信号有极强的负反馈作用,从而较好地抑制了共模信号,而对差模信号无影响。因此,在单端输出时,图 5-27 所示电路较图 5-26(a)具有更高的共模抑制比。

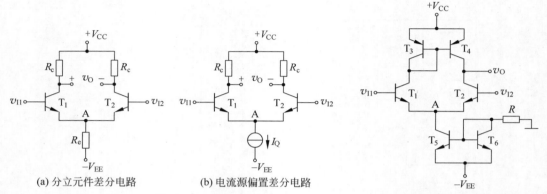

(a) 分立元件差分电路   (b) 电流源偏置差分电路

图 5-26 差分电路的基本形式

图 5-27 带有源负载的差分放大电路

5.6.2 仿真

考虑到实际电流源的内阻为 R_Q,于是,图 5-26(b)转化为图 5-28 所示电路。下面分别考虑在只有差模信号或共模信号作用时,对电路进行仿真分析。

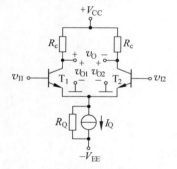

图 5-28 实际电流源偏置的
差分电路

1. 只考虑差模信号作用

仿真图和输入、输出波形如图 5-29 所示。可以看出,两个输入信号的电压幅值相等,相位差为 180°,如图 5-29(b)所示,其中细线、粗线分别为 V_1、V_2 的波形,因此,该差分电路只存在差模输入信号。T_1、T_2 集电极输出的电压波形如图 5-29(c)所示,其中的细线、粗线分别与图 5-29(b)中的波形相对应。可见,对于差模信号来说,该差分电路的每一半都是一个共射电路,它们的输出信号为放大了的正弦波,其相位与相应的基极信号相反,且输出信号中含有直流分量,其值为 $-177.762\,8\text{mV}$。T_1、T_2 射极的交流电位约为 0(仿真测试 $5.665\mu\text{V}$)。

差分输出电压的幅值为每个管子输出的 2 倍。当输入差模电压增大 1 倍时,输出差模电压也增大 1 倍。可以测出,单端输出峰峰值为 $5.849\,5-(-361.317\,3)=367.166\,8\text{mV}$,故双端输出的差模增益为 $2\times367.166\,8/(2\times2)=183.583\,4$,单端输出的差模增益为 91.791 7。

2. 只考虑共模信号作用

仿真图和输入、输出波形如图 5-30 所示。可以看出,两个输入信号电压幅值相等,相位相同,如图 5-30(b)所示,因此,该差分电路只存在共模输入信号。T_1、T_2 集电极输出的电压波形如图 5-30(c)所示。可见,对于共模信号来说,该差分电路的每一半都是一个共射电路,它们的输出信号为缩小了的正弦波,其相位与相应的基极信号相反,且输出信号中含有直流分量,其值为 $-177.762\,8\text{mV}$。

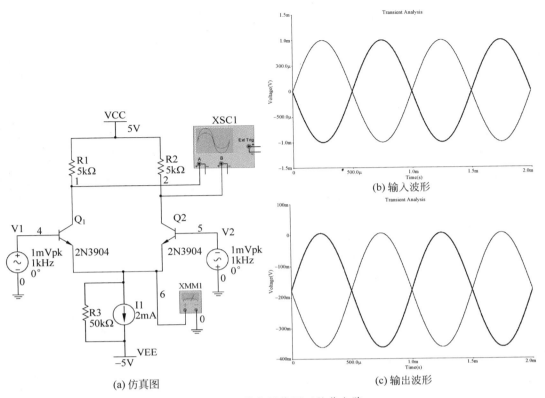

(a) 仿真图

(b) 输入波形

(c) 输出波形

图 5-29 差模信号作用于差分电路

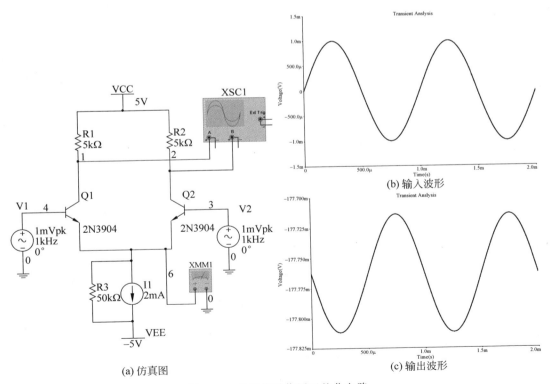

(a) 仿真图

(b) 输入波形

(c) 输出波形

图 5-30 共模信号作用于差分电路

可以测得 T_1、T_2 射极电位的幅值约为 1mV，即二输入电压之和的一半，说明 T_1、T_2 的射极不再是交流的"地"，将在偏置电流源的内阻上出现交流电流 i_q，且当两个输入的共模信号增加时，射极电位增大，电流 i_q 也增大，从而导致输出电压下降，反之，当两个输入的共模信号减少时，射极电位减少，电流 i_q 也减少，从而导致输出电压上升。如果以正弦共模信号输入，将产生相应的正弦输出电压，也就是说，此时差分电路有非零的共模电压增益。

当输入共模电压增大 1 倍时，输出共模电压也增大 1 倍。可以测出，单端输出峰峰值为 $(-177.713\,6) - (-177.811\,9) = 0.098\,3$mV，故单端输出的共模增益为 $0.098\,3/2 \approx 0.049$。显然，双端输出的共模增益为 0。

仿真可知，对于给定的共模输入电压来说，增大 R_Q（即图中的 R_3）的值，输出电压将减少，故共模增益也减少。例如，R_Q 为 50kΩ 时，单端输出的共模增益约为 0.049dB；R_Q 为 100kΩ 时，单端输出的共模增益则约为 0.024dB。

3. 任意输入信号 v_{I1} 和 v_{I2} 作用

考虑正弦波输入信号的两种情况，对应的差模、共模分量和输出电压（仿真值）的幅值如表 5-3 所示。

表 5-3　差模、共模分量和输出电压幅值

输入信号	差模、共模分量	输出电压（Q_1 和 Q_2 集电极）
$v_{I1} = 101$mV，$v_{I2} = 99$mV	$v_d = 2$mV，$v_{cm} = 100$mV	186.4mV 和 178.0mV
$v_{I1} = 100.5$mV，$v_{I2} = 99.5$mV	$v_d = 1$mV，$v_{cm} = 100$mV	96.7mV 和 86.9mV

根据式 $v_O = A_d v_d + A_{cm} v_{cm}$，考虑到差模分量与共模分量的相位，可求得两种情况下 Q_1 和 Q_2 集电极输出电压分别为 188.5mV 和 178.7mV 以及 96.7mV 和 86.9mV，与仿真结果基本一致，说明了实际差分放大电路的输出是放大了的差模分量与共模分量的"和"，且当其中的差模分量增大 1 倍时，其输出信号并非增大 1 倍，即共模输入信号的存在，将使得输出信号与差模输入分量不再成正比。

图 5-31 给出了输入信号为 $v_{I1} = 101$mV，$v_{I2} = 99$mV 时，Q_1 和 Q_2 集电极输出电压的仿真波形。注意，二波形的直流分量仍为 $-177.762\,8$mV。

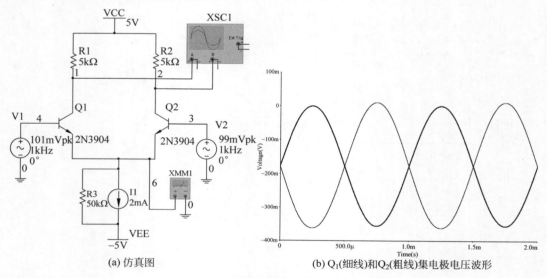

(a) 仿真图　　　　　　　(b) Q_1(细线)和 Q_2(粗线)集电极电压波形

图 5-31　任意输入信号作用于差分电路

衡量差分电路质量的一个重要指标——共模抑制比(CMRR)，在这里，可以求得该差分电

路单端输出的 CMRR$=91.8/0.049=1\,873$ 或 65.5dB。

从上述分析中可知,增大偏置电流源输出电阻 R_Q 的值,可以降低共模增益,即提高 CMRR 的值。对于好的差分放大电路,CMRR 的典型值为 80dB 和 100dB,为此,可选用高输出电阻的电流源,来满足设计要求。

实例 设计一个差分放大电路,使它的 CMRR$=95$dB。

解析 首先,选择电路结构。所选电路如图 5-28 所示。电路的单出差模增益为

$$|\dot{A}_{vd(单)}|=\frac{1}{2}\frac{\beta R_c}{r_{be}}$$

单出共模增益为

$$|\dot{A}_{vc(单)}|=\frac{\beta R_c}{r_{be}+(1+\beta)2R_Q}$$

据此,电路的 CMRR 可表示为

$$\text{CMRR}=\left|\frac{\dot{A}_{vd(单)}}{\dot{A}_{vc(单)}}\right|=\frac{r_{be}+(1+\beta)2R_Q}{2r_{be}}\approx\frac{1}{2}\left(1+\frac{I_Q R_Q}{V_T}\right)$$

已知 CMRR$=95$dB,即 CMRR$=5.62\times10^4$;取 $I_Q=1$mA,代入上式,可求得 $R_Q=2.92$MΩ。

现在需要设计一个电流镜,只要它的输出电阻不小于 2.92MΩ,即可使差分电路的 CMRR 不小于 95dB。我们知道,基本电流镜的输出电阻为 r_{ce},若所用晶体管的 Early 电压约为 70V,而集电极电流为 1mA,则电流镜的输出电阻仅为 70kΩ,远小于设计值。因此,考虑采用 Wilson 电流镜,其输出电阻约为 $\beta r_{ce}/2$,若取 $\beta=120$,则输出电阻为 4.2MΩ,可满足设计要求。

仿真图如图 5-32 所示。图中,Q_1、Q_2 构成差分电路,Q_3、Q_4、Q_5 构成 Wilson 电流镜,为差分电路提供偏置电流。集电极电阻 R_1、R_2 取 10kΩ,电路为 ±15V 双电源供电模式。晶体管选用 2N3904,重新设置其电流放大系数为 120。

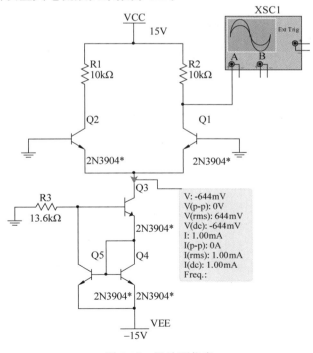

图 5-32 设计题仿真

根据偏置电流的要求,确定电阻 R_3 的值。$R_3 = (15-2 \times 0.7)/1 = 13.6 \text{k}\Omega$。

静态测试如图 5-32 所示,Q_3 集电极电流为 1mA;通过 AC 分析,得到电路的差模增益为 39.022 8dB,共模增益为 -63.557 1dB,由此得到电路的 CMRR 为

$$39.022\ 8 - (-63.557\ 1) = 102.579\ 9 \text{dB}$$

均符合设计要求。

更多差分电路的仿真,如直流传输特性、输入方式、频率响应(包括差模增益的频率响应、共模增益的频率响应和共模抑制比的频率响应)和集成电路中常见差分电路等仿真,可参见《模拟电子技术》(第 2 版)(微课视频版)(ISBN 为 9787302579816,已由清华大学出版社出版)的第 6 章。

微课视频

微课视频

微课视频

5.7 互补对称放大电路

当信号经过多级放大电路后,就需要一个能向负载提供足够大的信号电压和电流的输出级,何种电路可以作输出级呢?

5.7.1 电路

图 5-33 所示是人们常用的互补对称型双向射极跟随器,也就是互补对称放大电路,它的特点是具有很好的隔离作用,具有极强的带负载能力,可保证最大不失真输出电压尽可能大,还可以实现当输入电压为零时输出电压也为零。

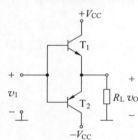

图 5-33 互补对称型双向
射极跟随器

由于晶体管的 $|V_{BE(on)}|$ 约为零点几伏,当输入电压小于这个值时,晶体管处于截止状态。也就是说,当 $|v_I| < |V_{BE(on)}|$ 时,输出几乎为零;当 $|v_I| > |V_{BE(on)}|$ 时,输出才会跟随输入。这样,R_L 上的波形在两管轮流工作的衔接处出现失真,我们把这种失真称为交越失真。

互补输出电路的改进:

(1) 电阻偏置的互补输出电路,如图 5-34 所示。

(2) 二极管偏置的互补输出电路,如图 5-35 所示。

(3) V_{BE} 倍增器偏置的互补输出电路,如图 5-36 所示。

(4) 采用复合管的准互补输出电路,如图 5-37 所示。

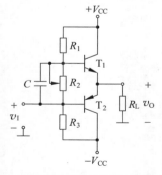

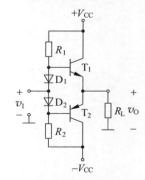

图 5-34 电阻偏置的互补输出电路　　图 5-35 二极管偏置的互补输出电路

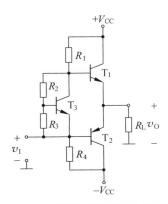

图 5-36　V_{BE} 倍增器偏置的互补输出电路

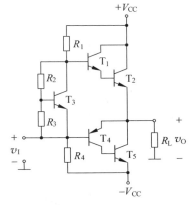

图 5-37　采用复合管的准互补输出电路

5.7.2　仿真

1. 交越失真

仿真图如图 5-38(a)所示。通过 DC 扫描,可以得到互补输出电路的电压传输特性,如图 5-38(b)所示。可以看出,当 Q_1 或 Q_2 导通时,曲线的斜率近似为 1,仿真测试约为 0.989,这等同于射极跟随器,而当输入电压在 0 附近(零点几伏的范围内)时,Q_1 或 Q_2 输出电压为

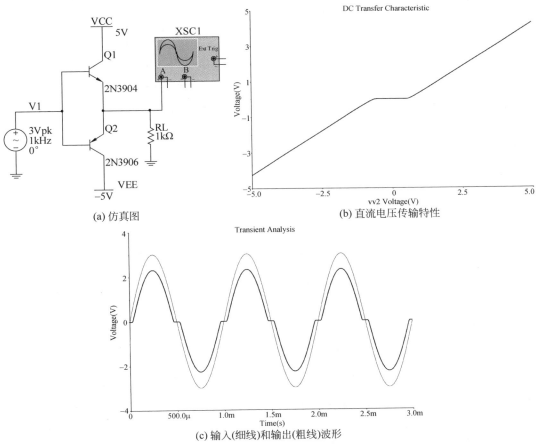

(a) 仿真图　　　　　(b) 直流电压传输特性

(c) 输入(细线)和输出(粗线)波形

图 5-38　互补输出电路的仿真图及直流电压传输特性、输入和输出波形

零,由此产生交越失真。在输入正弦波时,出现了交越失真的输出波形,如图 5-38(c)所示。其中输入电压的幅值为 3V,输出电压的幅值约为 2.3V,相比之下,不仅后者的幅值比前者小了约 0.7V,而且正负半周的衔接处还有交越失真。

除上述消除交越失真的方法以外,下面通过仿真再介绍两种方法。

(1) 集电极—基极短接的 NPN 和 PNP 偏置。仿真图如图 5-39(a)所示。图中,Q_1 和 Q_2 相同,Q_3 和 Q_4 相同。输入、输出波形如图 5-39(b)所示。其中,下波形为输入波形,上波形为输出波形,输出波形没有明显的交越失真。

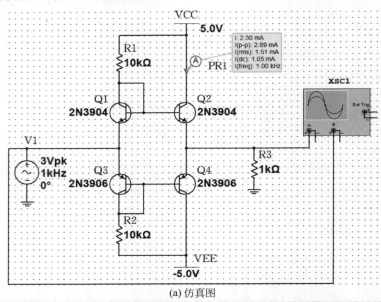

(a) 仿真图

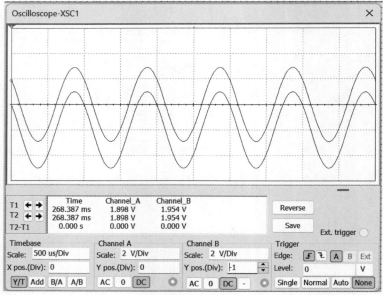

(b) 输入、输出波形

图 5-39 集电极—基极短接的 NPN 和 PNP 偏置仿真图及其输入、输出波形

(2) 射极跟随器偏置。仿真图如图 5-40(a)所示,输入、输出波形如图 5-40(b)所示。其中,下波形为输入波形,上波形为输出波形,输出波形没有明显的交越失真。

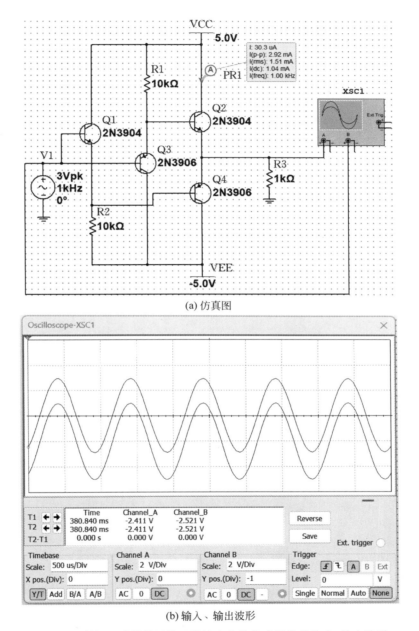

(a) 仿真图

(b) 输入、输出波形

图 5-40 射极跟随器偏置的互补输出电路仿真图及其输入、输出波形

2. 准互补输出电路

仿真图如图 5-41(a)所示。先不接信号源,即静态调整。调整 R_2 为 $0.85\mathrm{k\Omega}$,测得输出管的集电极电流约为 $4.23\mathrm{mA}$,即使之处于微导通状态。再接入幅值为 $2\mathrm{V}$、频率为 $1\mathrm{kHz}$ 的正弦波信号,输出信号波形如图 5-41(b)所示。比较输入与输出波形,后者已无明显的交越失真,测得失真度为 1.488%。

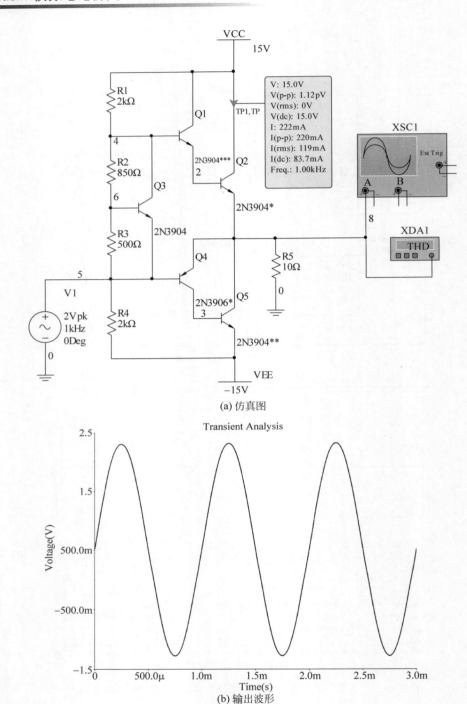

(a) 仿真图

图 5-41　准互补输出电路仿真图及其输出波形

5.8　应用电路

基于差分电路和共射电路,设计一个电压放大电路。要求:

(1) 当输入电压为零时,输出电压也为零。

(2) 电路的总电压增益 $A_v > 600\text{dB}$。

（3）NPN 管 T_1、T_2 选用 2N2221（$\beta=70$），T_3 选用 2N2222（$\beta=153$），PNP 管 T_4 选用 2N3906（$\beta=120$）。取 $V_{CC}=V_{EE}=15\text{V}$，$I_{C3}=0.2\text{mA}$，$R_2=10\text{k}\Omega$，D_Z 为 5.1V 稳压管。

5.8.1　电路

电路如图 5-42 所示。其中，T_1、T_2、T_3 组成带恒流源的差分放大电路；T_3、D_Z、R_5 和 R_6 构成恒流源电路；T_4 为一级共射放大电路，它不仅完成了对差分放大级输出信号的进一步放大，而且还以单出的形式输出信号。因此，该电路为单入单出形式。

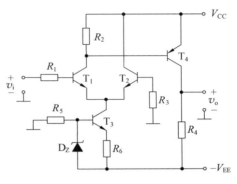

图 5-42　差分—共射放大电路

1. 静态分析

由设计要求可知，$I_{C1}=I_{C2}=\dfrac{1}{2}I_{C3}=0.1\text{mA}$，

于是

$$R_6=\frac{V_Z-V_{BE3}}{I_{C3}}=\frac{5.1-0.7}{0.2}=22\text{k}\Omega$$

取 $I_D=10\text{mA}$，则

$$R_5=\frac{V_{EE}-V_Z}{I_D}=\frac{15-5.1}{10}\approx1\text{k}\Omega$$

$$I_{R2}=\frac{V_{BE4}}{R_2}=\frac{0.7}{10}=0.07\text{mA}$$

$$I_{B4}=I_{C1}-I_{R2}=0.1-0.07=0.03\text{mA}$$

$$I_{C4}=\beta I_{B4}=120\times0.03=3.6\text{mA}$$

由设计要求，有 $0=I_{C4}R_4-V_{EE}$，故 $R_4=\dfrac{V_{EE}}{I_{C4}}=\dfrac{15}{36}\approx4.17\text{k}\Omega$

2. 动态分析

这是一个两级放大电路，第一级为单入单出差分放大电路，故其电压增益为

$$A_{v1}=-\frac{1}{2}\frac{\beta_1(R_2\mathbin{/\mkern-5mu/}r_{be4})}{R_1+r_{be1}}$$

第二级为共射放大电路，故其电压增益为

$$A_{v2}=-\frac{\beta_4R_4}{r_{be4}}$$

其中，

$$r_{be1}=300+(1+\beta_1)\frac{26}{I_{E1}}=300+(1+70)\times\frac{26}{0.1}=18.76\text{k}\Omega$$

$$r_{be4}=300+(1+\beta_4)\frac{26}{I_{E4}}=300+(1+120)\times\frac{26}{3.6}\approx1.17\text{k}\Omega$$

所以，有

$$A_{v2}=-\frac{\beta_4R_4}{r_{be4}}=-\frac{120\times4.17}{1.17}=-428$$

由设计要求可知，$A_v=A_{v1}\cdot A_{v2}=600$，故 $A_{v1}=\dfrac{A_v}{A_{v2}}=\dfrac{600}{-428}=-1.4$

由此,可得

$$R_1 = -\frac{1}{2}\frac{\beta_1(R_2 \ /\!/ \ r_{be4})}{A_{v1}} - r_{be1} = \frac{70 \times (10 \ /\!/ \ 1.17)}{2 \times 1.4} - 18.76 \approx 7.4\text{k}\Omega$$

考虑到理论计算的偏差,R_1 可适当取值小一些,从而有利于提高第一级电压增益 A_{v1} 的值,使总电压增益 A_v 不小于 600。因此取 $R_1 = 2.4\text{k}\Omega$。

5.8.2 仿真

差分—共射放大电路仿真图如图 5-43(a)所示。

仿真时,首先调整静态参数。令 $v_i = 0$,测 I_{C3} 是否符合要求,实测 $I_{C3} = 0.206\text{mA}$。测量此时的输出电压是否为零,若不为零,则可适当调整 R_4 的值。

当 $R_4 = 4.601\text{k}\Omega$,$I_{C4} = 3.26\text{mA}$ 时,$V_o = 141\mu\text{V}$,已基本上满足设计要求。

在输入端加入适当大小的正弦波信号(如 0.2mV),频率为 1kHz,用示波器观察输出波形,在不失真情况下,测量输出电压 v_o 的值,从而求得 A_v 的值。实测 v_o 的峰值为 125.5mV,即 $A_v = 125.5/0.2 = 627.5$,符合设计要求。输出波形如图 5-43(b)所示。

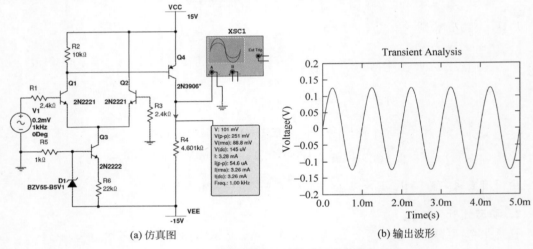

图 5-43   差分—共射放大电路仿真图及其输出波形

第 6 章

场效应管电路

双极型晶体管是一种电流控制型的电流源,而场效应晶体管(Field Effect Transistor,FET)简称场效应管,则是电压控制型的电流源。本章将从场效应管的三种基本放大电路、电流源电路、差分放大电路、应用电路,以及共源放大电路与共射放大电路传输特性分析等方面进行仿真分析和设计。

Multisim 仿真分析:瞬态分析、传输函数分析、交流分析、直流分析

本章知识结构图

$$
场效应管电路 \begin{cases} 三种基本放大电路(电路和仿真) \\ 电流源电路(电路和仿真) \\ 差分放大电路(电路和仿真) \\ 应用电路(电路和仿真) \\ 共源放大电路与共射放大电路传输特性分析(电路和仿真) \end{cases}
$$

微课视频

微课视频

6.1　三种基本放大电路

与双极型晶体管相对应,场效应管也有三种基本放大电路,分别是共源极放大电路,与共发射极放大电路对应;共漏极放大电路,与共集电极放大电路对应;共栅极放大电路,与共基极放大电路对应。同理,欲使 FET 放大电路不失真地放大信号,首先应通过设置合理的直流偏置电压,使 FET 处于恒流区。然后,再说放大信号。根据场效应管类型的不同,偏置电路常见的电路结构分为自给偏压式和分压式两种形式,如图 6-1 所示。

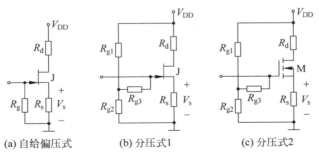

(a) 自给偏压式　　　(b) 分压式1　　　(c) 分压式2

图 6-1　两种常见的偏置电路

设置了合理的偏置电路后,便可以构成 FET 放大电路的三种基本组态。

6.1.1　电路

下面以 N 沟道增强型 MOSFET 为例,介绍三种基本放大电路。

1. 共源极放大电路

电路如图 6-2(a)所示，其交流通路如图 6-2(b)所示。

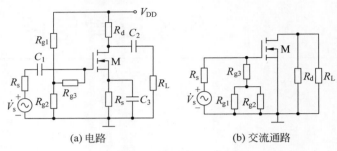

(a) 电路   (b) 交流通路

图 6-2   共源极放大电路

2. 共漏极放大电路

电路如图 6-3(a)所示，其交流通路如图 6-3(b)所示。

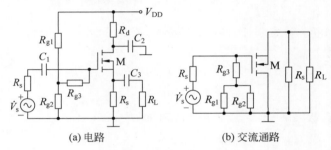

(a) 电路   (b) 交流通路

图 6-3   共漏极放大电路

3. 共栅极放大电路

电路如图 6-4(a)所示，其交流通路如图 6-4(b)所示。

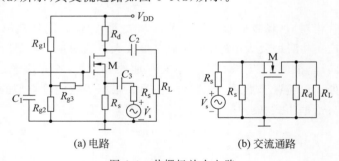

(a) 电路   (b) 交流通路

图 6-4   共栅极放大电路

6.1.2   仿真

1. 共源极放大电路实例

电路如图 6-2(a)所示，已知 $R_{g1}=15\text{k}\Omega$、$R_{g2}=5\text{k}\Omega$、$R_{g3}=1\text{M}\Omega$、$R_d=R_L=10\text{k}\Omega$、$R_s=2.7\text{k}\Omega$、$V_{DD}=20\text{V}$，FET 的 $\mu_n C_{ox}=20.85\times10^{-6}\text{A/V}^2$，$V_{GSth}=0.95\text{V}$，$W=540\mu\text{m}$，$L=2\mu\text{m}$，$\lambda=0$。试确定电路的静态值和 $\dot{A}_v$，并进行仿真验证。

    解析   （1）确定静态值

因为

$$V_n=\cfrac{1}{\mu_n C_{ox}\cfrac{W}{L}R_s}=\cfrac{1}{20.85\times10^{-6}\times\cfrac{540}{2}\times2.7\times10^3}=0.066\text{V}$$

所以,得

$$V_{GSQ} = -(V_n - V_{GSth}) + \sqrt{V_n^2 + 2V_n\left(\frac{R_{g2}}{R_{g1} + R_{g2}}V_{DD} - V_{GSth}\right)}$$

$$= -(0.066 - 0.95) + \sqrt{0.066^2 + 2 \times 0.066 \times \left(\frac{5}{15 + 5} \times 20 - 0.95\right)}$$

$$= 1.618V$$

再求得 I_{DQ},即

$$I_{DQ} = \frac{1}{R_s}\left(\frac{R_{g2}}{R_{g1} + R_{g2}}V_{DD} - V_{GSQ}\right) = \frac{1}{2.7 \times 10^3} \times \left(\frac{5}{15 + 5} \times 20 - 1.618\right)$$

$$= 0.001\,25A = 1.25mA$$

最后,求得

$$V_{DSQ} = V_{DD} - I_{DQ}(R_s + R_d) = 20 - 1.25 \times (2.7 + 10) = 4.125V$$

(2) 确定动态值

先求得

$$g_m = \sqrt{2\mu_n C_{ox}\frac{W}{L}I_{DQ}} = \sqrt{2 \times 20.85 \times 10^{-6} \times \frac{540}{2} \times 1.25 \times 10^{-3}} = 0.003\,75S = 3.75mS$$

所以,电压放大倍数为

$$\dot{A}_v = -g_m(R_d//R_L) = -3.75 \times (10//10) = -3.75 \times 5 = -18.8$$

仿真时,根据题目要求,选择 FET 为 N 沟道增强型 MOSFET,型号为 BSD215。仿真图如图 6-5 所示。仿真探针测试结果: $V_{GSQ} = 5 - 3.38 = 1.62V$; $V_{DSQ} = 7.48 - 3.38 = 4.1V$; $I_{DQ} = 1.25mA$;电压放大倍数为 $(37.4/2)/1 = 18.7$,均与理论值基本吻合。

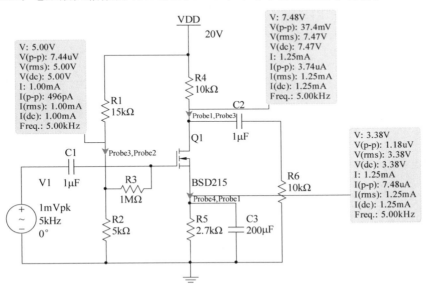

图 6-5　共源极放大电路仿真图

2. 以栅—漏极短接的 NMOSFET 作负载的 NMOSFET 共源极放大电路

在一些应用中,可以使用栅—漏极短接的 NMOSFET 作为漏极负载,电路如图 6-6 所示。图中,M_1 为驱动管,M_2 为负载管,注意 M_2 的栅极与漏极短接。

下面分析图 6-6 所示电路的电压传输特性。从图中可以直接列出

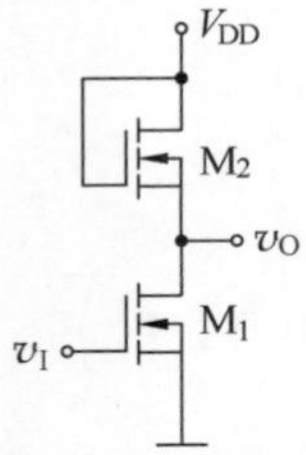

图 6-6 以栅—漏极短接的 NMOSFET 作负载 的 NMOSFET 共源 极放大电路

$$v_O = V_{DD} - v_{GS2}$$

由于 $i_{D1} = i_{D2}$，而 M_1、M_2 处于饱和区时，有 $i_D = K_n(v_{GS} - V_{GSth})^2$，故

$$K_{n1}(v_{GS1} - V_{GSth1})^2 = K_{n2}(v_{GS2} - V_{GSth2})^2$$

其中

$$K_{n1} = \frac{1}{2}\mu_n C_{ox}(W/L)_1, \quad K_{n2} = \frac{1}{2}\mu_n C_{ox}(W/L)_2$$

这里忽略了沟道长度调制系数。

据此，可得

$$v_{GS2} = \sqrt{\frac{K_{n1}}{K_{n2}}}(v_{GS1} - V_{GSth1}) + V_{GSth2}$$

电路的电压传输特性方程为

$$v_O = V_{DD} - \sqrt{\frac{K_{n1}}{K_{n2}}}(v_{GS1} - V_{GSth1}) + V_{GSth2}$$

$$= V_{DD} - \sqrt{\frac{K_{n1}}{K_{n2}}}(v_I - V_{GSth1}) + V_{GSth2}$$

上式表明该电路的输出电压 v_O 与输入电压 v_I 之间为线性关系。图 6-7 给出了图 6-6 的仿真图及其电压传输特性。

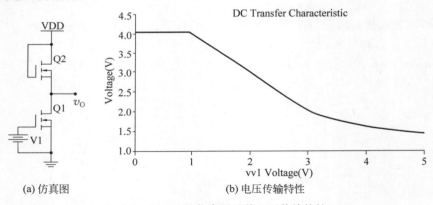

(a) 仿真图   (b) 电压传输特性

图 6-7   图 6-6 的仿真图及其电压传输特性

电路的电压增益为

$$A_v = \frac{dv_O}{dv_I} = -\sqrt{\frac{K_{n1}}{K_{n2}}} = -\sqrt{\frac{(W/L)_1}{(W/L)_2}}$$

上式表明电压增益与两个 FET 的大小有关。当两个 FET 确定后，电路的电压增益为定值。当两个 FET 相同时，则电压增益为 -1，如图 6-7(b) 所示，饱和区直线的斜率为 -1。

6.2   电流源电路

与双极型晶体管类似，下面介绍由 MOS 管构成的电流源电路。

6.2.1   电路

1. 基本 MOS 电流镜

电路如图 6-8 所示。

假设 M_0、M_1 的开启电压相等,有

$$I_O = \frac{\left(\dfrac{W}{L}\right)_1}{\left(\dfrac{W}{L}\right)_0} I_{REF}$$

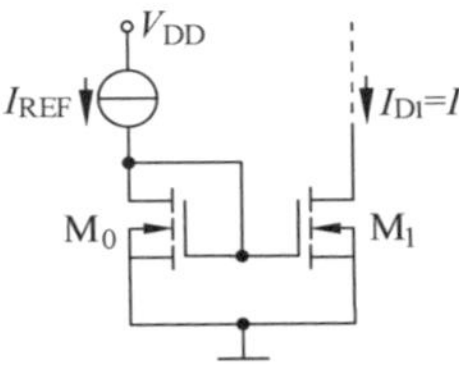

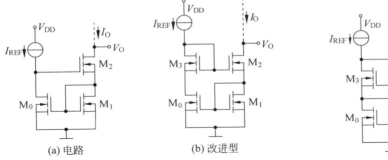

图 6-8 基本 MOS 电流镜

基本 MOS 电流镜的输出电阻:$R_o = r_{ds1}$。

2. Wilson MOS 电流镜

电路如图 6-9(a)所示,M_0 和 M_1 组成基本电流镜,M_2 的源极电流送入 M_1 的漏极,M_0 的漏极与 M_2 的栅极相连,形成电流负反馈。根据电流负反馈的特点可知,M_2 的输出电流 I_o 稳定,且输出电阻 R_o 增大。

可以证明,Wilson MOS 电流镜的输出电阻为

$$R_o = (g_{m2} r_{ds2}) r_{ds0}$$

表明 Wilson MOS 电流镜的输出电阻是简单电流镜的 $g_{m2} r_{ds2}$ 倍。

考虑到 Wilson MOS 电流镜左右结构的平衡和避免由 M_0、M_1 的 V_{DS} 差别所引起的电路中电流误差,Wilson MOS 电流镜的改进型如图 6-9(b)所示。

3. Cascode MOS 电流镜

电路如图 6-10 所示。可以求得 Cascode MOS 电流镜的输出电阻为

$$R_o = (g_{m2} r_{ds2}) r_{ds1}$$

表明 Cascode MOS 电流镜的输出电阻是简单电流镜的 $g_{m2} r_{ds2}$ 倍。

图 6-9 Wilson MOS 电流镜

(a) 电路　(b) 改进型

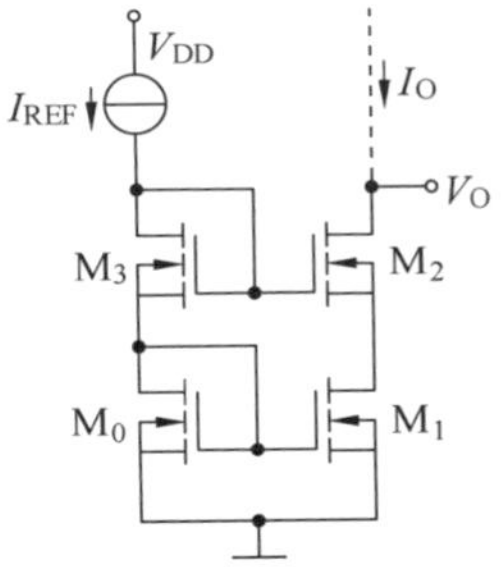

图 6-10 Cascode MOS 电流镜

4. MOS 多路比例电流镜

在基本 MOS 电流镜的基础上,对 I_{REF} 进行多路"复制",构成 MOS 多路比例电流镜,可同时为各级放大电路提供电流,这是在集成电路的内部电路中常采用的方法。例如,在一个集成电路中,有一级共源放大电路和一级源极跟随器,它们的工作电流分别为 0.5mA 和 0.3mA,如图 6-11(a)所示。可以利用 0.2mA 的参考电流设计一个多路比例电流镜,输出 0.5mA 和 0.3mA,分别为这两级电路提供工作电流,如图 6-11(b)所示。图中选择 M_0 的宽长比为 $2(W/L)$,则 M_{11} 的宽长比为 $5(W/L)$,M_{12} 的宽长比为 $3(W/L)$,即可满足设计要求。

MOS 多路比例电流镜还可以结合 NMOS 和 PMOS 两种类型的管子来实现,图 6-12 给出了一个实例。图中,NMOS M_0、M_{01}、M_{11} 和 M_{12} 组成三输出电流镜,其中 M_0 与电阻 R 共同确定参考电流 I_{REF},M_{11} 和 M_{12} 分别为 M_1 和 M_2 提供工作电流;PMOS M_{02}、M_{13} 和 M_{14} 组成二输出电流镜,M_{01} 的漏极电流输入到该电流镜的输入端(M_{02} 的漏极),即 $I_{D01} = I_{D02}$,M_{13} 和 M_{14} 分别为 M_3 和 M_4 提供工作电流。注意,这里所有的 MOSFET 均应工作在饱和区。

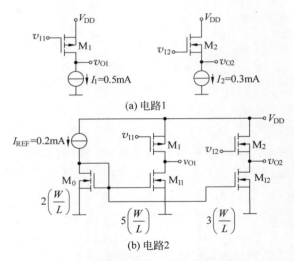

(a) 电路1

(b) 电路2

图 6-11　MOS多路比例电流镜应用1

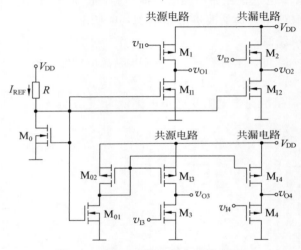

图 6-12　MOS多路比例电流镜应用2

与图 6-12 电路有关的公式：

$$I_{\text{REF}} = I_{\text{D0}} = \frac{V_{\text{DD}} - V_{\text{GS0}}}{R}$$

$$I_{\text{DI1}} = \frac{(W/L)_{\text{I1}}}{(W/L)_0} I_{\text{REF}}, I_{\text{DI2}} = \frac{(W/L)_{\text{I2}}}{(W/L)_0} I_{\text{REF}}, I_{\text{D01}} = \frac{(W/L)_{01}}{(W/L)_0} I_{\text{REF}}$$

$$I_{\text{D01}} = I_{\text{D02}}, I_{\text{DI3}} = \frac{(W/L)_{\text{I3}}}{(W/L)_{02}} I_{\text{D02}}, I_{\text{DI4}} = \frac{(W/L)_{\text{I4}}}{(W/L)_{02}} I_{\text{D02}}$$

6.2.2　仿真

将双极型晶体管和 MOS 型晶体管结合在同一个集成电路中，可以更好地发挥各自的优点，这类电路称为 BiCMOS 电路。图 6-13 所示是一种 BiCMOS Double Cascode 电流源电路的仿真图。从图中可以看出，基准电流与负载电流的关系为 $I_{\text{O}} = I_{\text{REF}}$。通过传输函数分析，可知该电流源的输出电阻很大，如图 6-14 所示，仿真显示为 476.441 87GΩ，说明该电路具有更好的恒流特性。

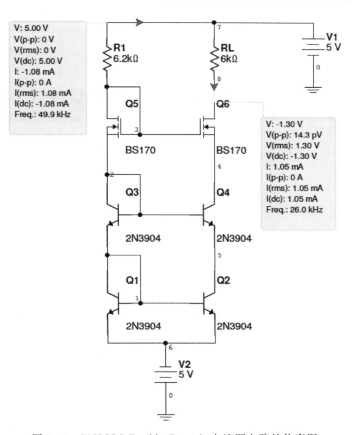

图 6-13　BiCMOS Double Cascode 电流源电路的仿真图

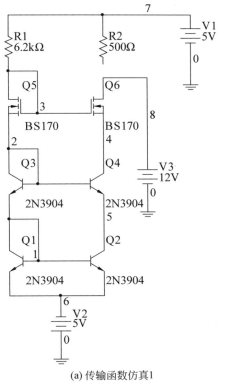

(a) 传输函数仿真1

图 6-14　传输函数分析

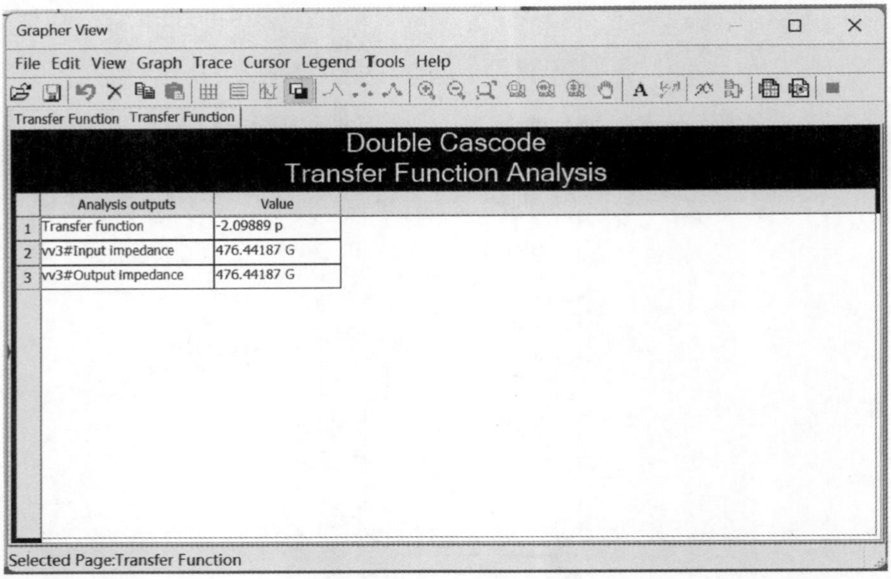

128

图 6-14　（续）

(b) 传输函数仿真2

6.3　差分放大电路

我们知道,电流源电路在恒流偏置和有源负载等方面有着广泛的应用,特别是在差分放大电路中有独特的作用。下面通过对有源负载差分放大电路进行仿真分析,来了解其电路结构以及静态和动态参数。

6.3.1　电路

图 6-15(a)给出了一种由 8 只增强型 MOS 管组成的有源负载差分放大电路的仿真图。图中,$U_3 \sim U_8$ 组成电流源电路,其中 $U_5 \sim U_7$ 构成基准电流电路,U_3、U_4 作为差分电路 U_1、U_2 的有源负载,U_8 为 U_1、U_2 提供射极电流。由于 U_1、U_2、U_3、U_4 的静态电流相等,故 U_8 的漏极电流为该静态电流的 2 倍。可以通过调整管子的宽长比,即令 U_8 的(W/L)为 U_7 的 2 倍,实现电路中支路电流之间的比例关系。

6.3.2　仿真

从图 6-15(a)的仿真结果中可以看出,所显示的电流关系是符合要求的。在两个输入端加入差模信号,从示波器上可以得到一个双出和一个单出的信号,如图 6-15(b)所示,显然,电路的双出电压增益是单出的 2 倍。

可见,该电路存在以下不足:

(1) 由于电路中差分对管的静态电流既由有源负载(U_3、U_4)设定,又由恒流偏置(U_8)设定,要实现这两种设定严格一致是很难做到的。

(2) 单出的电压增益仅为双出的一半。若将该电路作为另一电路的输入级,则会使整体电路的增益下降一半。因此,图 6-15(a)所示电路是不适用的。

在电路中各管子的参数均不变的条件下,将图 6-15(a)改接为图 6-16(a)所示电路。从

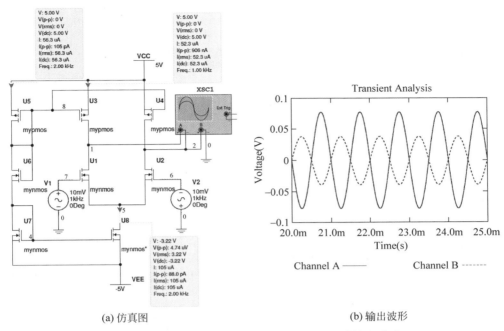

(a) 仿真图 (b) 输出波形

图 6-15 有源负载差分放大电路的仿真图及其输出波形

图 6-16(a)中可以看出，静态参数与图 6-15(a)基本一致，但电路的单出电压增益是很大的，示波器上得到的双出、单出信号如图 6-16(b)所示。从理论上可以证明，此时的单出电压增益与双出电压增益基本相等。

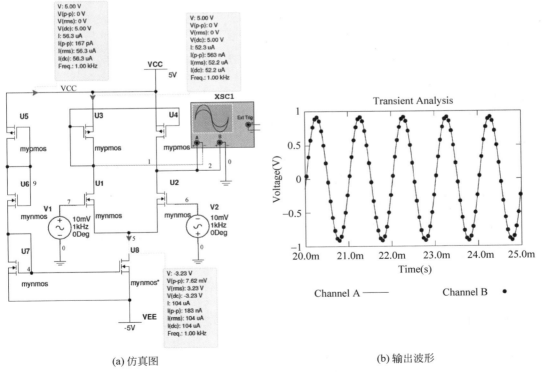

(a) 仿真图 (b) 输出波形

图 6-16 实用有源负载差分放大电路的仿真图及其输出波形

故该电路具有以下特点：

（1）克服了静态电流双重设定的缺点。

（2）采用有源负载，使该电路虽为单端输出，但具有双端输出的性能。

因此，图 6-16(a)所示电路是适用的。我们可以通过观察第 11 章中集成电路内部电路，进一步加深对这种电路形式的理解。

6.4　应用电路

本节将通过两个实例进一步了解共源极放大电路和差分电路的应用。

6.4.1　电路

实例　共源极放大电路设计电路如图 6-2(a)所示。要求：电压放大倍数为 10，输入电阻为 1MΩ，FET 采用 BSD215，其参数为 $\mu_n C_{ox} = 20.85 \times 10^{-6} \text{A/V}^2$，$V_{GSth} = 0.95\text{V}$，$W = 540\mu m$，$L = 2\mu m$，$\lambda = 0$；负载电阻为 10kΩ。试确定电源电压和各电阻值（信号源和耦合电容与图 6-5 相同），并进行仿真验证和 AC 分析。

解析　因 $g_m(R_d//R_L) = 10$。取 $R_d = 10\text{k}\Omega$，则 $g_m = 10/5 = 2\text{mS}$。

又有

$$I_{DQ} = \frac{g_m^2}{2\mu_n C_{ox}\dfrac{W}{L}} = \frac{(2 \times 10^{-3})^2}{2 \times 20.85 \times 10^{-6} \times \dfrac{540}{2}} = 0.355\text{mA}$$

于是，可知 R_d 上的压降为 3.55V。取源极电阻 $R_s = 1\text{k}\Omega$，则 R_s 上的压降为 0.355V。为保证 FET 有一定的动态范围，取 $V_{DS} = 4\text{V}$ 左右，这样，电源电压取为 9V。

因

$$V_{GSQ} = \sqrt{\frac{I_{DQ}}{\dfrac{\mu_n C_{ox}}{2}\dfrac{W}{L}}} + V_{GSth} = \sqrt{\frac{0.355 \times 10^{-3}}{\dfrac{20.85 \times 10^{-6}}{2} \times \dfrac{540}{2}}} + 0.95 = 1.305\text{V}$$

由此可知 $V_{GQ} = V_{GSQ} + V_{SQ} = 1.305 + 0.355 = 1.66\text{V}$，据此确定分压电阻。现取 $R_{g2} = 15\text{k}\Omega$，利用分压关系，则求得 $R_{g1} = 66.3\text{k}\Omega$；考虑到输入电阻为 1MΩ，故取 $R_{g3} = 1\text{M}\Omega$。

6.4.2　仿真

1. 共源极放大电路设计

根据以上计算结果，得到的仿真图如图 6-17 所示。探针测试显示静态值与上述计算结果吻合，电压放大倍数为 $(19.9/2)/1 = 9.95$，基本符合设计要求（为满足设计要求可适当调整分压电阻的值）。

通过 AC 分析，可得到图 6-17 的频率特性，如图 6-18 所示。

2. 差分振荡电路

利用差分电路构成的 LC 振荡电路仿真图如图 6-19(a)所示。设定合适的 L、C 和电流偏置，通过瞬态分析，分别观察电容 C_1 两端电压波形，波形较稳定后如图 6-19(b)所示。

可以看到，这种振荡器具有非常优秀的性能，电容 C_1 两端的波形幅度相等，相位相反，且输出波形的平均值为 V_{DD}，幅度可以超过电源电压。仿真振荡频率约为 3.22MHz。考虑到场效应管的结电容影响，参考所用的 F008 MOS 管模型，其 C_{gs} 约为 56pF，其 C_{ds} 大于 200pF。据此，可求得振荡频率为

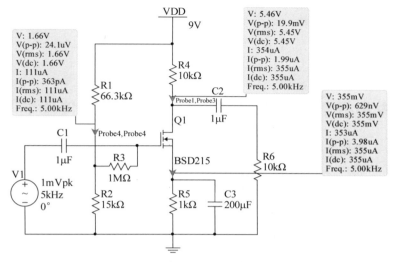

图 6-17　共源极放大电路仿真图

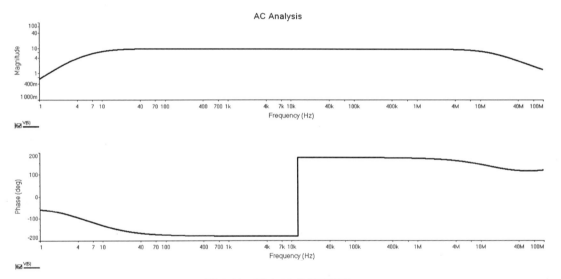

图 6-18　图 6-17 的频率特性

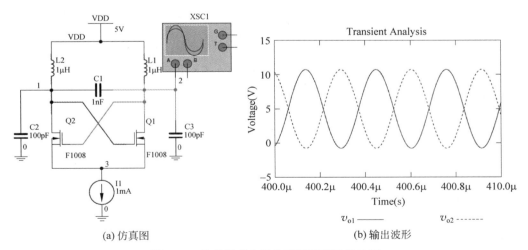

(a) 仿真图　　　　　　　　　(b) 输出波形

图 6-19　差分振荡电路仿真图及其输出波形

$$f = \frac{1}{2\pi\sqrt{LC}} = \frac{1}{2\pi\sqrt{(L_1 + L_2)\left[C_1 + \dfrac{1}{2}(C_2 + C_{gs} + C_{ds})\right]}} \approx 3.28\text{MHz}$$

这与仿真结果比较吻合。

6.5 共源极放大电路与共射极放大电路传输特性分析

本节将以共源极放大电路和共射极放大电路为例，通过理论计算和仿真，分析这两个组态放大电路的传输特性。

在图 6-20(a)中，当 M 处于饱和状态时，$v_I = v_{GS} > V_{GSth}$ 和 $v_{DS} > v_I - V_{GSth}$，且有

$$\begin{cases} i_D = K_n(v_{GS} - V_{GSth})^2 = K_n(v_I - V_{GSth})^2 \\ v_O = V_{DD} - i_D R_d = V_{DD} - K_n R_d(v_I - V_{GSth})^2 \end{cases}$$

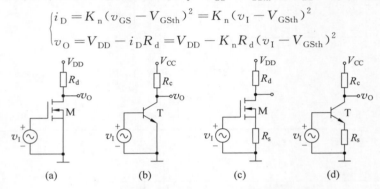

图 6-20　共源极和共射极放大电路传输特性分析

第 2 式表明 FET 在饱和状态时，其输出电压 v_O 与输入电压 v_I 之间为平方关系。图 6-21(a)给出了图 6-20(a)的仿真图，并通过 DC 扫描，得到其电压传输特性，如图 6-21(b)所示。

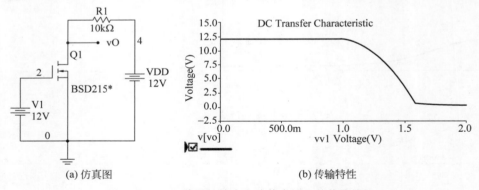

图 6-21　FET 共源极放大电路传真图及其传输特性

还可得到电路的电压增益为

$$A_v = \frac{\mathrm{d}v_O}{\mathrm{d}v_I} = -2K_n R_d(v_I - V_{GSth})$$

表明电路的 A_v 随 v_I 作线性变化。换句话说，A_v 不再是常数，这与小信号模型下的结论不同。

下面通过一个实例来理解在大信号下 FET 共源极放大电路传输特性的非线性。

首先确定输入信号电压 v_I 的范围。为保证 FET 处于饱和状态，v_I 的限制为

$$\begin{cases} v_I > V_{GSth} \\ V_{DD} - K_n R_d(v_I - V_{GSth})^2 > v_I - V_{GSth} \end{cases}$$

解第 2 式,得

$$v_I < \frac{-1 + \sqrt{1 + 4K_nR_dV_{DD}}}{2K_nR_d} + V_{GSth}$$

即 FET 处于饱和状态时,v_I 的条件是

$$\begin{cases} v_I > V_{GSth} \\ v_I < \dfrac{-1 + \sqrt{1 + 4K_nR_dV_{DD}}}{2K_nR_d} + V_{GSth} \end{cases}$$

为具体起见,假设 $v_I = V_{GSQ} + 0.1\sin\omega t$,$K_n = 1\mathrm{mA/V^2}$,$V_{GSth} = 1\mathrm{V}$,$V_{DD} = 10\mathrm{V}$,$R_d = 10\mathrm{k}\Omega$。若 $V_{GSQ} = 1.3\mathrm{V}$,则 v_I 的变化范围是 1.2~1.4V。而按照计算,v_I 范围是 $1\mathrm{V} < v_I < 1.95\mathrm{V}$。显然,$v_I$ 没有超出此范围,说明 FET 仍处于饱和状态。于是,输出电压 v_O 为

$$v_O = V_{DD} - i_DR_d = 10 - 10(v_I - 1)^2$$

即 $v_I = 1.2\mathrm{V}$、$1.3\mathrm{V}$ 和 $1.4\mathrm{V}$ 时,$v_O = 9.6\mathrm{V}$、$9.1\mathrm{V}$ 和 $8.4\mathrm{V}$。可见,交流输出电压正半周的幅值($9.1 - 8.4 = 0.7\mathrm{V}$)大于负半周的幅值($9.6 - 9.1 = 0.5\mathrm{V}$),即 v_O 是一个失真的"正弦波"。

类似地,在图 6-20(b)中,当 T 处于放大状态时,有

$$\begin{cases} i_C \approx i_E = I_S\left(\mathrm{e}^{\frac{v_{BE}}{V_T}} - 1\right) \\ v_O = V_{CC} - i_CR_c = V_{CC} - R_cI_S\left(\mathrm{e}^{\frac{v_{BE}}{V_T}} - 1\right) = V_{CC} - R_cI_S\left(\mathrm{e}^{\frac{v_I}{V_T}} - 1\right) \end{cases}$$

第 2 式表明 BJT 在放大状态时,其输出电压 v_O 与输入电压 v_I 之间为指数关系。图 6-22(a)给出了图 6-20(b)的仿真图,并通过 DC 扫描,得到其电压传输特性,如图 6-22(b)所示。

还可得到电路的电压增益为

$$A_v = \frac{\mathrm{d}v_O}{\mathrm{d}v_I} = -\frac{I_SR_c}{V_T}\mathrm{e}^{\frac{v_I}{V_T}}$$

表明电路的 A_v 随 v_I 作指数变化,同样,A_v 与小信号模型下的结论也不同。

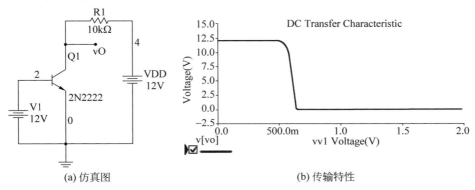

(a) 仿真图　　　　　　　　(b) 传输特性

图 6-22　BJT 共射极放大电路仿真图及其传输特性

为了改善 A_v 与 v_I 的非线性关系,可在电路中引入负反馈,如图 6-20(c)和图 6-20(d)所示电路中的 R_s 和 R_c,二电路均为电流串联负反馈。

由图 6-20(c)可得

$$\begin{cases} v_O = V_{DD} - i_DR_d = V_{DD} - K_nR_d(v_{GS} - V_{GSth})^2 \\ v_I = v_{GS} + i_DR_s = v_{GS} + K_nR_s(v_{GS} - V_{GSth})^2 \end{cases}$$

二式分别对 v_{GS} 求导,得

$$\begin{cases} \dfrac{\mathrm{d}v_O}{\mathrm{d}v_{GS}} = -2K_n R_d (v_{GS} - V_{GSth}) \\[4mm] \dfrac{\mathrm{d}v_I}{\mathrm{d}v_{GS}} = 1 + 2K_n R_s (v_{GS} - V_{GSth}) \end{cases}$$

二式左右两边分别相除,得

$$A_v = \frac{\mathrm{d}v_O}{\mathrm{d}v_I} = -\frac{2K_n R_d (v_{GS} - V_{GSth})}{1 + 2K_n R_s (v_{GS} - V_{GSth})}$$

当 FET 的 K_n 值很大,即 $2K_n R_s (v_{GS} - V_{GSth}) \gg 1$ 时,则有

$$A_v = \frac{\mathrm{d}v_O}{\mathrm{d}v_I} = -\frac{R_d}{R_s}$$

此时,A_v 仅与 R_d 和 R_s 有关。当 R_d 和 R_s 确定后,A_v 为定值而与输入信号无关,这与在深度负反馈条件下图 6-20(c)所示电路的电压增益是一致的。

图 6-23(a)给出了图 6-20(c)的仿真图,并通过 DC 扫描,得到其电压传输特性,如图 6-23(b)所示。不难看出,图 6-23(b)与图 6-21(b)相比,在饱和状态时的非线性程度有明显的改善。

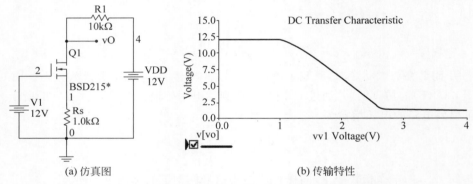

(a) 仿真图　　　　　　　　　　　　　　(b) 传输特性

图 6-23　带负反馈的 FET 共源极放大电路仿真图及其传输特性

同理,由图 6-20(d)可得

$$\begin{cases} v_O = V_{CC} - R_c I_S \left(e^{\frac{v_{BE}}{V_T}} - 1 \right) \\[4mm] v_I = v_{BE} + R_e I_S \left(e^{\frac{v_{BE}}{V_T}} - 1 \right) \end{cases}$$

二式分别对 v_{BE} 求导,得

$$\begin{cases} \dfrac{\mathrm{d}v_O}{\mathrm{d}v_{BE}} = -\dfrac{R_c I_S}{V_T} e^{\frac{v_{BE}}{V_T}} \\[4mm] \dfrac{\mathrm{d}v_I}{\mathrm{d}v_{BE}} = 1 + \dfrac{R_e I_S}{V_T} e^{\frac{v_{BE}}{V_T}} \end{cases}$$

二式左右两边分别相除,得

$$A_v = \frac{\mathrm{d}v_O}{\mathrm{d}v_I} = -\frac{\dfrac{R_c I_S}{V_T} e^{\frac{v_{BE}}{V_T}}}{1 + \dfrac{R_e I_S}{V_T} e^{\frac{v_{BE}}{V_T}}}$$

由于 $e^{\frac{v_{BE}}{V_T}} \gg 1$,故有

$$A_v = \frac{dv_O}{dv_I} = -\frac{R_c}{R_e}$$

此时,A_v 仅与 R_c 和 R_e 有关。当 R_c 和 R_e 确定后,A_v 为定值而与输入信号无关,这与在深度负反馈条件下图 6-20(d)所示电路的电压增益是一致的。

同样,图 6-24(a)给出了图 6-20(d)的仿真图,并通过 DC 扫描,得到其电压传输特性,如图 6-24(b)所示。不难看出,图 6-24(b)与图 6-22(b)相比,在放大状态时的非线性程度也有明显的改善。

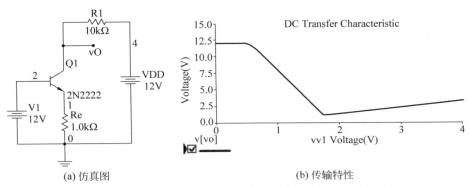

(a) 仿真图   (b) 传输特性

图 6-24 带负反馈的 BJT 共射极放大电路仿真图及其传输特性

综上所述,不论 FET 还是 BJT 放大电路,在小信号条件下,可以近似认为其输出电压与输入电压之间为线性关系,正如以前所讨论的那样。由于 FET 为平方律器件,BJT 为指数律器件,所以,在大信号条件下,其"放大"状态的传输特性表现出明显的非线性,从而导致输出信号的失真。通过采用负反馈技术,可以使其"放大"状态的传输特性趋于线性,从而减少了输出信号的非线性失真。

第 7 章

有源滤波器

滤波电路是一种具有频率选择功能的电路,它允许某些频率成分的信号顺利通过,同时,阻止其他频率成分的信号通过。有源滤波器则是利用有源器件和电阻电容网络构成的一类滤波器,它不含电感器,却可实现 LC 滤波器所具有的高选频特性,有源器件可以是运算放大器、电流传输器和跨导放大器等。本章主要讨论由运算放大器和电阻电容所构成的有源 RC 滤波器。

Multisim 仿真分析:交流分析

本章知识结构图

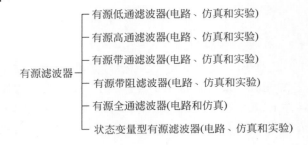

有源滤波器
- 有源低通滤波器(电路、仿真和实验)
- 有源高通滤波器(电路、仿真和实验)
- 有源带通滤波器(电路、仿真和实验)
- 有源带阻滤波器(电路、仿真和实验)
- 有源全通滤波器(电路和仿真)
- 状态变量型有源滤波器(电路、仿真和实验)

微课视频

微课视频

7.1 有源低通滤波器

低通滤波器(Low Pass Filter,LPF)是指角频率低于 ω_p 的信号能够通过,高于 ω_p 的信号被衰减的滤波电路,如图 7-1 所示。

7.1.1 电路

图 7-2 给出了二阶有源低通滤波器的一种电路结构,它由集成运放和无源 RC 低通电路构成,这就是著名的赛伦-凯电路。图中将 C_1 的一端与输出端相连,构成一定的正反馈,以改善滤波电路的频率特性。

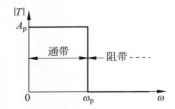

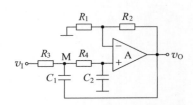

图 7-1 低通滤波器的理想幅频特性　　图 7-2 二阶有源低通滤波器的一种电路结构

二阶有源低通滤波电路传递函数的标准形式为

$$T(s) = \frac{A_{Lp}\omega_n^2}{s^2 + \dfrac{\omega_n}{Q}s + \omega_n^2}$$

其中通带电压增益 $A_{Lp} = 1 + \dfrac{R_2}{R_1}$，电路的特征角频率 ω_n 和品质因数 Q 分别为

$$\omega_n = \frac{1}{\sqrt{R_3 R_4 C_1 C_2}}$$

$$Q = \frac{\sqrt{R_3 R_4 C_1 C_2}}{(R_3 + R_4)C_2 + (1 - A_{Lp})R_3 C_1}$$

当 $R = R_3 = R_4$，$C = C_1 = C_2$ 时，有

$$\omega_n = \frac{1}{RC}$$

$$Q = \frac{1}{3 - A_{Lp}}$$

7.1.2　仿真

图 7-2 的 Multisim 仿真图如图 7-3 所示。单击交流分析，在交流分析界面，根据特征频率的理论值，设置起始频率和终止频率，如图 7-4(a)所示，选择分析变量 V(2)，如图 7-4(b)所示，然后，单击 Run 按钮，即可看到该电路的幅频特性和相频特性曲线，如图 7-4(c)所示。

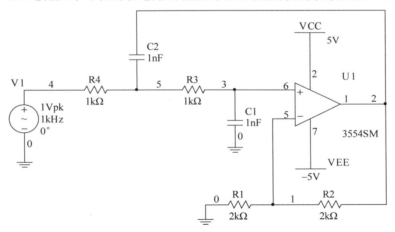

图 7-3　二阶有源低通滤波器仿真图

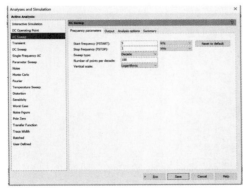

(a) 设置起始频率和终止频率

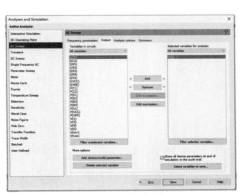

(b) 选择分析变量

图 7-4　交流分析

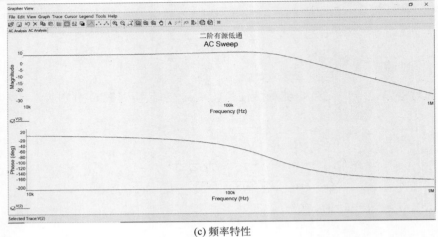

(c) 频率特性

图 7-4 （续）

这里给出了不同 Q 值时电路的幅频特性，如图 7-5 所示。图中曲线从上到下依次对应 $Q=10$、5、2、1、0.707 和 0.5。

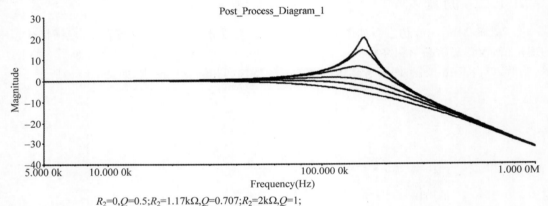

$R_2=0$,$Q=0.5$;$R_2=1.17\text{k}\Omega$,$Q=0.707$;$R_2=2\text{k}\Omega$,$Q=1$;
$R_2=3\text{k}\Omega$,$Q=2$;$R_2=3.6\text{k}\Omega$,$Q=5$;$R_2=3.8\text{k}\Omega$,$Q=10$

图 7-5 不同 Q 值时的幅频特性比较

7.1.3 实验

按照图 7-3，在面包板上插好的有源低通滤波器电路如图 7-6 所示。其中电阻、电容选用标称值，集成运放选用 μA741。

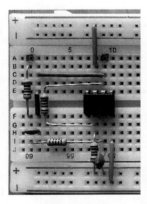

图 7-6 面包板上的有源低通滤波器

利用雨珠 S 中的网络分析仪,对面包板上的有源低通滤波器电路进行测试,得到它的幅频特性,如图 7-7 所示。

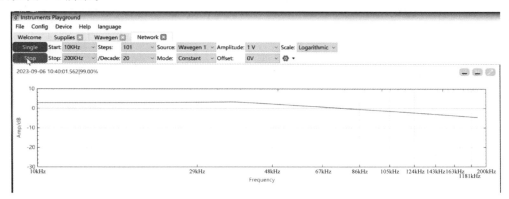

图 7-7　有源低通滤波器的幅频特性

7.2　有源高通滤波器

高通滤波器(High Pass Filter,HPF)是指角频率高于 ω_p 的信号能够通过,低于 ω_p 的信号被衰减的滤波电路,如图 7-8 所示。

7.2.1　电路

将图 7-2 所示的二阶有源低通滤波电路中的 R 和 C 的位置互换,可得到二阶有源高通滤波电路,如图 7-9 所示。

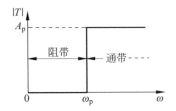

图 7-8　高通滤波器的理想幅频特性

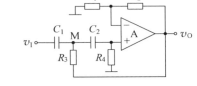

图 7-9　二阶有源高通滤波电路的一种电路结构

二阶有源高通滤波电路传递函数的标准形式为

$$T(s) = \frac{A_{Hp}s^2}{s^2 + \dfrac{\omega_n}{Q}s + \omega_n^2}$$

式中,$A_{Hp} = 1 + \dfrac{R_2}{R_1}$。在 $R = R_3 = R_4$,$C = C_1 = C_2$ 条件下,$\omega_n = \dfrac{1}{RC}$ 和 $Q = \dfrac{1}{3 - A_{Hp}}$。

7.2.2　仿真

图 7-9 的 Multisim 仿真图如图 7-10 所示。同 7.1 节,单击交流分析,在交流分析界面,根据特征频率的理论值,设置起始频率和终止频率,选择分析变量 V(5),然后,单击 Run 按钮,即可看到该电路的幅频特性和相频特性曲线。

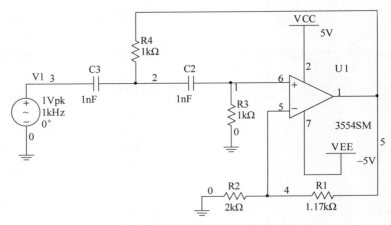

图 7-10　二阶有源高通滤波器仿真图

这里给出了 $Q=0.707$ 时的幅频特性,如图 7-11 所示。可以看出,由于受所用运放增益带宽积的限制,其幅频特性曲线随频率的升高而下降,从而限制了高通滤波器的上限频率。

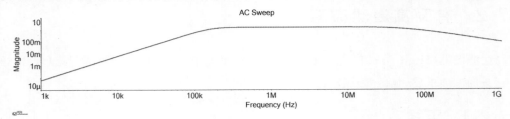

图 7-11　$Q=0.707$ 时的幅频特性

7.2.3　实验

按照图 7-10,在面包板上插好的有源高通滤波器电路如图 7-12 所示。其中电阻、电容选用标称值,集成运放选用 $\mu A741$。

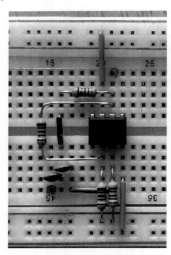

图 7-12　面包板上的有源高通滤波器电路

利用雨珠 S 中的网络分析仪,对面包板上的有源高通滤波器电路进行测试,得到它的幅频特性,如图 7-13 所示。

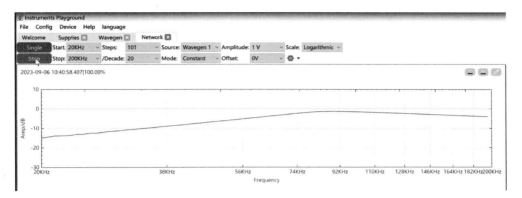

图 7-13　有源高通滤波器的幅频特性

7.3　有源带通滤波器

带通滤波器(Band Pass Filter,BPF)是指在低频段截止角频率 ω_{p1} 到高频段截止角频率 ω_{p2} 之间的信号能够通过,低于 ω_{p1} 和高于 ω_{p2} 的信号被衰减的滤波电路,如图 7-14 所示。

7.3.1　电路

将截止角频率为 ω_{p2} 的低通滤波电路和截止角频率为 ω_{p1} 的高通滤波电路串联起来,且 ω_{p2} 大于 ω_{p1},则可构成带通滤波电路,据此,给出带通滤波器的一种电路结构,如图 7-15 所示。

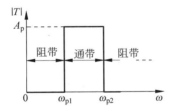

图 7-14　带通滤波器的理想幅频特性

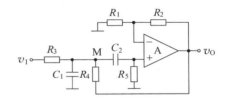

图 7-15　二阶有源带通滤波电路

二阶有源带通滤波电路传递函数的标准形式为

$$T(s) = \frac{A_{Bp}\omega_n s}{s^2 + \dfrac{\omega_n}{Q}s + \omega_n^2}$$

式中,$A_{Bp} = 1 + \dfrac{R_2}{R_1}$。在 $R_3 = R_4 = R$,$R_5 = 2R$,$C_1 = C_2 = C$ 条件下,$\omega_n = \dfrac{1}{RC}$ 和 $Q = \dfrac{1}{3 - A_{Bp}}$。

带通滤波电路的两个截止角频率分别为

$$\begin{cases} \omega_{p1} = \dfrac{\omega_0}{2Q}\sqrt{1 + 4Q^2} - \dfrac{\omega_0}{2Q} \\[3mm] \omega_{p2} = \dfrac{\omega_0}{2Q}\sqrt{1 + 4Q^2} + \dfrac{\omega_0}{2Q} \end{cases}$$

其带宽为

$$BW = \frac{\omega_{p2} - \omega_{p1}}{2\pi} = \frac{\omega_0}{2\pi Q} = \frac{f_0}{Q}$$

表明电路的 Q 值越大,中心频率增益越大,通频带越窄,电路的选择性越好。

7.3.2 仿真

图 7-15 的 Multisim 仿真图如图 7-16 所示。同上,单击交流分析,在交流分析界面,根据特征频率的理论值,设置起始频率和终止频率,选择分析变量 V(2),然后,单击 Run 按钮,即可看到该电路的幅频特性和相频特性曲线。

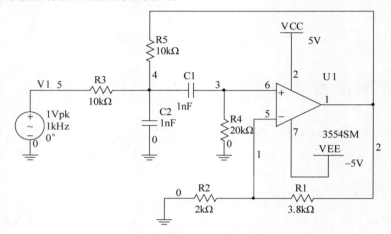

图 7-16   二阶有源带通滤波器仿真图

这里给出了不同 Q 值时的幅频特性,如图 7-17 所示,对应 Q 值大的曲线(上曲线),$R_2 = 3.8\text{k}\Omega$,$Q = 10$;对应 Q 值小的曲线(下曲线),$R_2 = 2\text{k}\Omega$,$Q = 1$。

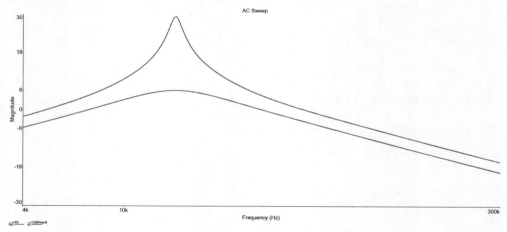

图 7-17   不同 Q 值时的幅频特性比较

7.3.3 实验

按照图 7-16,在面包板上插好的有源带通滤波器实验图如图 7-18 所示。其中电阻、电容选用标称值,集成运放选用 μA741。

利用雨珠 S 中的网络分析仪,对面包板上的有源带通滤波器电路进行测试,得到它的幅频特性,如图 7-19 所示。

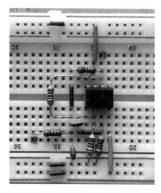

图 7-18 面包板上的有源带通滤波器实验图

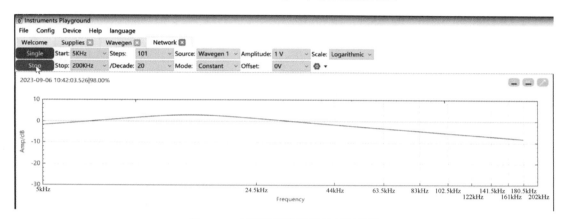

图 7-19 有源带通滤波器的幅频特性

7.4 有源带阻滤波器

带阻滤波器(Band Stop Filter,BSF)是指角频率低于 ω_{s1} 和高于 ω_{s2} 的信号能够通过,角频率在 ω_{s1} 到 ω_{s2} 之间的信号被衰减的滤波电路,如图 7-20 所示。

7.4.1 电路

截止角频率为 ω_{s1} 的低通滤波电路和截止角频率为 ω_{s2} 的高通滤波电路并联起来,且 ω_{s1} 小于 ω_{s2},则可构成带阻滤波电路,据此,给出带阻滤波器的一种电路结构,如图 7-21 所示。

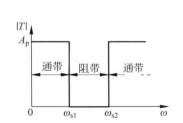

图 7-20 带阻滤波器的理想幅频特性

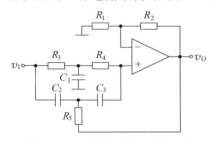

图 7-21 二阶有源带阻滤波电路

二阶有源 RC 带阻滤波电路传递函数的标准形式为

$$T(s) = \frac{A_{BS}(s^2 + \omega_n^2)}{s^2 + \frac{\omega_n}{Q}s + \omega_n^2}$$

式中,$A_{BS} = 1 + \frac{R_2}{R_1}$。在 $R_3 = R_4 = R$,$R_5 = R/2$,$C_2 = C_3 = C$,$C_1 = 2C$ 条件下,$\omega_n = \frac{1}{RC}$,

$Q = \frac{1}{2(2 - A_{BS})}$。

带阻滤波电路的两个截止角频率分别为

$$\begin{cases} \omega_{s1} = \frac{\omega_0}{2Q}\sqrt{1 + 4Q^2} - \frac{\omega_0}{2Q} \\ \omega_{s2} = \frac{\omega_0}{2Q}\sqrt{1 + 4Q^2} + \frac{\omega_0}{2Q} \end{cases}$$

其阻带宽度

$$BW = \frac{\omega_{s2} - \omega_{s1}}{2\pi} = \frac{\omega_0}{2\pi Q} = \frac{f_0}{Q}$$

表明电路的 Q 值越大,带阻滤波电路的阻带宽度越窄,电路的选择性越好。

7.4.2 仿真

图 7-21 的 Multisim 仿真图如图 7-22 所示。同上,单击交流分析,在交流分析界面,根据特征频率的理论值,设置起始频率和终止频率,选择分析变量 V(2),然后,单击 Run 按钮,即可看到该电路的幅频特性和相频特性曲线。

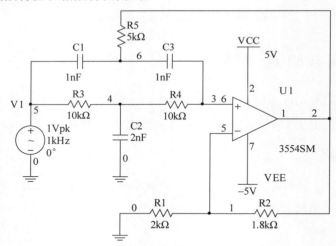

图 7-22   二阶有源带阻滤波器仿真图

这里给出了不同 Q 值时的幅频特性,如图 7-23 所示,对应 Q 值大的曲线(上曲线),$R_2 = 1.8\text{k}\Omega$,$Q = 5$;对应 Q 值小的曲线(下曲线),$R_2 = 1\text{k}\Omega$,$Q = 1$。

7.4.3 实验

按照图 7-22,在面包板上插好的有源带阻滤波器实验图如图 7-24 所示。其中电阻、电容选用标称值,集成运放选用 μA741。

利用雨珠 S 中的网络分析仪,对面包板上的有源带阻滤波器电路进行测试,得到它的幅频

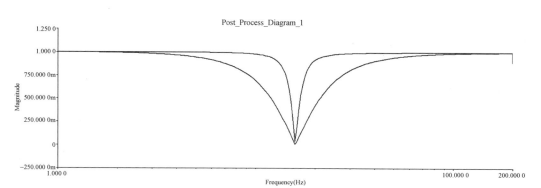

图 7-23　不同 Q 值时的幅频特性比较

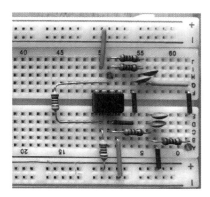

图 7-24　面包板上的有源带阻滤波器实验图

特性,如图 7-25 所示。

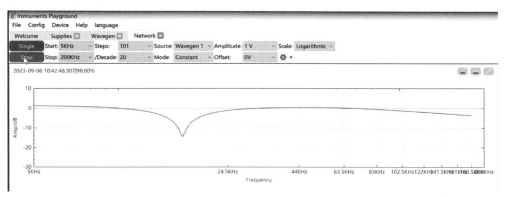

图 7-25　有源带阻滤波器的幅频特性

7.5　有源全通滤波器

全通滤波器是指对于频率从零到无穷大的信号具有相同的比例系数,但对于不同频率的信号产生不同的相移的滤波电路,如图 7-26 所示。

7.5.1　电路

图 7-27 给出了一阶有源全通滤波器的两种电路结构。

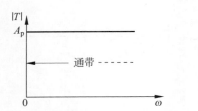

图 7-26　全通滤波器的理想幅频特性

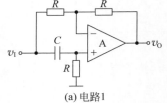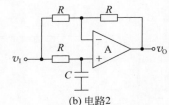

(a) 电路1　　　　　　(b) 电路2

图 7-27　一阶有源全通滤波器的两种电路结构

对于电路 1 来说,其幅频特性和相频特性分别为

$$| T(j\omega) |=1$$

$$\varphi=180°-2\arctan\frac{\omega}{\omega_n}$$

可以看出,$| T(j\omega) |$ 与频率无关,即信号频率从零到无穷大,输出电压与输入电压在数值上始终相等;当 $\omega=\omega_n$ 时,$\varphi=90°$;当 $\omega\to0$ 时,$\varphi\to180°$;当 $\omega\to\infty$ 时,$\varphi\to0°$。

对于电路 2 来说,其幅频特性和相频特性分别为

$$| T(j\omega) |=1$$

$$\varphi=-2\arctan\frac{\omega}{\omega_n}$$

可以看出,$| T(j\omega) |$ 与频率无关,即信号频率从零到无穷大,输出电压与输入电压在数值上始终相等;当 $\omega=\omega_n$ 时,$\varphi=-90°$;当 $\omega\to0$ 时,$\varphi\to0°$;当 $\omega\to\infty$ 时,$\varphi\to-180°$。

7.5.2　仿真

图 7-27(a)的 Multisim 仿真图如图 7-28(a)所示。单击交流分析,在交流分析界面,设置起始频率和终止频率,选择分析变量 V(2),然后,单击 Run 按钮,即可看到该电路的幅频特性和相频特性曲线,如图 7-28(b)所示。

图 7-27(b)的 Multisim 仿真图如图 7-29(a)所示。单击交流分析,在交流分析界面,设置起始频率和终止频率,选择分析变量 V(2),然后,单击 Run 按钮,即可看到该电路的幅频特性和相频特性曲线,如图 7-29(b)所示。

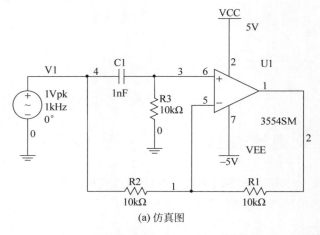

(a) 仿真图

图 7-28　电路 1 的仿真图及其频率特性

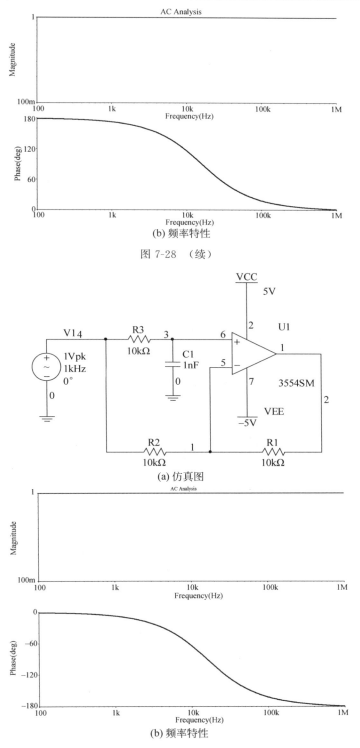

(b) 频率特性

图 7-28 （续）

(a) 仿真图

(b) 频率特性

图 7-29　电路 2 的仿真图及其频率特性

7.6　状态变量型有源滤波器

利用比例、积分、求和等模拟运算来构成滤波器的传递函数，可以同时实现高通、低通、带通和带阻滤波功能,这种电路称为状态变量型有源滤波器,又称为多功能有源滤波器。

7.6.1 电路

以高通滤波器为例,其传递函数为

$$\frac{V_o(s)}{V_i(s)} = \frac{a_2 s^2}{s^2 + \frac{\omega_n}{Q}s + \omega_n^2}$$

交叉相乘并移项,可得

$$V_o(s) = a_2 V_i(s) - \frac{\omega_n}{Q}\frac{1}{s}V_o(s) - \omega_n^2 \frac{1}{s^2}V_o(s)$$

表明 $V_o(s)$ 等于三项之和,即第一项为输入信号的 a_2 倍,第二项为输出信号的一次积分,第三项为输出信号的二次积分。这样,通过两个积分器和一个加法器就可以得到 $V_o(s)$,如图 7-30(a)所示。图 7-30(b)是图 7-30(a)的电路实现。

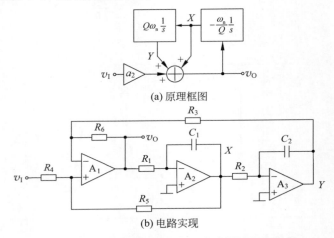

(a) 原理框图

(b) 电路实现

图 7-30　状态变量型二阶有源滤波器的电路实现

可以看出,图 7-30(a)的 $V_o(s)$ 实现了高通滤波功能,同时,$V_o(s)$ 的一次积分输出端 X,即

$$\frac{V_x(s)}{V_i(s)} = \frac{V_x(s)}{V_o(s)}\frac{V_o(s)}{V_i(s)} = \left(-\frac{\omega_n}{Q}\frac{1}{s}\right)\frac{a_2 s^2}{s^2 + \frac{\omega_n}{Q}s + \omega_n^2} = \frac{a_1 s}{s^2 + \frac{\omega_n}{Q}s + \omega_n^2}$$

式中,$a_1 = -\frac{\omega_n}{Q}a_2$,实现了带通滤波器的传递函数。$V_o(s)$ 的二次积分输出端 Y,即

$$\frac{V_y(s)}{V_i(s)} = \frac{V_y(s)}{V_x(s)}\frac{V_x(s)}{V_i(s)} = \left(\frac{Q\omega_n}{s}\right)\frac{a_1 s}{s^2 + \frac{\omega_n}{Q}s + \omega_n^2} = \frac{a_0}{s^2 + \frac{\omega_n}{Q}s + \omega_n^2}$$

式中,$a_0 = Q\omega_n a_1$,实现了低通滤波器的传递函数。

可见,图 7-30(b)所示电路的三个不同输出端分别实现了高通、带通和低通。

UAF42 集成电路就是利用这个原理实现的一种集成状态变量型有源滤波器,它可以接成同相或反相输入型。其内部框图如图 7-31 所示。

图 7-32 是 UAF42 的一种典型的应用电路,四个集成运放的输出 V_{o1}、V_{o2}、V_{o3}、V_{o4} 分别实现了高通、带通、低通和带阻滤波功能。

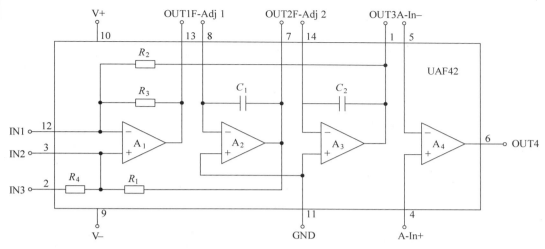

图 7-31 UAF42 的内部框图

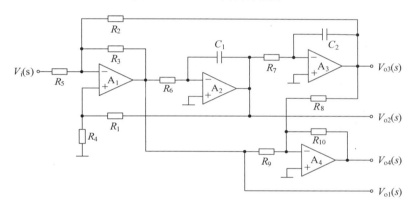

图 7-32 UAF42 的一种典型应用电路

高通和低通滤波器的特征频率 f_n 与带通滤波器的中心频率 f_0 均为

$$f_n = f_0 = \cfrac{1}{2\pi \sqrt{\cfrac{R_2}{R_3} R_6 R_7 C_1 C_2}}$$

带阻滤波器的中心频率 f_0 为

$$f_0 = \cfrac{1}{2\pi \sqrt{\cfrac{R_8}{R_9} R_6 R_7 C_1 C_2}}$$

四种滤波器的品质因数 Q 均为

$$Q = \cfrac{1 + \cfrac{R_1}{R_4}}{\cfrac{1}{R_2} + \cfrac{1}{R_3} + \cfrac{1}{R_5}} \sqrt{\cfrac{R_6 C_1}{R_2 R_3 R_7 C_2}}$$

7.6.2 仿真

图 7-32 的 Multisim 仿真图如图 7-33 所示。

利用 AC 分析,得到四种滤波器的幅频特性,如图 7-34 所示。

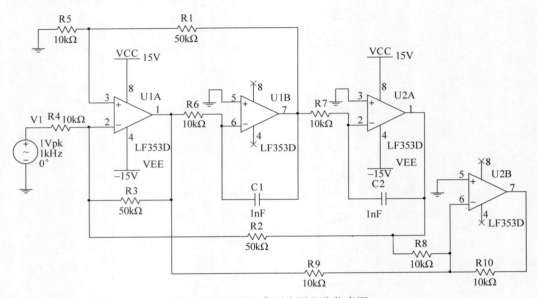

图 7-33   UAF42 典型应用电路仿真图

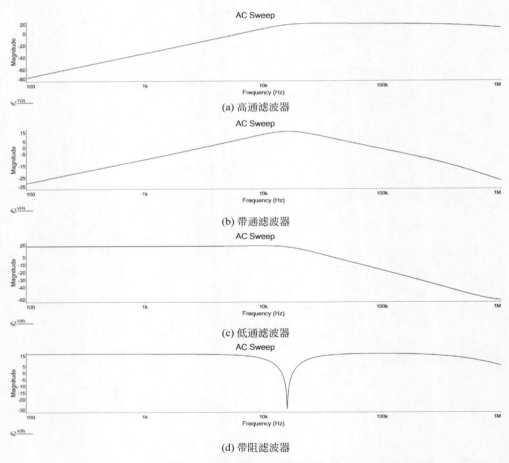

(a) 高通滤波器

(b) 带通滤波器

(c) 低通滤波器

(d) 带阻滤波器

图 7-34   四种滤波器的幅频特性

　　按照仿真图中元件参数,求得特征频率和中心频率的理论值为 15.915 5 kHz,仿真实测频率值为 15.838 0 kHz,二者基本吻合。

7.6.3　实验

按照图 7-33，在面包板上插好的状态变量型有源滤波器如图 7-35 所示。其中电阻、电容选用标称值，集成运放选用 μA741。

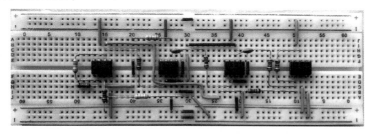

图 7-35　面包板上的状态变量型有源滤波器

利用 ADALM2000 中的网络分析仪，对面包板上的状态变量型有源滤波器电路进行测试，得到四种滤波器的波特图，如图 7-36 所示。

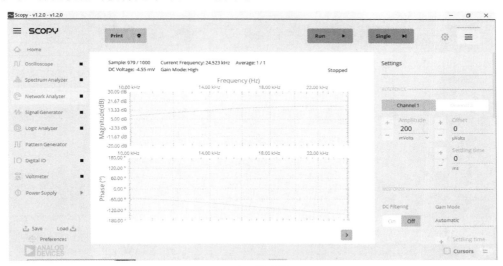

(a) 高通滤波器

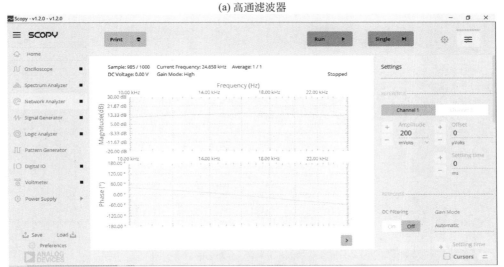

(b) 带通滤波器

图 7-36　状态变量型有源滤波器电路波特图

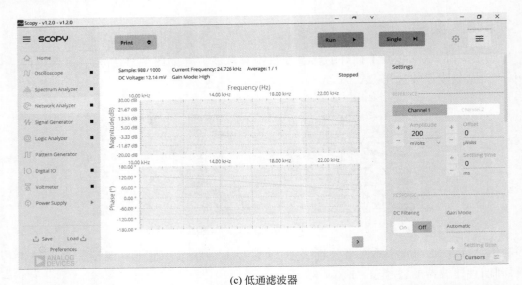

(c) 低通滤波器

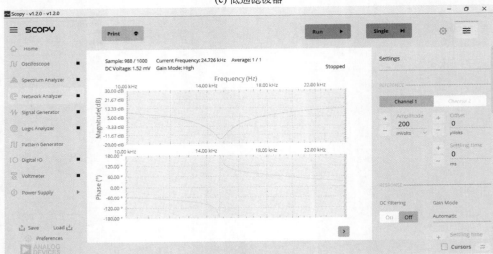

(d) 带阻滤波器

图 7-36 （续）

第8章

信号发生器

信号发生器(又称振荡器)是模拟电路中的另一种应用电路,它与放大电路的区别在于,无须外加激励信号,就能产生具有一定频率、一定波形和一定振幅的交变信号。信号发生器是一种能自动地将直流电源能量转换为一定波形的交变信号能量的电路。

Multisim 仿真分析:瞬态分析、交流分析

本章知识结构图

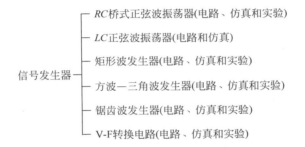

信号发生器
- RC桥式正弦波振荡器(电路、仿真和实验)
- LC正弦波振荡器(电路和仿真)
- 矩形波发生器(电路、仿真和实验)
- 方波—三角波发生器(电路、仿真和实验)
- 锯齿波发生器(电路、仿真和实验)
- V-F转换电路(电路、仿真和实验)

微课视频

微课视频

微课视频

8.1 *RC* 桥式正弦波振荡器

实用的 *RC* 正弦波振荡电路结构多种多样,其中一种典型结构是 *RC* 桥式正弦波振荡电路,又称文氏桥振荡电路。

8.1.1 电路

RC 正弦波振荡电路仿真图如图 8-1 所示。

RC 桥式正弦波振荡电路中:(1)运放、电阻 R_1、R_2、R_6 和二极管 D_1、D_2 构成可变增益同相放大电路,即放大、稳幅二合一;(2)*RC* 串并联选频网络构成正反馈电路,即选频、正反馈二合一。另外,负反馈网络中的 R_1、R_2(包括 D_1、D_2 和 R_6)、正反馈网络中的串联 *RC* 和并联 *RC* 各可视为一臂而构成桥路,集成运放的两个输入端分别接在这个桥路的两个顶点上,作为集成运放的净输入电压;集成运放的输出端和"地"分别接在该桥路的另外两个顶点(其中一个顶点为"地")上,作为电路的输出,故此得 *RC*"桥式"正弦波振荡电路。

8.1.2 仿真

在 RC 串并联选频网络输入端接入交流源 V_1,如图 8-2(a)所示,然后,对电路输出端进行

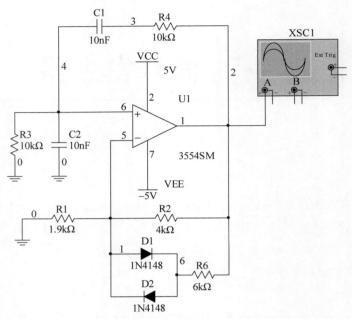

图 8-1 *RC* 正弦波振荡电路仿真图

交流分析,得到电路的频率特性曲线,如图 8-2(b)所示。可以看出,*RC* 串并联网络具有带通滤波器的选频特性。

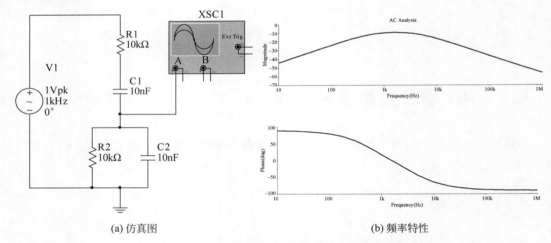

(a) 仿真图   (b) 频率特性

图 8-2 *RC* 串并联选频网络仿真图及其频率特性

RC 正弦波振荡电路仿真图如图 8-1 所示,对其输出端进行瞬态分析,可以看到输出波形,如图 8-3 所示。图中显示的是波形从小到大,即从起振到输出稳定的全过程。

8.1.3 实验

面包板上的 *RC* 桥式正弦波振荡实验图如图 8-4 所示。利用雨珠 3 做实验时,先单击电源,设置 +5V 和 −5V,如图 8-5 所示。然后,单击示波器,看到电路的输出波形,此时波形可能有失真,如图 8-6 所示。调节微调电阻,使波形没有明显的失真,如图 8-7 所示。

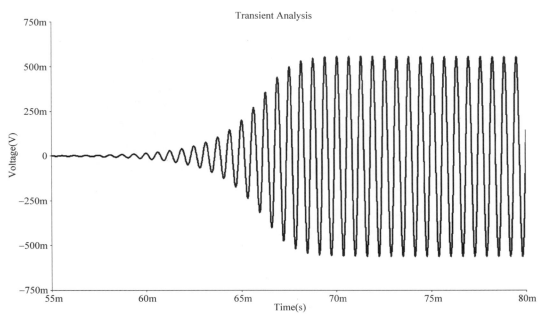

图 8-3　*RC* 正弦波振荡电路瞬态分析

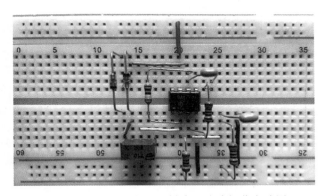

图 8-4　面包板上的 *RC* 桥式正弦波振荡实验图

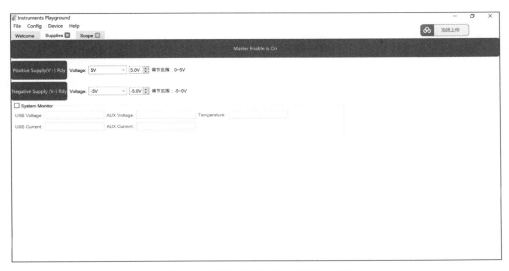

图 8-5　设置电源电压＋5V 和－5V

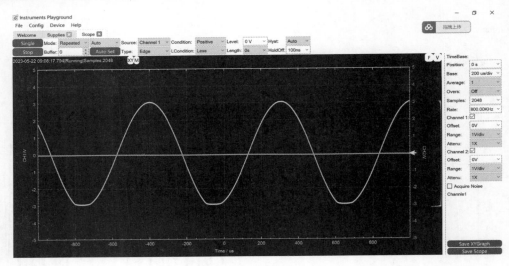

图 8-6　输出波形有失真

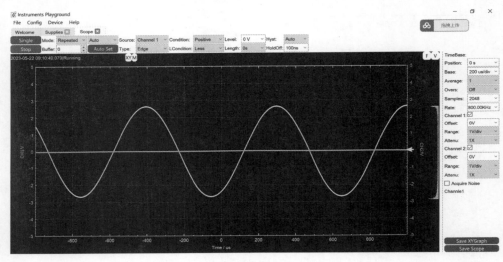

图 8-7　输出波形无明显失真

微课视频

微课视频

8.2　*LC* 正弦波振荡器

一般来说，*LC* 正弦波振荡电路由分立元件组成，当然也可以由高速运放构成，其选频网络则由电感和电容组成。常见的 *LC* 正弦波振荡电路有变压器耦合反馈振荡电路和三点式振荡电路（包括电感三点式振荡电路和电容三点式振荡电路）。下面重点介绍电容三点式振荡电路。

8.2.1　电路

电容三点式振荡电路又称为电容分压反馈式振荡电路，如图 8-8 所示。其特点是 *LC* 回路中的 *C* 由两个电容 C_a 和 C_b 构成，这样 *C* 的三个端点分别与晶体管的三个极相连（对交流通路而言），如图 8-9 所示，反馈电压由电容分压取自 C_a 两端。

电路的起振条件为

$$\beta > \frac{C_a}{C_b}$$

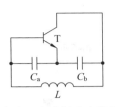

图 8-8　电容三点式振荡电路　　　图 8-9　电容三点式振荡电路的原理图

在实际电路中,C_b 一般取 C_b 的 2～8 倍,说明电容三点式电路易起振。

电路的振荡频率由回路的谐振频率所决定,即

$$f_0 = \frac{1}{2\pi\sqrt{L\dfrac{C_a C_b}{C_a + C_b}}}$$

8.2.2　仿真

图 8-10 给出了三种电容三点式振荡电路仿真图。可以看出,电路中的晶体管工作在不同组态,其中,图 8-10(a)为共射振荡电路,图 8-10(b)、(c)分别为共基振荡电路和共集振荡电路。

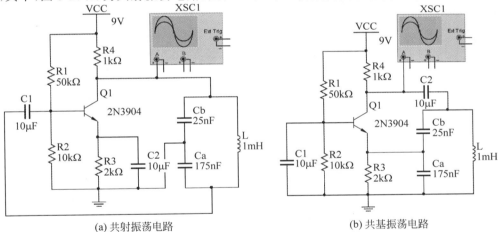

(a) 共射振荡电路　　　　　　　　(b) 共基振荡电路

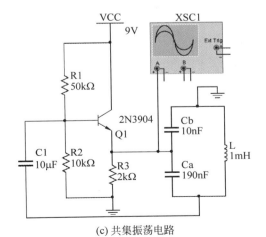

(c) 共集振荡电路

图 8-10　三种电容三点式振荡电路仿真图

例如,对图 8-10(c)进行瞬态分析,即可得到该电路的输出波形,如图 8-11 所示。可以看到输出波形从小到大,电路从起振到波形稳定的全过程。

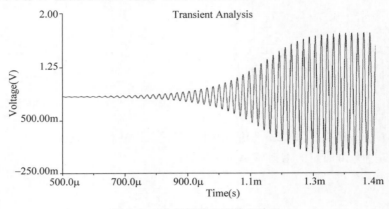

图 8-11　共集振荡电路输出波形

微课视频

8.3　矩形波发生器

能够产生矩形波的电路有多种形式,下面将介绍的是由 RC 充放电电路和滞回比较器组成的矩形波发生器。

8.3.1　电路

由滞回比较器结合 RC 充放电电路,利用集成运放构成的矩形波发生器电路原理图如

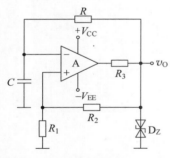

图 8-12　由集成运放构成的矩形波
发生器电路原理图

图 8-12 所示。图中,集成运放 A 与电阻 $R_1 \sim R_3$ 和背靠背稳压管 D_Z 组成带双向限幅的滞回比较器,使得输出电压限制在稳压管的稳压值 $\pm V_Z$;电阻 R 和电容 C 构成充放电路,并将 C 上的电压作用于运放的反相端,形成负反馈,在 RC 充放电的过程中,实现输出状态的自动转换。

电路的有关参数:

(1) 输出矩形波的峰峰值。

由于比较器输出电压为 $+V_Z$ 或 $-V_Z$,故矩形波的峰峰值为

$$V_{Opp} = 2V_Z$$

(2) 电容电压 v_C 的峰峰值。

当电路发生翻转时,电容充电和放电的电压值分别为 V_{TH} 和 V_{TL},故 v_C 的峰峰值为

$$V_{Cpp} = V_{TH} - V_{TL} = 2\frac{R_1}{R_1 + R_2}V_Z$$

(3) 振荡周期 T。

矩形波的振荡周期为

$$T = 2T_1 = 2RC\ln\left(1 + \frac{2R_1}{R_2}\right)$$

式中,高电平时间 $T_1 = RC\ln\left(1 + \frac{2R_1}{R_2}\right)$,且低电平时间 $T_2 = T_1$。

由此可见,改变时间常数 RC 和 R_1/R_2 的值,可改变矩形波的振荡周期,而振荡周期与比较器的输出电压无关。

（4）占空比 D。

矩形波的占空比定义为

$$D = \frac{T_1}{T}$$

可见,本电路输出波形的占空比为 50%,即 v_O 是正负半周对称的矩形波,即为方波。图 8-12 所示电路也称为方波发生器。

8.3.2　仿真

1. 双电源矩形波发生器

双电源矩形波发生器仿真图如图 8-13（a）所示。图中利用了集成运放 741。通过瞬态分析,可以看到电容两端的电压 v_C（细线）波形和电路的输出电压 v_O（粗线）波形,如图 8-13（b）所示。

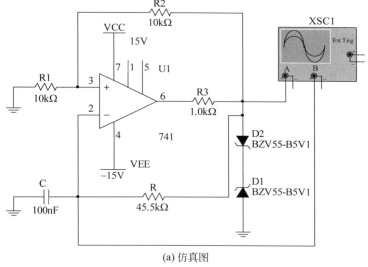

(a) 仿真图

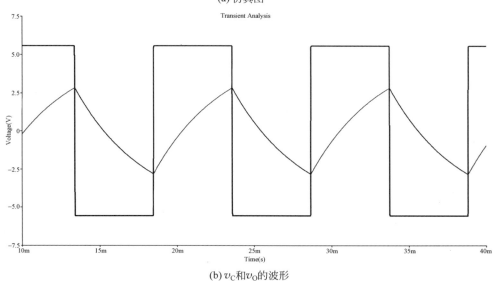

(b) v_C 和 v_O 的波形

图 8-13　双电源矩形波发生器仿真图及其 v_C 和 v_O 的波形

2. 单电源矩形波发生器

单电源矩形波发生器仿真图如图 8-14（a）所示。图中利用了集成电压比较器 TLC393CD、电阻 $R_1 \sim R_3$ 和上拉电阻 R_L 组成单电源反向输入滞回比较器，R、C 组成充放电电路。通过瞬态分析，看到的电路输出波形如图 8-14(b)所示。

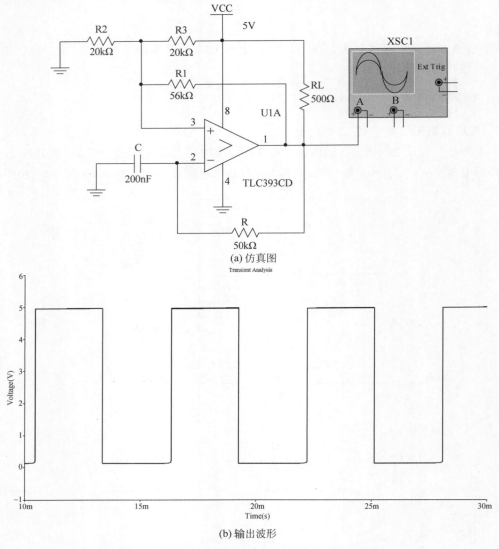

(a) 仿真图

(b) 输出波形

图 8-14　单电源矩形波发生器仿真图及其输出波形

8.3.3　实验

设计一个运算放大器测试仪。

利用运放构建一个单电源矩形波发生器，如图 8-15 所示，用输出的矩形波电压作用于两个 LED，如果两个 LED 交替发光，说明运放是好的，否则，运放不可用。

面包板上的运算放大器测试仪如图 8-16 所示。根据 LED 的亮度，适当调整了图中元件参数，与仿真图的略有不同。接入 5V 电源电压，可以看到两个 LED 交替发光。

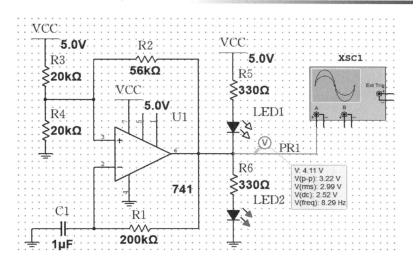

图 8-15　运算放大器测试仪仿真图

图 8-16　面包板上的运算放大器测试仪

8.4　方波—三角波发生器

利用方波发生器和积分器,便可以同时产生方波和三角波。

8.4.1　电路

方波发生器和积分器的组合如图 8-17(a)所示。能否用 v_O 的变化来取代 v_a 的变化呢?这样便可省去一个 RC 电路。注意,只要将方波发生器中的滞回比较器改为同相输入滞回比较器,然后将 v_O 与比较器的输入连起来,v_O 的波形恰好是比较器所需的输入波形,这样就构成了整体闭环电路,其中同时引入了正负两种反馈,电路不仅可以自行振荡输出波形,而且工作稳定。通过这样的电路优化,得到的方波—三角波发生器电原理图如图 8-17(b)所示。

几个重要参数:

(1)输出矩形波的幅值。

$$V_{\text{o1m}} = V_Z$$

(2)输出三角波的幅值。

$$V_{\text{om}} = \frac{R_1}{R_2} V_Z$$

微课视频

微课视频

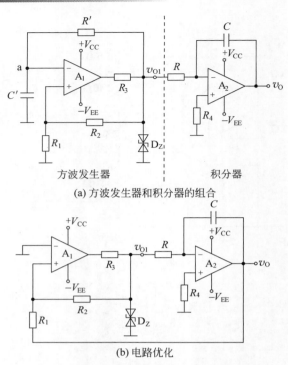

(a) 方波发生器和积分器的组合

(b) 电路优化

图 8-17　方波—三角波发生器电原理图

（3）振荡周期。

$$T = \frac{4RCV_{om}}{V_Z} = 4RC\frac{R_1}{R_2}$$

在实际电路的调整中，应先调整 R_1/R_2 和 V_Z，使输出幅值满足要求，然后再调整 RC，使振荡周期也满足要求。

8.4.2　仿真

方波——三角波发生器的仿真图如图 8-18(a)所示。通过瞬态分析，即可同时看到电路输出的方波和三角波，如图 8-18(b)所示。还可以利用光标，测量方波和三角波的相关参数。

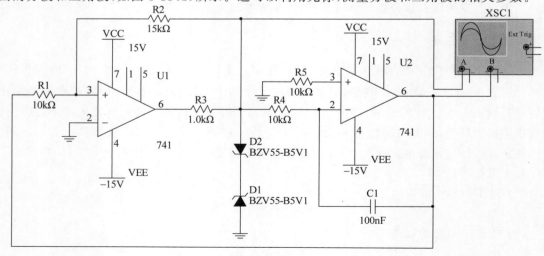

(a) 仿真图

图 8-18　方波—三角波发生器仿真图及其输出波形

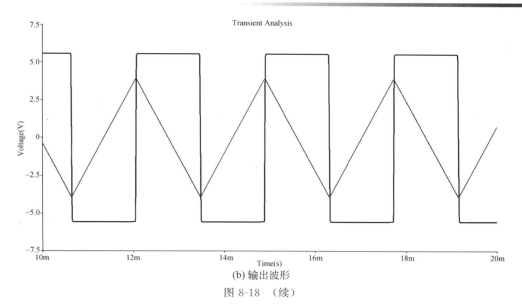

(b) 输出波形

图 8-18 （续）

8.4.3 实验

方波—三角波发生器实验电路图的仿真图如图 8-19 所示。图中用 LED$_1$ 和 LED$_2$ 取代了图 8-18(a)中的背靠背稳压管，一是利用 LED 工作时基本稳定的正向电压来稳定方波的幅度，二是利用 LED 对电路工作起到指示作用。

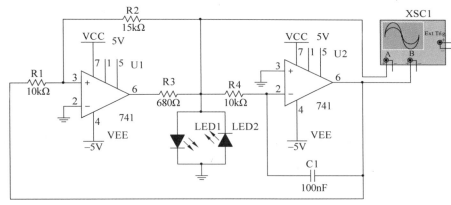

图 8-19 方波—三角波发生器实验电路图的仿真图

面包板上的方波—三角波发生器电路如图 8-20 所示。实验时，利用雨珠 3 口袋仪器，单

图 8-20 面包板上的方波—三角波发生器电路

击电源,设置＋5V 和－5V,如图 8-21(a)所示。单击示波器,利用雨珠 3 的双踪示波器,同时观测电路输出的方波和三角波,如图 8-21(b)所示。

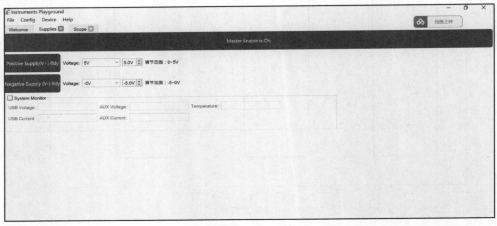

(a) 设置电压+5V和−5V

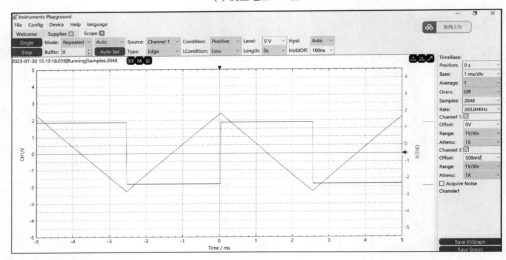

(b) 输出波形

图 8-21　方波—三角波发生器实验

微课视频

8.5　锯齿波发生器

在方波—三角波发生器的基础上,只要设法使积分电路充电和放电的时间常数相差悬殊,就可以得到锯齿波信号。

8.5.1　电路

在图 8-17 中添加两个二极管,利用二极管的单向导电性,使积分电路充电和放电的路线不同,得到的锯齿波发生器电路如图 8-22 所示。

通过调节电位器 R_W 滑动端的位置,可使 $R_{W1} \gg R_{W2}$ 或 $R_{W1} \ll R_{W2}$,则积分电路充电的时间常数远大于放电的时间常数,或者放电的时间常数远大于充电的时间常数,此时积分电路的输出即为锯齿波。

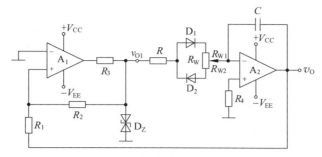

图 8-22 锯齿波发生器电路

两个重要参数：

（1）锯齿波的幅值。

$$V_{om} = \frac{R_1}{R_2} V_Z$$

（2）振荡周期。

在忽略 D_1、D_2 正向导通电阻的条件下，得到锯齿波下降（v_{O1} 为高电平）和上升（v_{O1} 为低电平）的时间 T_1 和 T_2 分别为

$$T_1 = 2(R + R_{W1})C \frac{R_1}{R_2}$$

$$T_2 = 2(R + R_{W2})C \frac{R_1}{R_2}$$

所以振荡周期为

$$T = T_1 + T_2 = 2(2R + R_W)C \frac{R_1}{R_2}$$

以上分析表明，调整 R_1/R_2 和 V_Z 的值，可以改变锯齿波的幅值；调整 R_1/R_2 和积分时间常数 $(2R + R_W)C$，可以改变振荡周期；调整电位器滑动端的位置，可以改变锯齿波上升和下降的时间，但不影响锯齿波的周期。

8.5.2 仿真

锯齿波发生器电路的仿真图如图 8-23（a）所示。通过瞬态分析，可以同时看到电路输出的矩形波和锯齿波，如图 8-23（b）所示。

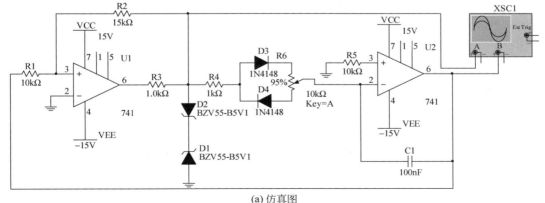

（a）仿真图

图 8-23 锯齿波发生器仿真图及其输出波形

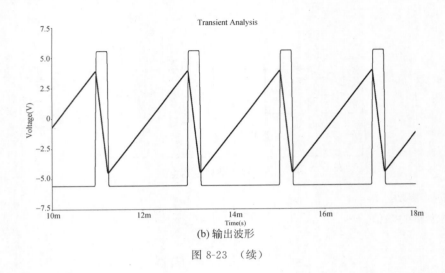

(b) 输出波形

图 8-23 （续）

8.5.3 实验

这里特意选择了以 LM555 为核心，结合电流镜和电压跟随器，构成的线性锯齿波电路作为实验电路。它的仿真图如图 8-24 所示，面包板上的线性锯齿波电路如图 8-25 所示。

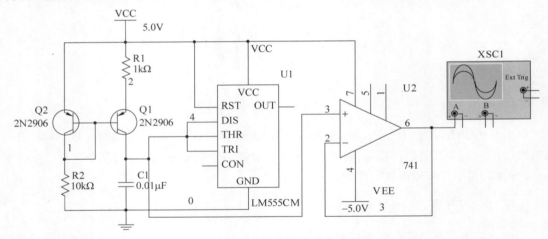

图 8-24　线性锯齿波电路仿真图

图 8-25　面包板上的线性锯齿波发生器电路

实验时,利用雨珠 3 口袋仪器,单击电源,设置＋5V 和－5V,如图 8-26(a)所示。单击示波器,利用雨珠 3 的示波器,观测电路输出的线性锯齿波,通过调节微调,可以调节锯齿波的周期,分别如图 8-26(b)、图 8-26(c)和图 8-26(d)所示。

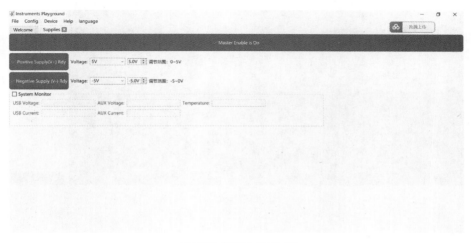

(a) 设置电源电压+5V和−5V

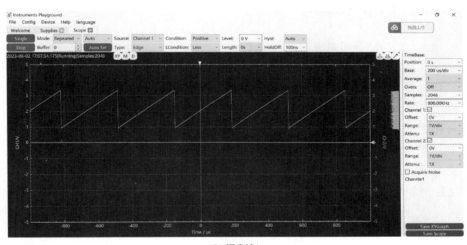

(b) 锯齿波1

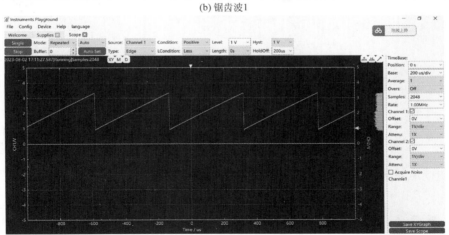

(c) 锯齿波2

图 8-26　线性锯齿波电路实验

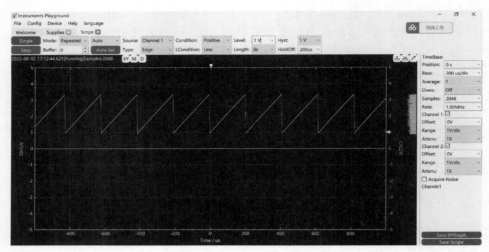

(d) 锯齿波3

图 8-26　（续）

微课视频

8.6　V-F 转换电路

电压—频率（V-F）转换电路是一种电压控制的方波发生器，也是一种压控振荡器。

8.6.1　电路

一种电压—频率转换电路如图 8-27 所示。图中，A_1、R_1、C 等组成积分电路，A_2、R_5、R_6 等组成滞回比较器。滞回比较器的输出电压 v_O 只有两个状态，即高电平 V_{om} 和低电平 $-V_{om}$，并经反馈电路控制晶体管 T 的导通和截止，从而控制电容 C 的充放电时间；输入电压 E 的大小决定了 A_1 同相输入端的电位 V_{P1}，由此控制了积分电路的积分时间，以达到通过输入电压变化控制输出电压频率的目的。

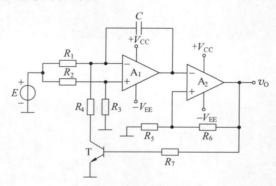

图 8-27　电压—频率转换电路

电路的振荡频率为

$$f = \frac{1}{T_{\mathrm{H}} + T_{\mathrm{L}}} = \frac{3E}{8 \times 10^5 V_{\mathrm{om}} C}$$

表明振荡频率 f 随输入控制电压 E 线性变化，且振荡输出为方波。

8.6.2 仿真

V-F 转换电路的仿真图如图 8-28(a)所示。仿真时,将电源 E 设置为锯齿波,这样,随着 E 的线性增长,输出电压的频率也将随之线性增大,这就实现了扫频。

将控制电压源设置为三角波,占空比设为 98%,频率为 20Hz,幅值 6V,偏置 6V,这样即为电压在 0~12V 之间变化的锯齿波,通过瞬态分析,可以清楚地看到输出电压的频率随着控制电压的增大而增大的全过程。得到的控制电压(锯齿波波形)和输出电压(扫频波形)的对应关系如图 8-28(b)所示。

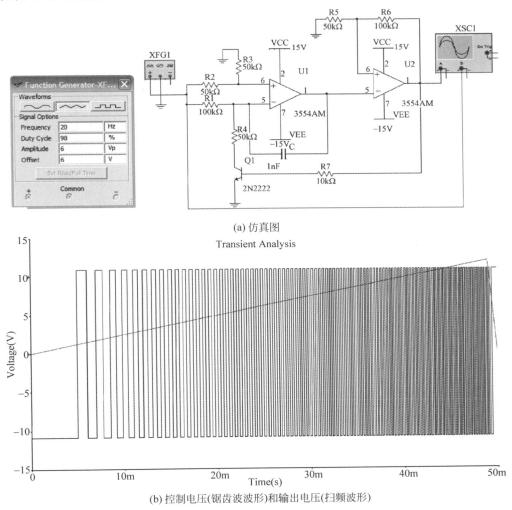

(a) 仿真图

(b) 控制电压(锯齿波波形)和输出电压(扫频波形)

图 8-28 V-F 转换电路的仿真图及其控制电压和输出电压

8.6.3 实验

面包板上的 V-F 转换器如图 8-29 所示。实验时,利用雨珠 3 口袋仪器,单击电源,设置电源电压 +5V 和 -5V,如图 8-30(a)所示。单击信号源,设置锯齿波,频率为 20Hz,幅值为 2V,偏置为 2V,这样,可以得到 0~4V 的锯齿波,如图 8-30(b)所示。单击示波器,可以看到电路的输出波形,如图 8-30(c)所示。调整示波器的时基,观察锯齿波一个周期内的扫频方波,如图 8-30(d)所示。

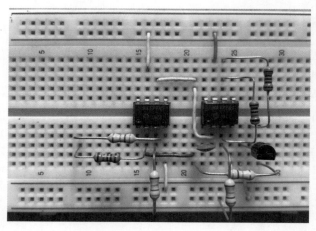

图 8-29　面包板上的 V-F 转换器

(a) 设置电源电压+5V和−5V

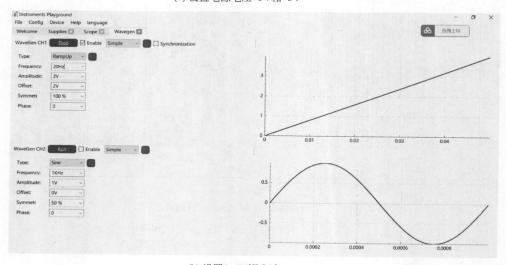

(b) 设置0~4V锯齿波

图 8-30　V-F 转换器实验

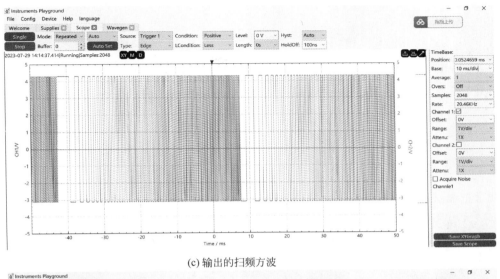

(c) 输出的扫频方波

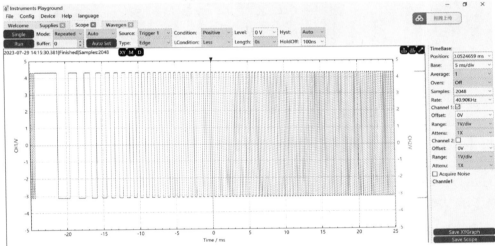

(d) 锯齿波一个周期内的扫频方波

图 8-30 （续）

第 9 章

功率放大器

通常把能够给负载提供足够大的信号功率的放大电路称为功率放大电路。本章将介绍几种功率放大电路拓扑结构,并通过仿真来了解它们的一些特性。

Multisim 仿真分析:瞬态分析、交流分析

本章知识结构图

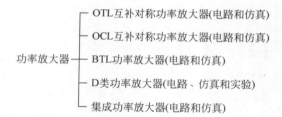

功率放大器
- OTL 互补对称功率放大器(电路和仿真)
- OCL 互补对称功率放大器(电路和仿真)
- BTL 功率放大器(电路和仿真)
- D 类功率放大器(电路、仿真和实验)
- 集成功率放大器(电路和仿真)

9.1 OTL 互补对称功率放大器

OTL(Output Transformer Less)功率放大电路是为了克服变压器耦合功率放大电路的诸多缺点,省去输出变压器后演变而来的,故称为无输出变压器的功率放大电路。

9.1.1 电路

OTL 功率放大电路如图 9-1 所示,它实际上是互补输出电路在单电源供电下的应用形式。静态时,图中 R_1、R_2、D_1 和 D_2 使 T_1、T_2 的射极电位为 $V_{CC}/2$,同时,D_1 和 D_2 为 T_1、T_2 设置合适的偏置,使其处于微导通状态,从而减少交越失真;通过大容量电容 C 接负载 R_L,省去了变压器。C 有两个作用,一是由于静态时 T_1、T_2 的射极电位为 $V_{CC}/2$,故电容 C 上的电压也为 $V_{CC}/2$。若 C 的容量足够大,输入的交流信号对其端电压基本无影响,此时 C 相当于一个电源,为 T_2 提供工作电压。二是通交隔直作用,为保证电路的低频响应,C 的容值应满足(忽略电路的输出电阻)

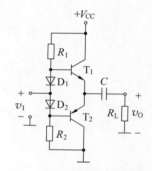

图 9-1　OTL 功率放大电路

$$C \geqslant \frac{1}{2\pi f_L R_L}$$

式中,f_L 为功放电路所要求的下限频率。

下面介绍几个重要指标。

1）最大输出功率

以输入正弦波信号为例，最大输出功率为

$$P_{\text{om}} = \frac{1}{2} I_{\text{om}} V_{\text{om}} = \frac{1}{2} \frac{V_{\text{om}}^2}{R_{\text{L}}} = \frac{1}{2} \frac{\left(\dfrac{V_{\text{CC}}}{2} - V_{\text{CES}}\right)^2}{R_{\text{L}}}$$

当 $\dfrac{V_{\text{CC}}}{2} \gg V_{\text{CES}}$ 时，最大输出功率可近似表示为

$$P_{\text{om}} \approx \frac{1}{8} \frac{V_{\text{CC}}^2}{R_{\text{L}}}$$

2）直流电源提供的功率

直流电源 V_{CC} 提供的功率 P_{V} 等于 $V_{\text{CC}}/2$ 与电源在半个周期内的平均电流的乘积，即

$$P_{\text{V}} = \frac{V_{\text{CC}}}{2} \frac{1}{\pi} \int_0^{\pi} I_{\text{om}} \sin\omega t \, \mathrm{d}(\omega t) = \frac{V_{\text{CC}} I_{\text{om}}}{\pi} = \frac{V_{\text{CC}} V_{\text{om}}}{\pi R_{\text{L}}}$$

当 $\dfrac{V_{\text{CC}}}{2} \gg V_{\text{CES}}$ 时，直流电源提供的功率可近似表示为

$$P_{\text{V}} \approx \frac{V_{\text{CC}}^2}{2\pi R_{\text{L}}}$$

3）效率

电路最大输出功率时的效率为

$$\eta = \frac{P_{\text{om}}}{P_{\text{V}}} = \frac{\pi V_{\text{om}}}{2 V_{\text{CC}}}$$

忽略饱和压降 V_{CES} 时，可得理想情况下的效率为

$$\eta = \frac{P_{\text{om}}}{P_{\text{V}}} = \frac{\pi}{4} = 78.5\%$$

由此不难理解，当考虑管子的饱和压降 V_{CES} 时，实际电路的效率将低于此值。

9.1.2　仿真

OTL 功率放大电路仿真图如图 9-2 所示。图中设置了三个开关 S_1、S_2 和 S_3，目的是方便进行电路的静态和动态测试。

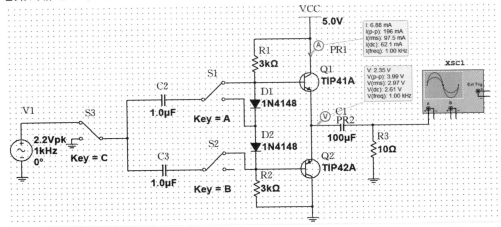

图 9-2　OTL 功率放大电路仿真图

1. 静态测试

先将 S_3 掷下,然后利用放置的探针,来观察输出管 Q_1 的集电极电流和 Q_1、Q_2 发射极——电路输出端的电压。电路输出端电压应为电源电压的一半,Q_1 的集电极电流取多大合适呢?是以最终使电路消除交越失真为准。可通过调节 R_1、R_2 的阻值,来改变 D_1、D_2 的端电压,从而调节 Q_1 的集电极电流。

图 9-3 给出了 R_1、R_2 的阻值为 $3k\Omega$ 时,对应的 Q_1 的集电极电流和输出端电压,分别为 $23.4mA$ 和 $2.50V$;以及为 $4k\Omega$ 时,分别为 $15.3mA$ 和 $2.50V$。

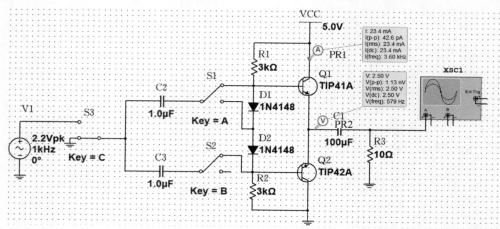

(a) R_1、R_2 的阻值为 $3k\Omega$

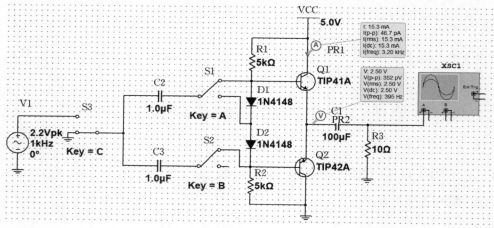

(b) R_1、R_2 的阻值为 $5k\Omega$

图 9-3 静态调整

2. 动态测试

将开关 S_3 掷上,然后观察图 9-3 两种情况下的输出波形,分别如图 9-4(a)和图 9-4(b)所示。可以看出,R_1、R_2 的阻值为 $3k\Omega$ 时的输出波形没有明显的交越失真,R_1、R_2 的阻值为 $5k\Omega$ 时的输出波形有明显的交越失真。所以,R_1、R_2 的阻值取 $3k\Omega$ 比较适宜,此时的测试图如图 9-2 所示。

将 S_1、S_2 均掷下,也就是将信号从 D_1、D_2 连接点输入,如图 9-5 所示。此时的电路输出波形如图 9-6 所示,可以看出,电路输出波形被限幅了。欲使此种信号输入接法的输出波形不被限幅,则需要将静态电流调得更大些(140mA),如图 9-7(a)所示,其动态测试电路如图 9-7(b)所示,且电路输出波形幅值也较小,如图 9-7(c)所示。

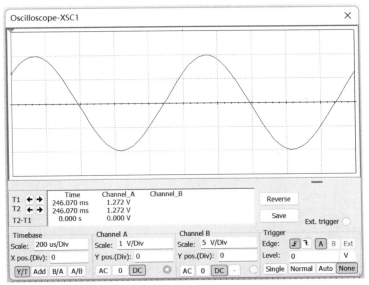

(a) R_1、R_2的阻值为3kΩ的输出波形

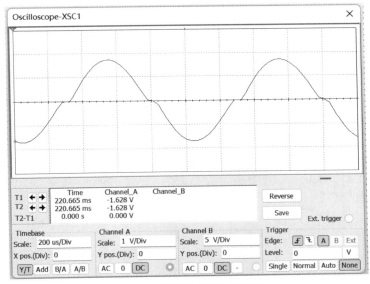

(b) R_1、R_2的阻值为5kΩ的输出波形

图 9-4 动态测试

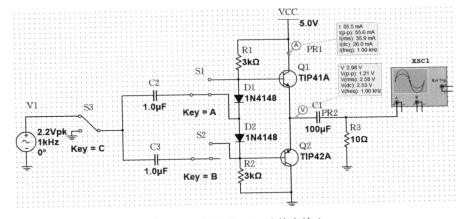

图 9-5 信号从 D_1、D_2 连接点输入

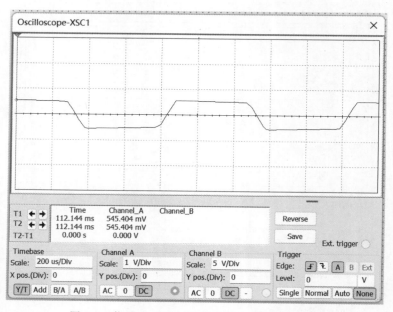

图 9-6　信号从 D_1、D_2 连接点输入时的输出波形

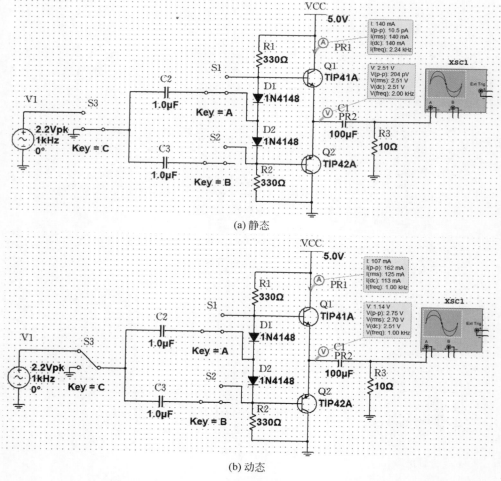

(a) 静态

(b) 动态

图 9-7　信号从 D_1、D_2 连接点输入且输出波形不失真

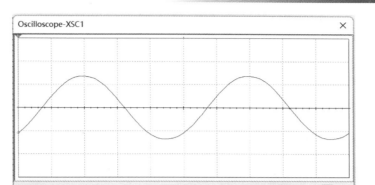

(c) 输出波形

图 9-7　(续)

9.2　OCL 互补对称功率放大器

考虑到输出电容 C 存在许多不足,如电容 C 直接影响电路的低频响应;大容量电容 C 通常具有电感效应,故在高频时将产生相移;大容量电容 C 无法集成等。对此,省去电容 C,实现直接耦合,这就是无输出电容的功率放大电路,即 OCL(Output Capacitor Less)功率放大电路。

9.2.1　电路

OCL 功率放大电路如图 9-8 所示,它实际上是互补输出电路在双电源供电下的应用形式。
下面介绍几个重要指标。

1) 最大输出功率

以输入正弦波信号为例,最大输出功率为

$$P_{\text{om}} = \frac{1}{2} I_{\text{om}} V_{\text{om}} = \frac{1}{2} \frac{V_{\text{om}}^2}{R_{\text{L}}} = \frac{1}{2} \frac{(V_{\text{CC}} - V_{\text{CES}})^2}{R_{\text{L}}}$$

当 $V_{\text{CC}} \gg V_{\text{CES}}$ 时,最大输出功率可近似表示为

$$P_{\text{om}} \approx \frac{1}{2} \frac{V_{\text{CC}}^2}{R_{\text{L}}}$$

2) 直流电源提供的功率

直流电源 V_{CC} 提供的功率 P_{V} 等于 V_{CC} 与电源在半个周期内的平均电流的乘积,即

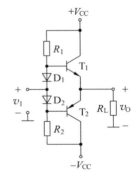

图 9-8　OCL 功率放大电路

$$P_{\text{V}} = V_{\text{CC}} \frac{1}{\pi} \int_0^{\pi} I_{\text{om}} \sin\omega t \, \text{d}(\omega t) = \frac{2V_{\text{CC}} I_{\text{om}}}{\pi} = \frac{2V_{\text{CC}} V_{\text{om}}}{\pi R_{\text{L}}}$$

当 $V_{\text{CC}} \gg V_{\text{CES}}$ 时,直流电源提供的功率可近似表示为

$$P_{\text{V}} \approx \frac{2V_{\text{CC}}^2}{\pi R_{\text{L}}}$$

3) 效率

电路最大输出功率时的效率为

$$\eta = \frac{P_{\text{om}}}{P_{\text{V}}} = \frac{\pi V_{\text{om}}}{4 V_{\text{CC}}}$$

忽略饱和压降 V_{CES} 时,可得理想情况下的效率为

$$\eta = \frac{P_{\text{om}}}{P_{\text{V}}} = \frac{\pi}{4} = 78.5\%$$

9.2.2　仿真

图 9-9 给出了采用集成运放驱动的 OCL 功率放大电路。图中增加了一个开关 S_1,方便电路静态和动态测试。

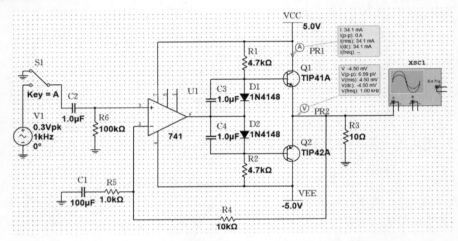

图 9-9　采用集成运放驱动的 OCL 功率放大电路(静态)

可以看出,电路中通过 R_4 引入了负反馈。静态时,由于 C_1 的隔直作用,R_4 引入的是直流全负反馈,以确保当输入为零时,输出也为零。图 9-9 中显示,开关 S_1 掷上,电路输入为零,输出电压为 -4.5mV,符合要求。

动态时,由于 C_1 的通交作用,R_4 引入的是交流部分负反馈,使电路的电压放大倍数为 $(1+10/1)=11$ 倍。图 9-10 中显示,开关 S_1 掷下,电路输入峰值为 0.3V、频率为 1kHz 的正弦波,输出波形的峰峰值为 6.57V,输出波形如图 9-11 所示。由此可求得电路的电压放大倍数为 $6.57/(0.3\times2)=10.95$,与理论值基本吻合。

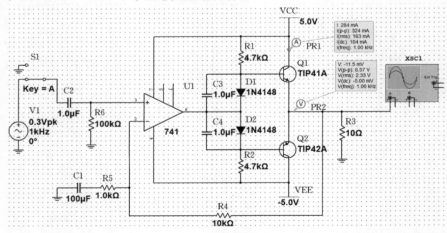

图 9-10　采用集成运放驱动的 OCL 功率放大电路(动态)

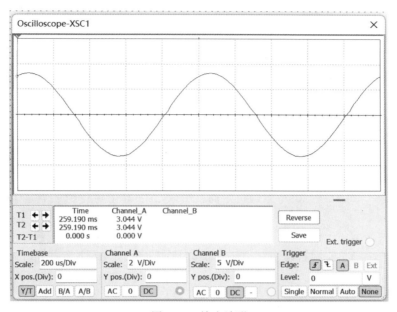

图 9-11　输出波形

通过交流分析,得到电路的幅频特性,如图 9-12 所示。经光标测试,图中显示电路的中频电压放大倍数为 10.998 7,上限频率为 87.566 8kHz。

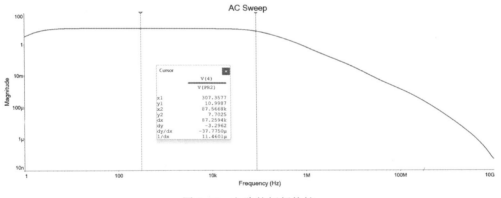

图 9-12　电路的幅频特性

9.3　BTL 功率放大器

BTL(Balanced Transformer Less)电路是一种平衡无输出变压器功放电路,其输出级与负载之间以电桥方式直接耦合,因而又称桥式推挽功放电路。

9.2 节介绍的 OCL 电路,它的负载一端接地,输入信号为正、负半周时,分别由正、负电源通过对应的上、下晶体管向负载提供能量。若电源电压为 $\pm V_{CC}$,则负载上信号电压的峰值为 $(V_{CC} - |V_{CES}|)$,这样不仅电源利用率低,而且对上、下晶体管的对称性要求较高。

9.3.1　电路

图 9-13 所示为 BTL 放大电路的基本原理图,它是将负载接在两个相同的 OCL 电路的输出端,故负载是浮地的。其中四只晶体管构成一桥式结构,依据电桥平衡原理,只要 T_1 和

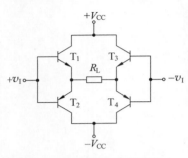

图 9-13 BTL 放大电路的基本
原理图

T_3、T_2 和 T_4 分别配对,即可实现桥路的对称。这对于同极性、同型号间晶体管的配对来说,显然比互补对管的配对要容易得多。

在静态时,由于两个 OCL 电路的输出端电位相等(正常时应为零),故负载两端的直流电压为零,此时电桥处于平衡状态。在动态时,以正弦波为例,当输入信号为正半周时,由于两个输入端信号的相位相反,故 T_1 与 T_4 导通,T_2 与 T_3 截止,负载上得到输出信号的正半周;而当输入信号为负半周时,T_2 与 T_3 导通,T_1 与 T_4 截止,负载上得到输出信号的负半周。所以,在负载上可得到一个完整的正弦波。

几个重要指标:

1) 最大输出功率

若电源电压为 $\pm V_{CC}$,则负载上信号电压的峰值为 $2(V_{CC} - |V_{CES}|)$,故负载上的最大输出功率为

$$P_{om} = \frac{1}{2} \frac{[2(V_{CC} - |V_{CES}|)]^2}{R_L} = \frac{2(V_{CC} - |V_{CES}|)^2}{R_L}$$

2) 直流电源提供的功率

电源提供的电流为

$$i = \frac{2(V_{CC} - |V_{CES}|)}{R_L} \sin\omega t$$

电源在负载获得最大交流功率时所消耗的平均功率等于其平均电流与电源电压之积,即

$$P_V = 2V_{CC} \frac{1}{\pi} \int_0^\pi \frac{2(V_{CC} - |V_{CES}|)}{R_L} \sin\omega t \, d(\omega t)$$

$$= \frac{8V_{CC}(V_{CC} - |V_{CES}|)}{\pi R_L}$$

3) 效率

$$\eta = \frac{\pi V_{CC} - |V_{CES}|}{4V_{CC}}$$

可见,在信号的正、负半周,BTL 电路均能充分利用双电源电压进行工作。在电源电压和负载相同的条件下,其输出功率是 OCL 电路的 4 倍,效率与 OCL 电路相当。

由于 BTL 电路是电路形式和工作状态都对称平衡的一种电路形式,特别是人们采用集成电路组成 BTL 功率放大电路,不仅可以获得较大的输出功率,而且使输出电路的对称性更好,从而可以减少电路的开环失真,因此,BTL 电路得到了较广泛的应用。

9.3.2 仿真

为了了解 BTL 电路的有关参数,我们设计了图 9-14 所示的测试电路。在电路的输入端分别加以大小相等、相位相反的两个信号源。负载 R_L 通过开关 S_1 控制,是构成 OCL 电路还是 BTL 电路,以便测试两种电路中的负载功率。图 9-14(a)给出了构成 OCL 电路时的各项参数;图 9-14(b)给出了 OCL 电路的输出波形;图 9-14(c)给出了构成 BTL 电路时的各项参数;图 9-14(d)给出了 BTL 电路的输出波形。

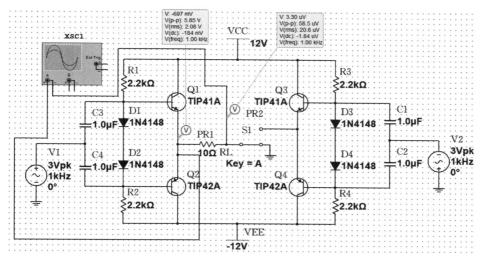

(a) OCL组态

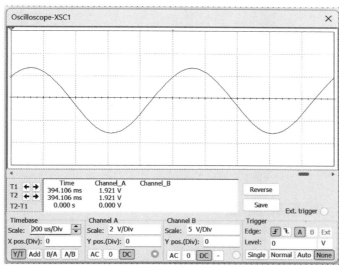

(b) OCL组态输出波形

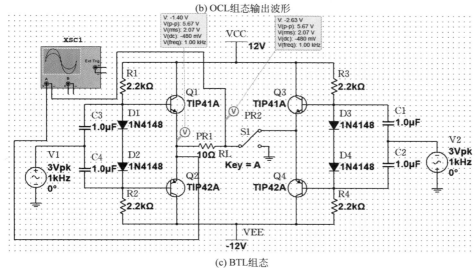

(c) BTL组态

图 9-14　BTL 电路测试

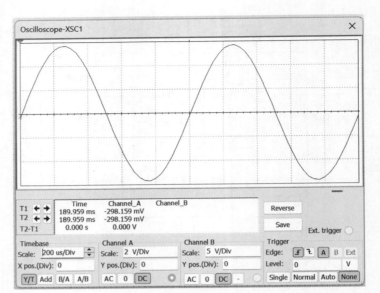

(d) BTL组态输出波形

图 9-14 （续）

由图中数据可得：OCL 电路输出波形的峰峰值为 5.85V，输出功率为 $(5.85/2)^2/(2\times 10)=0.428W$。BTL 电路输出波形的峰峰值为 5.67V，输出功率为 $5.67^2/(2\times 10)=1.607W$。

由仿真结果可以看出，BTL 电路的输出功率约为 OCL 电路的 4 倍，这与理论结果基本是一致的。

微课视频

9.4 D 类功率放大器

D 类放大器（又称数字放大器）是一种利用开关技术放大音频信号的功率放大器，其原理是利用输入信号的幅度线性调整高频脉冲的宽度，得到脉冲宽度调制信号（Pulse Width Modulation，PWM），用以驱动工作在开关状态的功率输出管，最后经滤波电路在负载上得到还原的信号。由于功率输出管工作在开关状态，如果忽略饱和压降，则瞬时管耗下降到零，集电极效率理论上可以达到 100%，实际的应用也可达到 80%～95%。

9.4.1 电路

利用比较器、反相器、BJT 管互补电路、MOS 管互补电路和滤波电路实现的音频 D 类放大器如图 9-15 所示。

图 9-15 中的 LM311 是单集成比较器芯片，集电极开路输出，这里采用单电源供电的形式，R_1 是输出端上拉电阻，$R_2\sim R_5$ 提供输入端偏置。音频信号和三角波同时输入比较器 LM311，比较后得到 PWM 信号，经反相器 7404 整形，再分别经与门 7408 同相延迟和 7404 反相后，送入驱动电路。驱动电路由 BJT 管互补电路 T_1、T_2 和 T_3、T_4 组成。$R_6\sim R_9$ 为驱动电路和输出管设置偏置。MOS 管 T_5、T_6 和 T_7、T_8 分别是两组反相的功率输出管。$L_1\sim L_4$ 和 $C_2\sim C_5$ 构成了两组四阶巴特沃斯输出滤波网络。这种全桥对称的放大器结构倍增了负载上的电压，大大提高了输出功率，而且无须调整直流漂移。

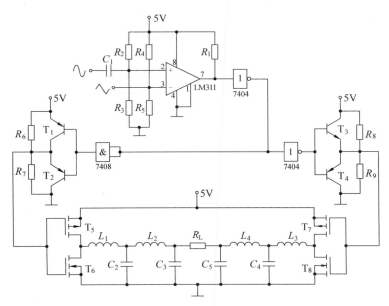

图 9-15　音频 D 类放大器

9.4.2　仿真

图 9-15 的仿真图如图 9-16 所示。为了方便起见,仿真时,三角波可直接使用信号发生器发生,频率为 100kHz,幅度为 2.2V,并加有 2.49V 直流偏置。负载使用 8Ω 扬声器。

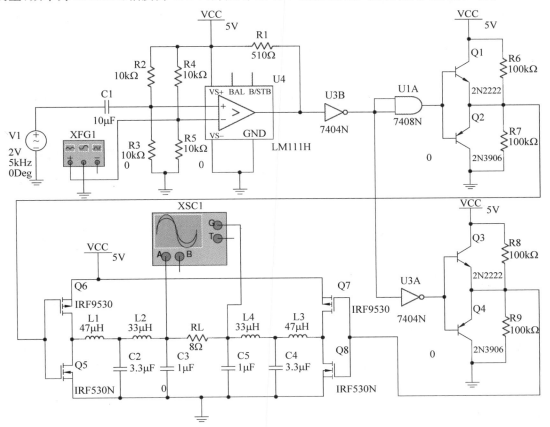

图 9-16　D 类放大器仿真图

图 9-16 中滤波器采用四阶巴特沃斯滤波器,截止频率为 20kHz,通过交流分析,得到滤波器的幅频特性如图 9-17(b)所示。当输入频率为 5kHz、幅度为 2V 的正弦波时,通过瞬态分析,得到放大器的输入和输出波形如图 9-17(a)所示。可以看到,输出波形刚开始仿真时有一定程度的失真,但经过一段时间后趋于正常,输出信号较输入信号有相位延迟。图 9-18 显示了瞬态分析得到的比较器输出的 PWM 信号与输入信号的对比波形。

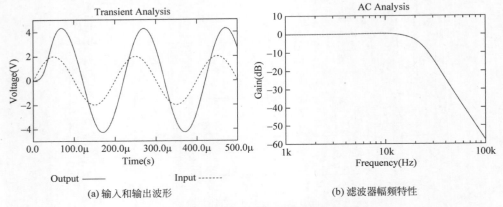

(a) 输入和输出波形   (b) 滤波器幅频特性

图 9-17   输入和输出波形及滤波器幅频特性

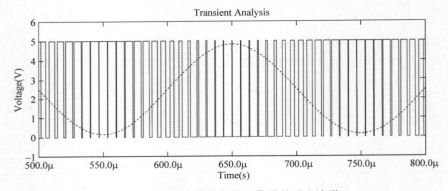

图 9-18   PWM 信号与输入信号的对比波形

通过改变输入信号频率,测量输出波形幅度,得到了一组数据。利用数据作图,即可得到放大器的幅频特性曲线,放大器 −3dB 带宽为 20kHz,如图 9-19 所示。

f(kHz)	V_{P-p}(V)
1	8.283 5
2	8.440 5
3	8.441 6
5	8.555 5
7	8.737 7
9	8.819 6
10	8.784 7
11	8.733 1
12	8.600 6
15	7.979 2
18	6.949 3
20	6.025 4
25	3.635 3
30	1.864 7

图 9-19   放大器幅频特性测量

9.4.3 实验

实验给出了由 555 时基电路为核心构成的 D 类放大器仿真图,如图 9-20 所示。图 9-21 所示是在面包板上搭好的该电路。

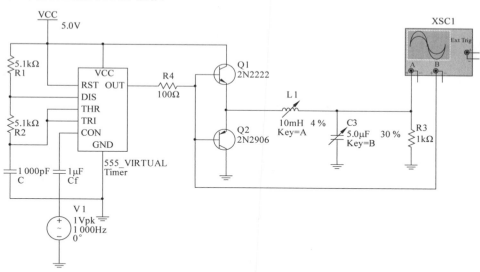

图 9-20 D 类放大器仿真图

图 9-21 面包板上的 D 类放大器

实验时,将雨珠 S 的 5V 电源接入面包板上的电源端,信号源选择默认值(幅值为 1V、频率为 1kHz 的正弦波),接入电路的信号输入端,利用雨珠 S 的双踪示波器,分别观察 555 的输出端波形[脉宽调制(Pulse-Width Modulation,PWM)波形]和电路的输出端波形(正弦波),如图 9-22 所示。

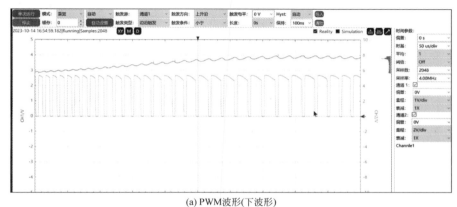

(a) PWM波形(下波形)

图 9-22 输出波形

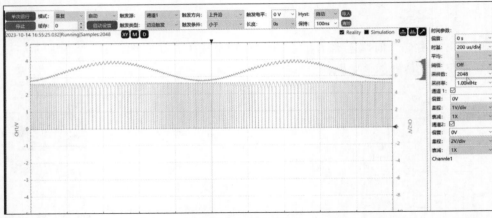

(b) PWM波形和正弦波

图 9-22 （续）

9.5 集成功率放大器

随着集成电路技术的发展和人们的实际需求，各种型号的集成功率放大器应运而生。根据其用途有通用型和专用型之分，根据其电路构成有单通道和双通道之分，根据其输出功率有小功率和大功率之分等，因此，集成功放在各种不同的场合得到了广泛的应用。下面将以高保真音频功率放大器 TDA2030 为例，介绍几种实用功率放大电路。

9.5.1 电路

1. 单电源供电的 OTL 功率放大器

图 9-23 所示是由 TDA2030 构成的 OTL 功率放大器。图中，电阻 R_3、R_4 和 R_5 将 TDA2030 同相端的直流电位偏置在电源电压的一半；电阻 R_1、R_2 和 C_2 构成交流电压串联负反馈。根据图中数据，放大器的电压放大倍数约为 33 倍；但由于 C_2 的接入，使得电路的直流反馈系数等于 1，即直流电压放大倍数等于 1，这样，输出端的直流电位严格等于电源电压的一半。电位器 R_W 用以调节 TDA2030 输入信号的大小，从而调节扬声器的音量；二极管 D_1、D_2 可以防止输出电压尖峰，起到保护 TDA2030 输出端的作用，即为输出端过压保护电路。

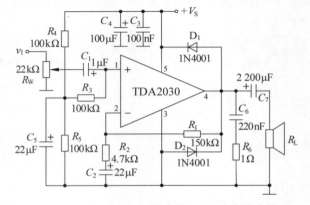

图 9-23 由 TDA2030 构成的 OTL 功率放大器

2. 双电源供电的 OCL 功率放大器

图 9-24 所示是由 TDA2030 构成的 OCL 功率放大器。类似地,电阻 R_1、R_2 和 C_2 构成交流电压串联负反馈。根据图中数据,放大器的电压放大倍数约为 33 倍;但由于 C_2 的接入,使得电路的直流反馈系数等于 1,即直流电压放大倍数等于 1,这样,输出端将以最小的直流电压作用于负载。

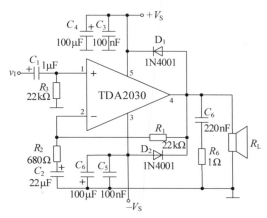

图 9-24 由 TDA2030 构成的 OCL 功率放大器

3. 双电源供电的 BTL 功率放大器

利用两块 TDA2030 可组成 BTL 功率放大器,如图 9-25 所示。图中,TDA2030(1)为同相放大器,输入信号 v_I 通过交流耦合电容 C_1 送入其同相输入端①脚,其交流闭环电压放大倍数可表示为

$$A_{v1} = 1 + R_3/R_2$$

R_3 同时又使电路构成直流负反馈,确保电路直流工作点稳定。TAD2030(2)为反相放大器,它的输入信号是 TDA2030(1)输出端的 v_{O1},它的交流闭环电压放大倍数为

$$A_{v2} = -R_7/R_9$$

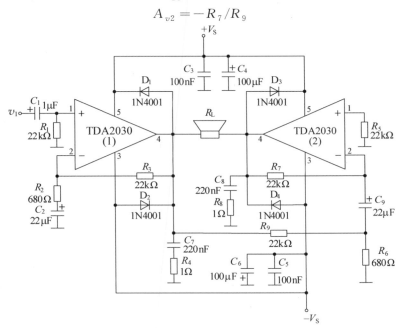

图 9-25 利用两块 TDA2030 组成 BTL 功率放大器

由于 $R_7 = R_9$，所以 TDA2030(1)与 TDA2030(2)的两个输出信号 v_{O1} 与 v_{O2} 应是幅度相等，相位相反的，即 $v_{O1} = -v_{O2}$，因此在扬声器上得到的交流电压为

$$v_L = v_{O1} - v_{O2} = 2v_{O1} = -2v_{O2}$$

扬声器得到的功率 P_Y 为

$$P_Y = P_{BTL} = 4P_{OCL}$$

9.5.2 仿真

1. 恒压功放

以 TDA2030 为主要器件构成的恒压功放仿真图如图 9-26 所示。从负反馈的角度来看，该电路实质上是一个电压串联负反馈放大电路，即以恒定电压方式驱动负载。

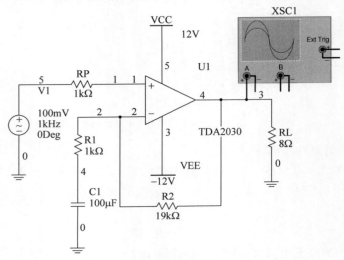

图 9-26 恒压功放仿真图

电路的电压放大倍数为

$$A_v = 1 + \frac{R_2}{R_1}$$

根据图中数据，该电路的电压放大倍数为

$$1 + 19/1 = 20$$

2. 恒流功放

以 TDA2030 为主要器件构成的恒流功放仿真图如图 9-27 所示。从负反馈的角度来看，该电路实质上是一个电流串联负反馈放大电路，即以恒定电流方式驱动负载。

电路的电压放大倍数为

$$A_v = \frac{R_1 + R_2 + R_0}{R_1 R_0} R_L \approx \frac{R_1 + R_2}{R_1 R_0} R_L$$

根据图中数据，该电路的电压放大倍数为

$$\frac{1 + 0.25}{1 \times 0.5 \times 10^{-3}} \times 8 \times 10^{-3} = 20$$

通过 AC 分析，得到两种电路的频响特性曲线如图 9-28 所示。其中，实线代表恒压功放，虚线代表恒流功放。

可见，当负载均为纯电阻时，除恒流功放低频特性略好于恒压功放外，它们的频响特性曲

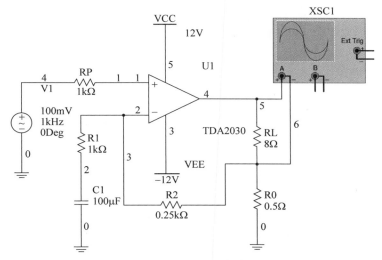

图 9-27　恒流功放仿真图

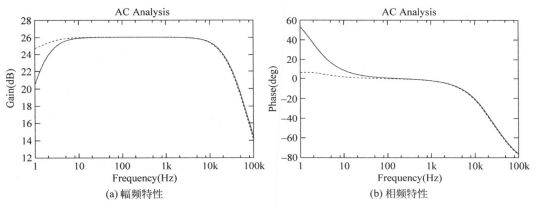

(a) 幅频特性　　　　　　　　　　　　(b) 相频特性

图 9-28　带 8Ω 负载时恒压与恒流功放的频率响应

线基本相同。

　　事实上,作为音频功放,其负载是扬声器——感性负载,这时,两种功放的频响特性将有较大差别,如图 9-29 所示。其中,实线代表恒压功放,虚线代表恒流功放。注意,仿真时用 8Ω 电阻与 100μH 电感串联来等效扬声器。可以看出,恒流功放在高频段有较明显的增益提升,故这种功放的音质丰满厚实又清晰明快。

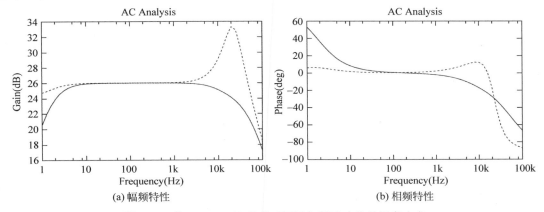

(a) 幅频特性　　　　　　　　　　　　(b) 相频特性

图 9-29　带 8Ω、100μH 负载时恒压与恒流功放的频率响应

实例   以 TDA2030 为核心设计一个功率放大器。要求：①在允许的电源电压下,能够在 8Ω 的负载上得到最大的功率；②已知输入信号为有效值 10mV 的正弦波,设计一个前置放大器,以保证 TDA2030 能够输出这个最大功率。回答以下问题：

(1) 选择电源电压。

(2) 可能输出的最大功率。

(3) 前置放大器的放大倍数。

(4) 画出完整的电路原理图。

(5) 仿真验证你的设计。

解析   根据题目要求,结合 TDA2030 的规格书,应选择 BTL 功率放大器。于是,有

(1) 电源电压采用双电源供电,选择 ±14V。

(2) 可能输出的最大功率为 28W。

(3) 确定前置放大器的放大倍数。

输出最大功率时的负载电压为

$$V_L = \sqrt{28 \times 8} = 15V$$

BTL 功率放大器的输入电压为

$$V_i = 15/2 \times \left(1 + \frac{22}{0.68}\right) = 0.225V$$

前置放大器的放大倍数为

$$A_v = 0.225/0.01 = 22.5$$

(4) 完整的仿真图如图 9-30 所示。

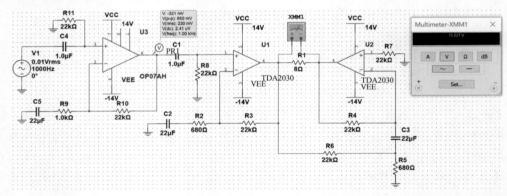

图 9-30   设计实例仿真图

仿真结果显示,电路的输出电压为 15.227V,符合设计要求。

第 10 章

直 流 电 源

各种电子设备中常用的直流电源除了干电池以外,比较经济实用的是由交流电源经过变换而得到的直流电源,对这种电源的主要要求包括直流输出电压平滑,脉动成分小;当电网电压或负载电流波动时,输出电压能够基本保持不变;交流电变换成直流电的转换效率高等。

本章将介绍线性稳压电源、开关型稳压电源和稳流电源等。

Multisim 分析:瞬态分析、参数扫描

本章知识结构图

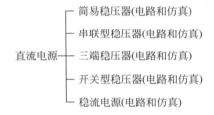

简易稳压器(电路和仿真)
串联型稳压器(电路和仿真)
直流电源—— 三端稳压器(电路和仿真)
开关型稳压器(电路和仿真)
稳流电源(电路和仿真)

微课视频

10.1 简易稳压器

由交流电源经过变换而得到的小功率直流电源一般包括四个组成部分,即电源变压器、整流、滤波和稳压电路。其中,整流电路是将交流电压变为单向脉动直流电压的关键环节,当然,这种脉动直流电压仍然含有较大的纹波,还不是理想的直流电压;滤波电路则是将脉动直流电压中的脉动成分滤掉,使其输出的直流电压比较平滑;稳压电路是利用电子电路的控制作用,在电网电压波动、负载电流和温度变化时,维持输出直流电压的稳定。

10.1.1 电路

图 10-1 给出了整流、滤波和稳压的最简电路仿真图。整流电路由全波桥式整流器 D_1 构成,滤波电路由 C_1 组成,简易稳压器由 R_1 和 D_2 组成,R_2 为负载。

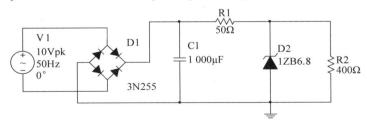

图 10-1 整流、滤波和稳压的最简电路仿真图

考虑到图 10-1 所示电路带负载能力差,增加了一个由双极型晶体管 Q_1 构成的射极跟随器,同时,考虑到 Q_1 基—射极压降 V_{BE} 的影响,增加了二极管 D_3,如图 10-2 所示。

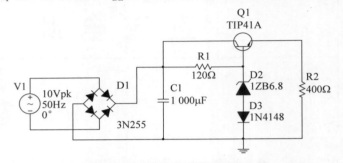

图 10-2　具有射极跟随器的稳压电路

10.1.2　仿真

图 10-3 给出了最简稳压电路带载能力仿真图。图中增加了一个开关 S_1,可以方便地观察不同负载时电路输出电压的情况。图 10-3(a)显示负载 R_2 为 400Ω 时,输出电压为 6.81V,图 10-3(b)显示负载 R_3 为 200Ω 时,输出电压为 6.46V,减少了 0.35V,也就是说,负载阻值减少了 50%,负载电流从 6.81/400=17mA 变为 6.46/200=32mA,只是毫安级的变化,输出电压减少了 5.1%。当然,我们所希望的是变化得越小越好。

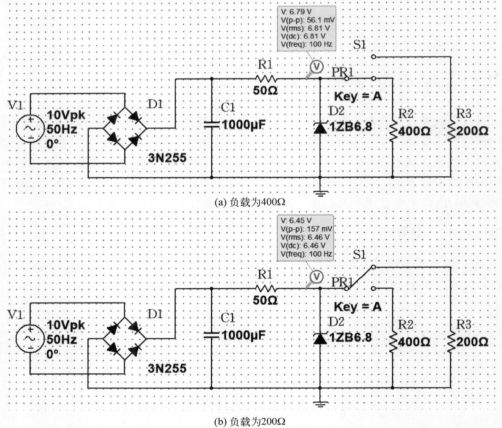

(a) 负载为400Ω

(b) 负载为200Ω

图 10-3　最简稳压电路带载能力仿真图

具有射极跟随器的稳压电路带载能力仿真图如图 10-4 所示。图 10-4(a)显示负载 R_2 为 400Ω 时，输出电压为 6.81V，图 10-4(b)显示负载 R_3 为 200Ω 时，输出电压为 6.77V，减少了 0.04V，也就是说，负载阻值减少了 50%，负载电流从 6.81/400＝17mA 变为 6.77/200＝33.9mA，也是毫安级的变化，输出电压仅减少了 0.6%。

可以看出，在带负载能力方面，图 10-4 所示电路明显优于图 10-3 所示电路。

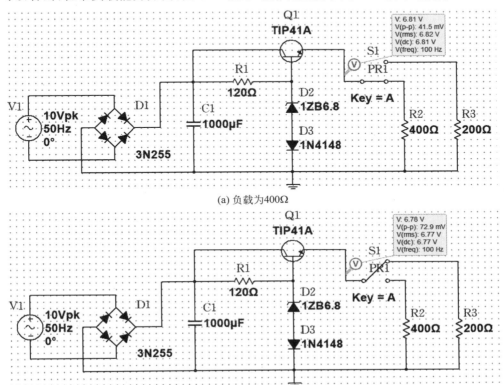

(a) 负载为400Ω

(b) 负载为200Ω

图 10-4　具有射极跟随器的稳压电路带载能力仿真图

10.2　串联型稳压器

在实际电路中，我们往往需要的是：输出电压可随意调节，以及电网电压和负载电流的变化范围较大时，电路的适应能力强。

10.2.1　电路

在图 10-2 所示电路的基础上，增加一个由集成运放构成的增益可调的负反馈放大器，以满足实际电路的需要，如图 10-5 所示。该电路在输入直流电压和负载之间串入一个晶体管 T，称之为调整管，也因此将电路称为"串联型"，电路的输出电压 V_O 为

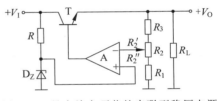

图 10-5　具有放大环节的串联型稳压电源

$$V_O = \frac{R_1 + R_2 + R_3}{R_1 + R''_2} V_Z$$

10.2.2　仿真

具有放大环节的串联型稳压电源仿真图如图 10-6 所示。图 10-6(a)显示稳压管的电流为 9.69mA,其端电压为 2.2V。将可变电阻 R_5 调至最下端,放大环节的放大倍数为 $(1+2/1)=3$,所以,负载的端电压为 $2.2 \times 3 = 6.6$V,仿真显示为 6.59V。图 10-6(b)显示稳压管的电流为 9.78mA,其端电压为 2.2V。将可变电阻 R_5 调至最上端,放大环节的放大倍数为 $(1+1/2)=1.5$,所以,负载的端电压为 $2.2 \times 1.5 = 3.3$V,仿真显示为 3.3V。仿真结果与理论值吻合得很好。

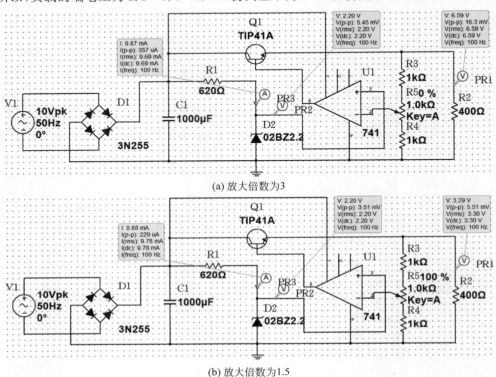

(a) 放大倍数为3

(b) 放大倍数为1.5

图 10-6　具有放大环节的串联型稳压电源仿真图

特别指出,尽管目前上述串联型稳压电路已基本上为集成稳压电源所取代,但它的电路原理仍然是线性集成稳压电源内部电路的基础。

微课视频

微课视频

10.3　三端稳压器

随着集成电路技术的发展,集成稳压器已经成为模拟集成电路的一个重要组成部分,其种类繁多。特别是三端集成稳压器,芯片只有三个引出端,因而能以最简方式接入电路。根据三端集成稳压器的用途有固定输出和可调输出两种不同的类型,按输出电压的极性又可分为正输出和负输出两大类。这里主要介绍 W78XX 固定输出和 LM117 可调输出三端集成稳压器的应用电路。

10.3.1　电路

1. 三端固定输出集成稳压器

1) 基本电路

三端集成稳压器的基本应用电路如图 10-7 所示。直流输入电压 V_I 接在输入端和公共端之间,在输出端即可得到稳定的输出电压 V_O。

为了改善纹波电压,常在输入端对公共端接入电容 C_I,其容量为 $0.33\mu F$。同时,在输出端对公共端接入电容 C_O(称为负载电容),以改善负载的瞬态响应,其容量为 $0.1\mu F$。为使三端稳压器能正常工作,V_I 与 V_O 之差应大于 $3\sim5V$,且 $V_I\leqslant35V$。

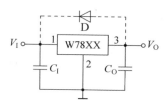

图 10-7　W78XX 系列三端集成稳压器的基本应用电路

2) 恒流源电路

根据 W78XX 系列集成稳压器输出端与公共端之间电压恒定的特点,可实现恒流源电路,如图 10-8 所示。由图中可以看出,流过负载 R_L 的电流为

$$I_L = I_d + \frac{V_{XX}}{R_1}$$

式中,V_{XX} 为三端稳压器的固定输出电压值;I_d 为稳压器的静态电流(约为 5mA)。

当稳压器确定后,可通过选择 R_1 的值,设定恒流源的电流值。

3) 可调输出电压电路

利用外接电阻 R_1、R_2 可以提高输出电压,如图 10-9 所示。设计电路时,使流过电阻 R_1、R_2 的电流远远大于稳压器的静态电流 I_d,于是,有

$$V_{XX} = \frac{R_1}{R_1 + R_2}V_O$$

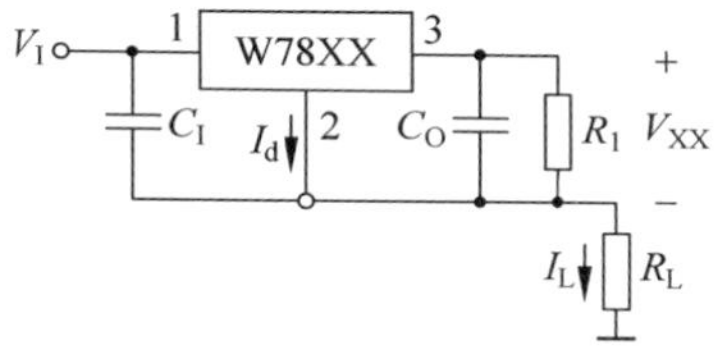

图 10-8　恒流源电路

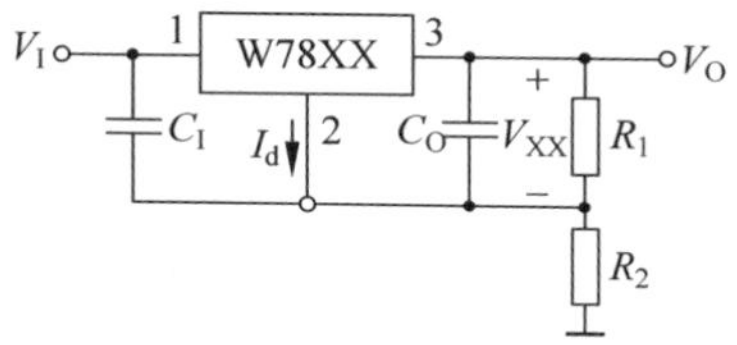

图 10-9　提高输出电压电路

即输出电压为

$$V_O = \left(1 + \frac{R_2}{R_1}\right)V_{XX}$$

由此可知,若将电阻 R_2 改为可调电阻,可实现输出电压的调整,且 $V_O\geqslant V_{XX}$。

为了避免集成稳压器静态电流对输出电压的影响,可将图 10-9 中的 R_1、R_2 以 R_1、R_2、R_3 取代组成取样电路,同时,集成运放接成电压跟随器形式,接在稳压器与取样电路之间,起隔离作用,如图 10-10 所示。当电位器 R_2 滑动端处于最上端时,电路输出的最大电压为

$$V_{Omax} = \frac{R_1 + R_2 + R_3}{R_1}V_{XX}$$

同理,当电位器 R_2 滑动端处于最下端时,电路输出的最小电压为

$$V_{Omin} = \frac{R_1 + R_2 + R_3}{R_1 + R_2}V_{XX}$$

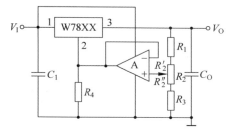

图 10-10　可调输出电压电路

4) 扩大输出电流电路

当负载电流大于集成稳压器最大输出电流时,可以采用外接功率管 T 的方法进行扩流,如图 10-11 所示。图中,T 为大功率 PNP 晶体管,起扩流作用;R

为电流取样电阻,其阻值应满足

$$I'_O R = V_{EB}$$

式中,I'_O 为集成稳压器所允许的输出电流,这里忽略了集成稳压器的静态电流和扩流管的基极电流。

当负载电流较小时,功率管截止,负载电流仍由集成稳压器提供;当负载电流较大时,功率管导通且分流 I_C,故负载电流 $I_O = I'_O + I_C$。

5) 输出正、负电压的双电源电路

在电子电路中,常采用正、负电压的双电源供电模式,如集成运放的供电等。利用集成稳压器可以方便地组成正、负电压的双电源电路,由 W78XX 系列和 W79XX 系列集成稳压器组成的正、负电压双电源电路如图 10-12 所示。图中,V_I 和 V'_I 分别为输入的正、负电压;V_O 和 V'_O 分别为输出的正、负电压。

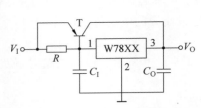

图 10-11 扩大输出电流电路

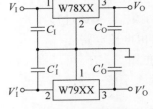

图 10-12 输出正、负电压的双电源电路

2. 三端可调输出集成稳压器

三端可调输出集成稳压器的主要应用是实现输出电压可调的稳压电路,其采样电路需要外接,典型应用电路如图 10-13(a)所示,输出电压可写成

$$V_O = V_{REF}\left(1 + \frac{R_2}{R_1}\right) + I_{ADJ}R_2$$

式中,V_{REF} 是输出端和调整端之间的电压,非常稳定,其典型值为 1.25V;I_{ADJ} 是调整端的电流,约为 $50\mu A$,其值很小,可忽略不计。

于是,输出电压为

$$V_O = 1.25 \times \left(1 + \frac{R_2}{R_1}\right)$$

当 R_2 调至零时,输出电压为 1.25V。根据稳压器工作的最小负载电流可以计算 R_1 的最大值。对于 LM117 来说,最小负载电流为 5mA,故 R_1 的最大值为 $1.25/5 = 0.25k\Omega$,实际取值 240Ω。

在实际电路中,如图 10-13(b)所示,可在 R_2 上并联一个 $10\mu F$ 的电容 C_2,以减少 R_2 上的纹波电压。与此同时,也带来了新问题,即当输出端开路时,C_2 将向稳压器的调整端放电,从而导致内部晶体管损坏。为了防止稳压器损坏,可接入二极管 D_2,为 C_2 提供一个放电回路。

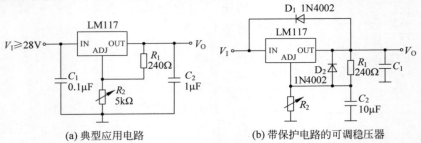

(a) 典型应用电路   (b) 带保护电路的可调稳压器

图 10-13 可调正电压输出稳压电路

10.3.2 仿真

1. 5V3A 稳压器设计

设计一个 5V3A 稳压器,仿真图如图 10-14 所示。电流取样电阻 R_1 选为 1.2Ω,当负载为 1.66Ω 时,负载电压为 5V,电流为 3.01A,集成稳压器允许流过的电流为 0.786A,R_1 上的压降约为 0.943V,功率管分流 2.22A。符合设计要求。

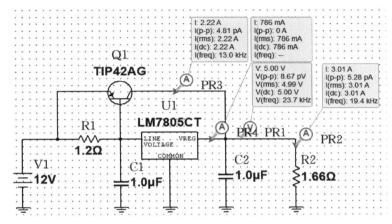

图 10-14 5V3A 稳压器仿真图

如果负载电流较小,功率管分流情况如何呢?如图 10-15 所示,当负载电流为 417mA 时,LM7805CT 流过 413mA 的电流,该电流在 R_1 上的压降约为 0.5V,导致功率管处于微导通状态,将负载电流分流 3.61mA。看来用 $I'_O R = V_{EB}$ 计算电流取样电阻,V_{EB} 取什么值只是一个估算,实际取值还需测试后确定。通过仿真还可以尝试不同负载电流下的功率管的分流情况。

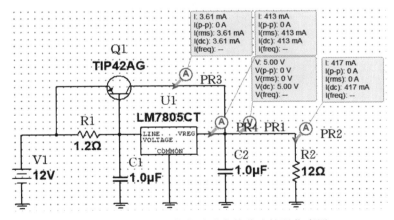

图 10-15 负载电流较小时功率管分流情况仿真图

2. ±5V、500mA 稳压器设计

设计一个输入电压为 220V、频率为 50Hz 的交流电,输出为 ±5V、500mA 的直流稳压器,如图 10-16 所示。仿真显示,变压→整流→滤波后的直流电压为 ±8.8V,再经过 LM7805KC 和 UPC7905 后,得到直流电压为 ±5V,负载为 10Ω,负载电流为 500mA。符合设计要求。

3. 可调稳压器设计

设计一个输出电压在 1.25V 和 25V 之间可调的稳压器,仿真图如图 10-17 所示。现在确

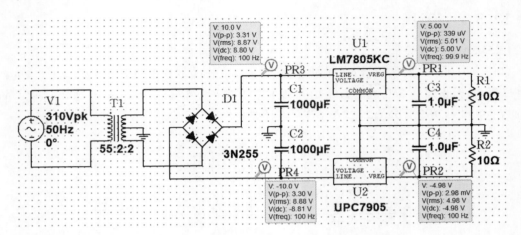

图 10-16   ±5V、500mA 稳压器仿真图

定 R_2 的最大值。当 $V_O = 25V$ 时，可求得 $R_2 = 4.56\text{k}\Omega$，实际取值 $5\text{k}\Omega$，即取 R_2 为一个 $5\text{k}\Omega$ 的电位器，通过调整其值，即可实现输出电压在 1.25V 和 25V 之间的变化。图 10-17(a) 输出电压为 1.25V，图 10-17(b) 输出电压为 25.2V。因为稳压器输入电压与输出电压的压差要求在 3V 和 5V 之间，所以输入电压应不小于 28V。

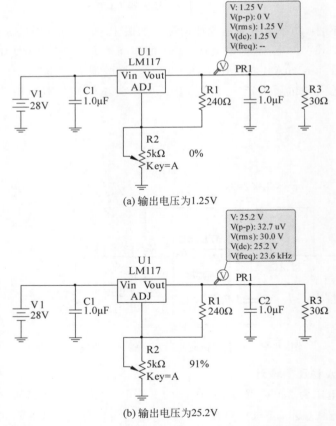

(a) 输出电压为1.25V

(b) 输出电压为25.2V

图 10-17   输出电压在 1.25V 和 25V 之间可调的稳压器

10.4 开关型稳压器

开关型稳压电路的种类很多,分类方法也很多。例如,按驱动方式分有自激式与他激式;按调整管或储能电感与负载连接方式分有串联型与并联型;按稳压的控制方式分有脉冲宽度调制型(PWM)、脉冲频率调制型(PFM)和混合调制型等。

本节主要介绍脉冲宽度调制型(PWM)开关电源。

10.4.1 电路

图 10-18 给出了一种串联型开关稳压电路仿真图。图中,开关管 Q_1、续流二极管 D_1、储能电感 L_1、滤波电容 C_1 和负载 R_L 组成串联型 DC/DC 变换器;电阻 R_1、R_2 为采样电路,$V_{ref}(3V)$ 为基准电压,运放 A_1 构成比较放大电路,采样电压 V_{N1} 与 V_{ref} 的差值经 A_1 比较放大后,作用于 A_2 的同相端,同时,信号发生器产生的三角波(10kHz)电压作用于 A_2 的反相端,利用 A_2 实现 PWM,所以 A_2 为脉宽调制式电压比较器。A_2 输出的矩形波电压 v_B 即为驱动 Q_1 的开关信号,它作用于开关管 Q_1 的基极,控制 Q_1 的饱和导通和截止。因开关信号由独立的三角波发生器产生,故该开关稳压电源的驱动方式为他激式。

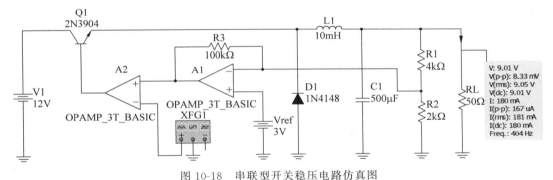

图 10-18 串联型开关稳压电路仿真图

10.4.2 仿真

对图 10-18 所示电路进行瞬态分析,得到电路中各点的工作波形。v_B、v_E、i_L 和 V_O 的波形图分别如图 10-19(a)、图 10-19(b)、图 10-19(c) 和图 10-19(d) 所示。从中可以看出:

(1) v_B 的波形已经是 PWM 波形。当采样电压 V_{N1} 大于 V_O 的一半时,v_B 的占空比 q 小于 50%;当 V_{N1} 小于 V_O 的一半时,v_B 的占空比 q 大于 50%,如图 10-19(a) 所示,如 $V_{N1} = 3V$,而 $V_O = 9.01V$,即 $3 < 9.01/2$。可见,调整 R_1、R_2 的比值,可以调节输出电压的值,这一点与线性稳压电路的情形相似。

(2) v_E 波形的最大值约为输入电压 $V_I(12V)$,最小值为 $-V_D$,即续流二极管正向导通电压的负值,约为 $-0.933V$。仿真测试 $t_{on} = 77.3210\mu s$,$t_{off} = 22.6790\mu s$,据此可以求得 v_E 的直流分量即输出电压的平均值为

$$V_O = \frac{t_{on}}{T}V_I + \frac{t_{off}}{T}(-V_D) = \frac{77.3210}{100} \times 12 + \frac{22.6790}{100} \times (-0.933) \approx 9.07V$$

与仿真测试值 $V_O = 9.01V$ 基本吻合。

(3) 在 t_{on} 期间,i_L 波形直线上升,即 L 中的电流线性增大,说明 L 逐渐储存能量;在 t_{off}

期间,i_L 波形直线下降,即 L 中的电流线性减少,说明 L 逐渐释放能量。测得 i_L 的最小值为 169.9mA,最大值为 194.6mA。

(4) 仿真测得 V_O 的波动范围为 9.005 6～9.006 7V,其平均值约为 9.006V。

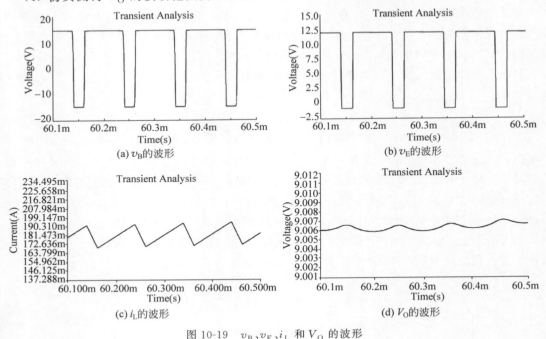

图 10-19　v_B、v_E、i_L 和 V_O 的波形

微课视频

微课视频

10.5　稳流电源

串联型稳压电源的稳压过程,实质上是通过电压负反馈使输出电压保持基本稳定的过程。本节介绍的稳流电源,则是通过电流负反馈使输出电流保持基本稳定的。简单来分,可分为负载不接地式直流稳流源和负载接地式直流稳流源。

10.5.1　电路

1. 负载不接地式直流稳流源

负载不接地式稳流源如图 10-20 所示。图中,F1403 精密基准电压源的输出电压 $V_R =$

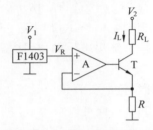

图 10-20　负载不接地式稳流源

2.5V,作用于集成运放的同相端,并通过电压跟随输出到电流采样电阻 R 上。T 作为扩流管,可以满足负载 R_L 大电流的要求。集成运放 A、晶体管 T 和电阻 R 构成电流负反馈电路,使输出电流 $I_L = V_R/R$。因此,只要选定 V_R 和 R,负载电流 I_L 将不受负载 R_L 变化的影响,以实现恒流输出。事实上,当 V_R 确定后,要根据 I_L 的大小来选择 R 的大小,即 $R = V_R/I_L$,并注意 R 的功率大小,即 $P = I^2R$。而电源电压 V_2 的选择,需根据 R_L 的最大取值,先确定 R_L 上的最大电压 $V_{RL(max)} = I_L R_{L(max)}$,于是

$$V_2 \geqslant V_{RL(max)} + V_{CES} + V_R$$

式中,V_{CES} 为 T 的饱和压降。

2. 负载接地式直流稳流源

将参考电压回路浮地,这样就可以将负载一端接地。例如,采用图 10-21(a)所示的电路,集成运放 A、晶体管 T 和电流取样电阻 R 依然构成电流负反馈电路,但将 R_L 接地,R 接在运放输出和 R_L 之间。此时 R 上的电流仍稳定为 V_R/R。由于运放的输入电流 $i_1 \approx 0$,即运放的输入回路电流约为零,故 R_L 上的电流 $I_L = V_R/R$。注意,负载接电源 V_2 的"地",而不是电源 V_1 的"地"。电阻 R 和电源 V_2 的选择与前述相同。

如果不采用电压参考芯片而直接用电阻分压的方法,也可将整个电路浮地,而仅将负载一端接地,如图 10-21(b)所示。电阻 R_1、R_2 组成分压器,分压值送入运放同相端,为负载 R_L 设置电流

$$I_L = \frac{R_2}{R(R_1 + R_2)}V_+$$

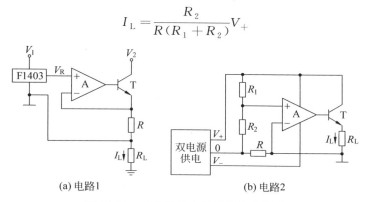

(a) 电路1　　　　　　　　　　　　　(b) 电路2

图 10-21　利用浮地电源实现负载接地

这类电路的问题在于参考电压浮地,不便于和其他电路进行接口。通过添加一个 PNP 管,就可以实现负载接地的利用单电源供电的稳流源。这个电路性能很好且结构简单,更重要的是便于和对地参考电压接口,如图 10-22(a)所示,其中晶体管 T 采用 PNP 型管,R_1、R_2 将电源电压 V_{CC} 分压,得到 V_I,电流取样电阻 R 上的压降为 $(V_{CC}-V_I)$,故负载电流为

$$I_L = \frac{R_1}{R(R_1 + R_2)}V_{CC}$$

如果采用外接与负载共地的电压参考 V_R,也可将图 10-22(a)改为图 10-22(b)。运放 A_1、晶体管 T_1 将参考电压 V_R 转换为 R_2 上的电压 V_{R2},并使 $V_{R2} = V_{R3} = (R_2/R_1)V_R$,故负载电流为

$$I_L = \frac{R_2}{R_1 R_3}V_R$$

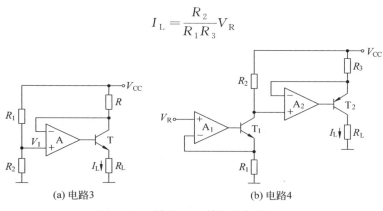

(a) 电路3　　　　　　　　　　　　　(b) 电路4

图 10-22　利用 PNP 管实现负载接地

10.5.2 仿真

1. 负载不接地式直流稳流源

仿真图如图 10-23 所示。其中,基准源由 MC1403D 和 V_3 组成,提供 2.5V 基准电压;运放采用 OP07AH;扩流管采用场效应管 IRF120。设置稳流值为 1A,故电流采样电阻 R_1 为 2.5Ω。

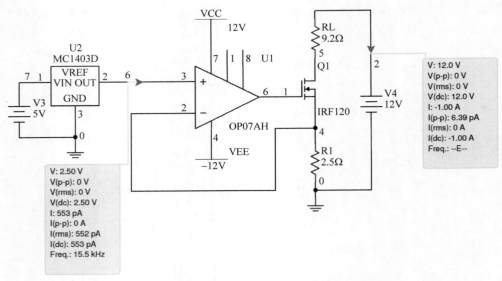

图 10-23 负载不接地式直流稳流源仿真图

通过参数扫描,可以看到 R_L 从 0 到 10Ω 变化时负载电流的变化情况,如图 10-24(a)所示。可见,负载在 0～9Ω 范围内,负载电流能够相当好地稳定在 1A。

设负载电阻为 5Ω,通过参数扫描,显示了 V_4 在 8～24V 变化时负载电流的变化情况,如图 10-24(b)所示。可以看出,负载电流相当稳定。

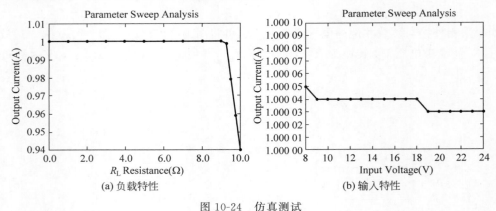

图 10-24 仿真测试

2. 负载接地式直流稳流源

图 10-25(a)给出了负载接地式直流稳流源的仿真图。图中,基准源由 V_2 提供 4V 的基准电压;运放 OP07AH 由 V_3、V_4 提供工作电压,它们均不与负载的工作电源地相连。负载支路由 V_1 提供工作电压,负载是接地的。现设计负载电流为 2A,故取电流采样电阻 R_1 为 2Ω。

当 V_1 取 40V 时,通过仿真可知,最大负载电阻值为 17.8Ω,流过其电流为 2A。图 10-25(b)

给出了通过参数扫描得到的负载电流与负载 R_L 的关系。从图 10-25(b)中可以看出，稳流情况符合设计要求。

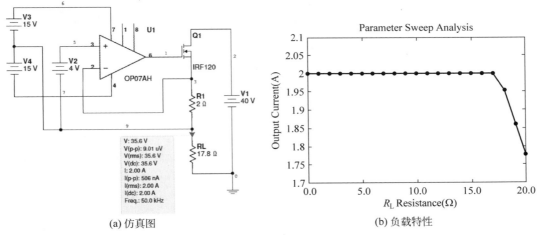

(a) 仿真图　　　　　　　　　　(b) 负载特性

图 10-25　负载接地式直流稳流源仿真图及其负载特性

第 11 章
CHAPTER 11

模拟集成电路内部电路

本章将介绍一些典型的模拟集成电路内部电路结构、仿真分析及其实物制作,从中可以清晰地看到人们是如何将基本电路巧妙、严密而富有创意地组合在一起,并最终实现所需功能,从而达到优异的性能。这对于体会模拟电路设计思想,设计新的模拟电路结构,更好地应用模拟集成电路都是非常有益的。

Multisim 仿真分析:瞬态分析、直流分析、交流分析

本章知识结构图

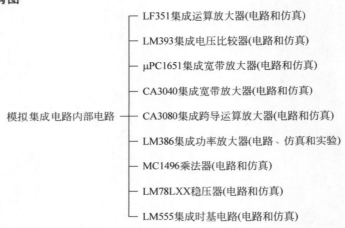

模拟集成电路内部电路
- LF351集成运算放大器(电路和仿真)
- LM393集成电压比较器(电路和仿真)
- μPC1651集成宽带放大器(电路和仿真)
- CA3040集成宽带放大器(电路和仿真)
- CA3080集成跨导运算放大器(电路和仿真)
- LM386集成功率放大器(电路、仿真和实验)
- MC1496乘法器(电路和仿真)
- LM78LXX稳压器(电路和仿真)
- LM555集成时基电路(电路和仿真)

11.1 LF351 集成运算放大器

集成运算放大器是一种具有高电压增益、高输入电阻和低输出电阻的多级直接耦合放大电路,应用极为广泛。尽管品种繁多,内部电路也各有特色,但电路结构具有共同之处。对于电压模式运算放大器来说,通常由输入级、中间级、输出级和偏置电路等组成。其中,输入级一般由 BJT、JFET 或 MOSFET 组成差分电路;中间级由一级或多级放大电路组成,以提高整个电路的电压增益;输出级一般由互补电压跟随器组成,以提高带负载能力;偏置电路一般由多路电流源电路构成,为各级电路提供合适的静态电流。另外,还有一些辅助电路,如过载保护电路、高频补偿电路和电平移动电路等。

11.1.1 电路

作为一个实例,在这里介绍 LF351 集成运算放大器。其内部电路如图 11-1 所示。从图中可以看出,电路由双极型晶体管和结型场效应管组成,所以 LF351 又称为 Bi-FET 运算放大器。

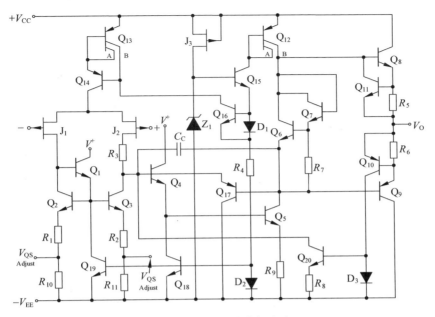

图 11-1　LF351 的内部电路

1. 输入级

由 P 沟道 JFET 管 J_1、J_2 组成差分电路,并通过 BJT Q_4 射极跟随输出,完成信号双端输入到单端输出的转换。

2. 中间级和输出级

Q_5 作为中间级,以共射电路的形式进一步放大来自 Q_4 的信号,电容 C_C 是相位补偿电容。输出级是由 Q_8、Q_9 组成的互补射极跟随器,为降低交越失真,Q_6、Q_7 提供了约 $2V_{BE}$ 的偏置电压,使 Q_8、Q_9 处于微导通的甲乙类状态。

3. 偏置电路

有源电阻 J_3 和稳压管 Z_1 构成偏置电路的基准电压电路,产生的基准电压经 Q_{15} 跟随输出。在 Q_{15} 的集电极上接有电流源 Q_{12},在其发射极上接有电流源 D_1、Q_{16} 以及电阻 R_4 和电流源 D_2、Q_{18}、Q_{19},由 V_{Z1}、V_{BE15}、V_{D1}、R_4 和 D_2 决定偏置电路的基准电流 I_{REF}。在主偏置电路中,由 Q_{16} 和 D_1 组成的镜像电流源为 Q_{13}、Q_{14} 组成的 Wilson 电流镜提供电流。D_2、Q_{18}、Q_{19} 组成多路镜像电流源。其中,Q_{19} 用来增大 Q_1 的工作电流,从而提高 Q_1 的 β;Q_{18} 作为 Q_4 的有源负载,提高了 Q_4 的跟随能力。由 Q_{12} 构成的镜像电流源,一是为 Q_{15} 提供集电极电流,二是为中间级 Q_5 提供集电极电流,同时作为 Q_5 的有源负载,提高了中间级的电压增益。另外,Q_{12} 还为输出级提供偏流。

4. 保护电路

为防止输入级信号过大或输出电流过大造成电路损坏,电路内还设有保护电路。Q_{11} 和 R_5 构成正向输出电流过大保护电路。当流过 Q_8 和 R_5 的电流增大时,R_5 两端的压降增大,导致 Q_{11} 由截止进入导通状态,对 Q_8 的基极电流分流,从而限制了 Q_8 的电流。

R_6、Q_{10} 和微电流源 D_3、Q_{20} 构成负向输出过流保护电路。当流过 Q_9 和 R_6 的电流增大时,R_6 两端的压降增大,Q_{10} 由截止进入导通状态。同时,D_3 导通,对 Q_9 的输出电流进行分流。Q_{20} 的导通对 Q_4 基极电流分流,使 Q_5 集电极电流减少,从而进一步限制了 Q_9 的电流。

Q_{17} 是为了防止由于输入级信号过大而引起的过流。当 Q_4 基极正半周信号过大时,Q_5

集电极的负半周信号也会随之增大。与此同时，Q_{17} 的射极与基极之间的电压增大，Q_{17} 随之导通，将分去 Q_4 基极上过剩的电流。这样就可以防止 Q_5 集电极电位过低，从而抑制输出管 Q_9 电流过大。

从整体上看，Bi-FET(LF351)使用 JFET 作为差分输入级，后面的 BJT 各级电路与 BJT 运放(741)的几乎完全一样。但是，Bi-FET(LF351)的输入阻抗($10^{12}\,\Omega$)比 BJT 运放(741)的输入阻抗($10^6\,\Omega$)要大几个数量级，这正是此种运放的优势所在。

11.1.2 仿真

图 11-2 给出了 LF351 集成运放内部电路的仿真图。

在仿真电路的构成中，应注意以下器件的实现方式。

(1) 在图 11-1 中，电流镜 D_1、Q_{16} 是给电流镜 Q_{13}、Q_{14} 提供电流的，而 I_{C14} 的范围在几到十几微安，$I_{E15}=I_{REF}$ 为几百微安，为了达到设计要求，可以将 D_1、Q_{16} 用一个微电流源来实现。如图 11-2 中的 Q_{16}、Q_{27}、R_{14}，通过调整电阻 R_{14} 的值来得到 I_{C3} 的值。

(2) 在图 11-1 中，电流镜 Q_{12} 与上述情况类似。在图 11-2 中，由 Q_{18}、Q_{19}、R_{15} 组成的微电流源来实现，通过调整电阻 R_{15} 的值，使流过中间级 Q_{13} 的电流符合要求。

(3) 在图 11-1 中，D_2、Q_{18} 和 Q_{19} 组成多路电流镜。在图 11-2 中，由 Q_{26}、Q_{11}、Q_9、R_{13} 和 R_{17} 组成的多路微电流镜来实现，可通过调整 Q_9、Q_{11} 射极电阻的值来满足 I_{C9}、I_{C11} 不同值的要求。

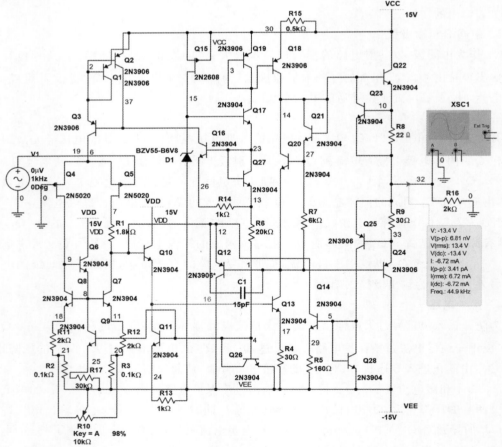

图 11-2 LF351 内部电路仿真图

1. 静态调整

搭建好电路后,首先进行的是静态调整。将输入级 Q_4、Q_5 的栅极接地,即输入为零。选择 Z_1 的稳压值,确定 I_{REF}。调节 R_{14},确定 I_{C3};调节 R_{15},确定 I_{C13};调节 R_{13}、R_{17},使电流 I_{C11}、I_{C9} 符合要求。整个调整过程要仔细耐心,注意有的电流之间相互有影响,要反复调整方能达到最终目的。通过调整可以对电路结构有进一步的理解。

(1) 静态调零。在上述调整的基础上,将调零电位器的调整增量设为 1% 进行粗调,当调至 98% 时,输出电压有明显变化,再把调整增量设为 10^{-5}% 进行细调,直到输出电压为微伏量级,调零结束。

(2) 静态测试。将输入置零,测得参考电流 I_{REF}(R_6 上电流)为 $246\mu A$;差分输入级 Q_5 源极电流为 $21.9\mu A$;中间级 Q_{13} 集电极电流为 $77.2\mu A$。

2. 动态测试

通过 AC 扫描,观察频响曲线。在图 11-2 中参数下的频响曲线如图 11-3 所示。零频差模开环电压增益为 200.796 6k(106dB),单位增益带宽约为 1.228 8MHz。

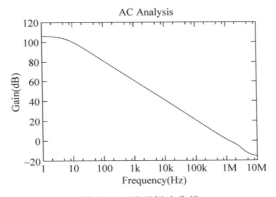

图 11-3 开环频响曲线

通过 DC 扫描,可观察电路的传输特性。测得的传输特性如图 11-4 所示。可以看出,输出电压正向摆幅为 14.078 8V,负向摆幅为 −13.472 6V。

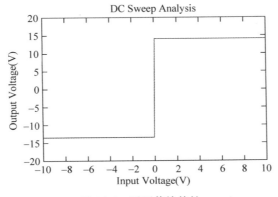

图 11-4 开环传输特性

将电路连接成同相或反相放大器,观察电路的闭环特性。例如,反馈电阻为 10kΩ,反相端对地电阻为 1kΩ,同相端经 0.9kΩ 接幅值 1V、频率 1kHz 正弦信号源,构成 11 倍同相放大器,如图 11-5 所示。用示波器可观察到 11V 峰值的正弦波。其频响曲线如图 11-6 所示。

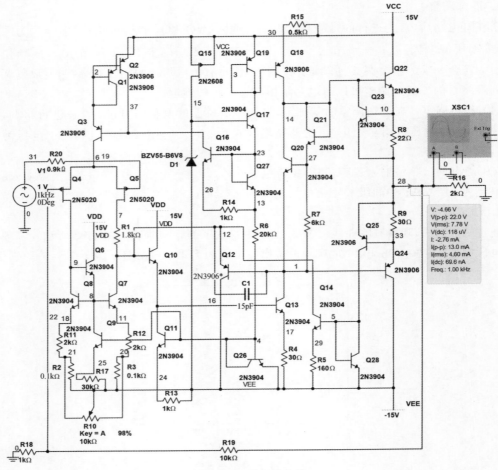

图 11-5　同相放大器

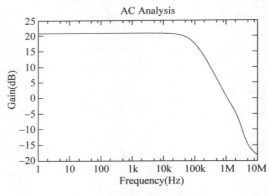

图 11-6　闭环频响曲线

11.2　LM393 集成电压比较器

　　电压比较器的基本功能是对两个输入电压进行比较,并根据比较结果输出高电平或低电平。比较器的输入信号是连续变化的模拟量,而输出信号是数字量 0 或 1。因此,比较器可以作为模拟电路和数字电路的"接口"电路,广泛应用于信号处理和检测电路、模/数转换以及各种非正弦波的发生和变换电路等。

11.2.1 电路

LM393 集成电压比较器的内部电路如图 11-7 所示。可以看出,输入级由 T_9、T_{10} 构成差分式比较器,而 T_8 和 T_{11} 为射极跟随器,分别作为差分电路的同相和反相端的输入电路;T_{12} 和 T_{13} 组成基本电流镜作为差分电路的有源负载,并从 T_{10} 集电极单端输出;T_{14} 为共射电路中间级;T_{15} 为集电极开路输出级,使用时必须接上拉电阻至电源正极,可以适用于不同的数字电路电平。

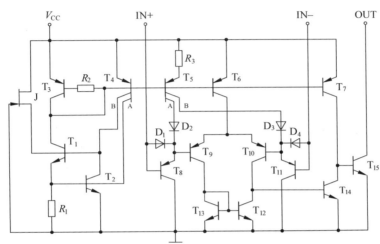

图 11-7 LM393 集成电压比较器的内部电路

$T_1 \sim T_7$ 和 J 组成多路电流镜电路。其中,T_5 的 A、B 集电极分别为 T_8 和 T_{11} 提供射极偏流(约数 μA);T_6 集电极为 T_9 和 T_{10} 差分电路提供射极工作电流(约 $100\mu A$);T_7 为中间级 T_{14} 的有源负载,并为之提供集电极工作电流;$T_1 \sim T_4$ 和 J 组成多路电流镜电路的核心部分,其主要功能是使多路电流镜电路的电流受外界因素变化的影响小,从而保证比较器工作稳定。

$D_1 \sim D_4$ 可以提高比较器的响应速度。以同相输入端为例,当输入为低电平时,D_1 截止,D_2 导通,D_2 为 T_8 提供了一个小电流,使之迅速饱和。反之,当输入为高电平时,D_1 导通使 D_2 迅速截止,从而使 T_8 快速退出饱和。这样就使比较器的传输特性更为陡峭,同时提高了其响应速度。

11.2.2 仿真

LM393 集成电压比较器内部电路仿真图如图 11-8 所示。其中,开路集电极 V_o 处外接了上拉电阻 R_5。

1. 静态测试

将两个输入端均接地,测出的静态值已在图 11-8 中标出。

2. 传输特性

将其同相端接地,反相端接入直流源 V_1,通过 DC 扫描,得到其传输特性如图 11-9 所示。可见比较器的传输特性是非常陡峭的。

3. 偏置电路

当电源电压由 ± 5 变为 $\pm 6V$,即变化了 20% 时,Q_2 的集电极电流 I_{C2} 由 $93.1\mu A$ 变为

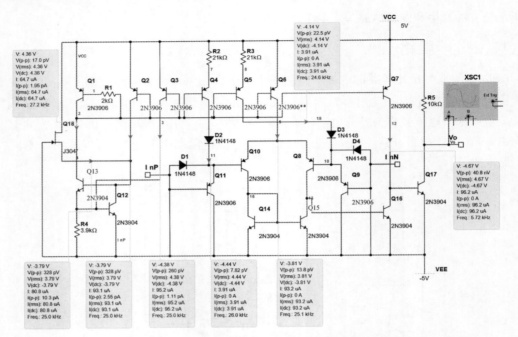

图 11-8　LM393 集成电压比较器内部电路仿真图

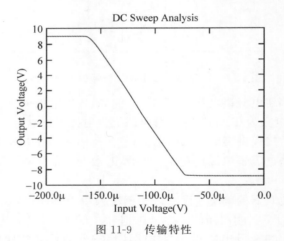

图 11-9　传输特性

$96.0\mu A$，即仅变化了 3.1%，说明了 I_{C2} 的稳定程度。

　　为了理解 LM393 的偏置电路，我们单独将其进行仿真。仿真图如图 11-10 所示。图中采用单电源供电，多路电流镜只选择了一路 Q_4。仿真时适当调整结型场效应管 Q_6 的 BETA 值（图中参数为 $20\mu A/V^2$），使其有较明显的作用。

　　(1) 将 Q_6 的漏极、Q_3 的集电极断开。电源电压从 5V 变化到 10V，Q_2 集电极电流从 $163\mu A$ 上升到 $203\mu A$，即电源电压变化 100%，Q_2 集电极电流变化 24.54%。

　　(2) 只将 Q_6 的漏极断开。电源电压从 5V 变化到 10V，Q_2 集电极电流从 $69\mu A$ 上升到 $75.9\mu A$，即电源电压变化 100%，Q_2 集电极电流变化 10%。

　　(3) 只将 Q_3 的集电极断开。电源电压从 5V 变化到 10V，Q_2 集电极电流从 $167\mu A$ 上升到 $207\mu A$，即电源电压变化 100%，Q_2 集电极电流变化 23.95%。

　　(4) Q_3、Q_6 同时起作用。电源电压加倍，即从 5V 变化到 10V 时，Q_2 集电极电流由 $71.6\mu A$ 变化到 $78.7\mu A$，变化 9.9%。

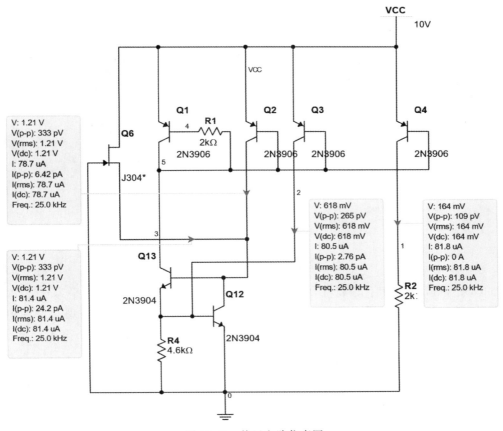

图 11-10 偏置电路仿真图

由以上仿真可以看出,在电源电压变化时,LM393 的偏置电路是很稳定的。

4. 应用电路

首先利用封装功能将仿真的 LM393 内部电路封装为一个子电路,电路中包含了±15V 电源。然后就可以很方便地用该子电路搭建应用电路。

(1) 由 LM393 构成的过零电压比较器如图 11-11 所示,其输出波形如图 11-12 所示。

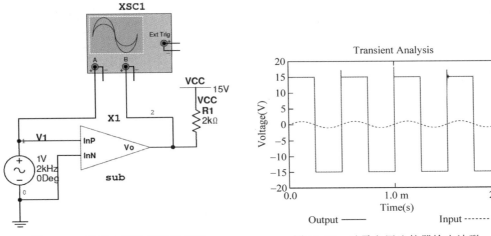

图 11-11 过零电压比较器仿真图　　　　图 11-12 过零电压比较器输出波形

（2）由 LM393 构成的反相滞回比较器仿真图如图 11-13 所示。电源电压 $V_{CC}=15\text{V}$，$-V_{EE}=-15\text{V}$，输出高电平为 6.8V，低电平为 -6.8V，回差 $\Delta V=100\text{mV}$。

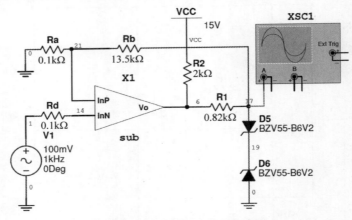

图 11-13　反相滞回比较器仿真图

通过 DC 扫描，得到其传输特性，如图 11-14 所示。由此可知，输出低电平为 $-6.638\ 2\text{V}$，高电平为 6.602 4V，上门限电压为 47.3mV，下门限电压为 -48.6mV，与理论设计值基本吻合。

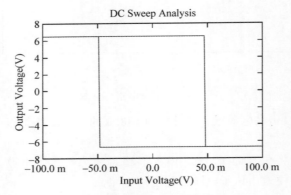

图 11-14　反相滞回比较器传输特性

在输入端加入幅度为 100mV 的正弦波信号，输入和输出波形如图 11-15 所示。从图中可以非常清晰地看到滞回特性。

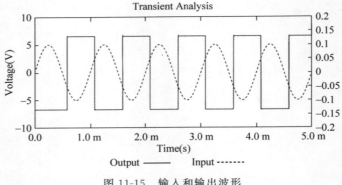

图 11-15　输入和输出波形

11.3　μPC1651 集成宽带放大器

μPC1651 是一种利用负反馈来展宽频带的集成宽带放大器。

11.3.1　电路

μPC1651 集成宽带放大器的内部电路原理图如图 11-16 所示,它采用单电源 5V 供电,所以,有电源供电端 V_{CC} 和地;一个信号输入端,一个信号输出端。

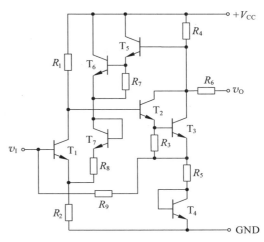

可以看出,μPC1651 为两级共射电路,在此基础上,引入了两个负反馈,通过加深反馈,以降低其增益为代价,提高了电路的上限频率。电路中,一是由 R_9、R_5 和 T_4 构成的电流并联负反馈;一是由 $T_5 \sim T_7$、R_7、R_8 和 R_2 构成的有源电压串联负反馈,其中 T_5、T_6 为复合管共集电路。同时,这两个负反馈也保证了电路静态工作点的稳定。

图 11-16　μPC1651 集成宽带放大器的
内部电路原理图

11.3.2　仿真

μPC1651 的仿真图如图 11-17 所示。下面通过交流分析来了解 μPC1651 的频率特性。为了了解两个负反馈的作用,我们将仿真分为两步:

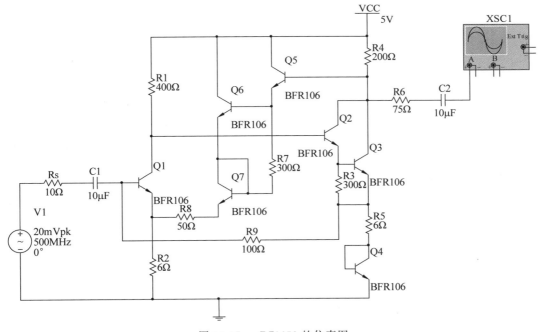

图 11-17　μPC1651 的仿真图

(1) 只有电流并联负反馈起作用。通过 AC 分析,得到电路的幅频特性曲线如图 11-18 所示。仿真测试:电路的源电压增益约为 143,上限频率为 49.242 1MHz。将信号源改为 1mVpk,5MHz,以保证输出信号不失真。仿真测试:输出电流峰峰值为 1.42mA,输入电流峰峰值为 137μA,故电路的电流增益为 10.4。

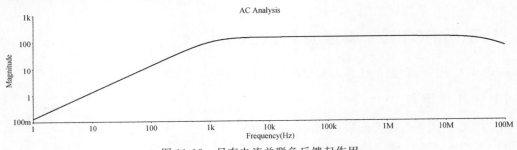

图 11-18　只有电流并联负反馈起作用

（2）电流并联负反馈和有源电压串联负反馈同时起作用。通过 AC 分析，得到电路的幅频特性曲线如图 11-19 所示。仿真测试：电路的源电压增益约为 9.6，电压增益约为 10.9，上限频率为 1.082 1GHz。仿真测试值比较接近理论计算值。

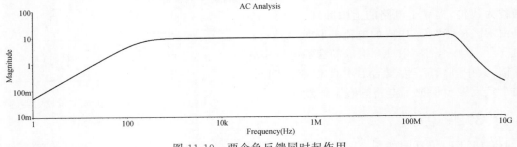

图 11-19　两个负反馈同时起作用

11.4　CA3040 集成宽带放大器

CA3040 是一种采用组合电路来展宽频带的集成宽带放大器。

11.4.1　电路

CA3040 的内部电路原理图如图 11-20 所示。其中，T_1、T_2、T_3 和 T_4、T_5、T_6 均为共集—共射—共基组合电路结构，它们共同构成采用组合电路的差分电路作为输入级；T_9、R_7、R_8、R_9 组成简易恒流源电路，为输入级提供偏置电流；T_7、T_8 均为射极跟随器，分别作为反相输出和同相输出。因此，CA3040 为双端输入—双端输出结构。

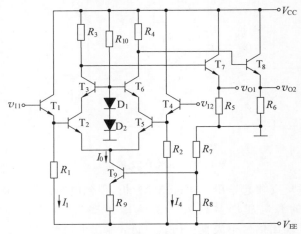

图 11-20　CA3040 的内部电路原理图

11.4.2 仿真

CA3040 集成宽带放大器的内部电路仿真图如图 11-21 所示。其中，晶体管 BC549BP 的 C_{JE} 改为 0.8pF，C_{JC} 改为 1pF。

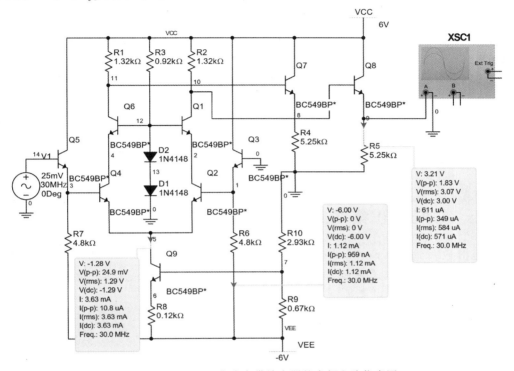

图 11-21　CA3040 集成宽带放大器的内部电路仿真图

1. 静态测试

将两个输入端接地，分别测量两个输出端的直流电压值，实测值 $V_{E7} = V_{E8} = 3V$，R_7、R_8 中电流为 1.12mA，恒流管电流为 3.63mA，$I_{C1} = 1.81$mA，二极管两端电压为 1.28V，R_3 中电流为 5.13mA，$I_{E7} = I_{E8} = 571\mu$A，与理论值基本吻合。

2. 动态测试

在输入端加入幅度为 25mV、频率为 30MHz 的正弦信号，输出波形如图 11-22(a) 所示。

在输入端加直流源，通过 DC 扫描，可得到电路的传输特性，如图 11-22(b) 所示。

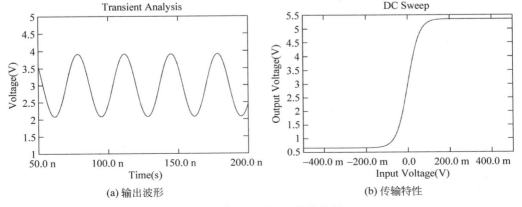

(a) 输出波形　　　　　　　　(b) 传输特性

图 11-22　输出波形和传输特性

通过 AC 扫描,可得到电路的频响曲线,如图 11-23(a)和图 11-23(b)所示。实测电压增益为 42.748 8,上限频率为 58.560 2MHz。

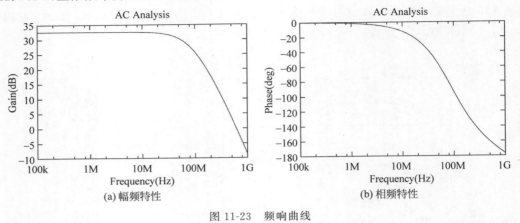

(a) 幅频特性   (b) 相频特性

图 11-23   频响曲线

11.5   CA3080 集成跨导运算放大器

跨导运算放大器(Operational Transconductance Amplifier,OTA)的输入信号是电压,输出信号是电流,即用输入电压控制输出电流,以互导增益 G_m 来表示其放大能力,其输出电流 i_O 与输入差模电压 v_{Id} 的关系为

$$i_O = G_m(v_{I+} - v_{I-}) = G_m v_{Id}$$

因此,它是一种电压电流混合模式电路。

11.5.1   电路

双极型集成 OTA CA3080 的内部电路如图 11-24 所示。图中,T_1 和 T_2 组成差分跨导输入级,T_3 和 T_4 组成电流镜,将外加偏置电流 I_B 送入 T_1 和 T_2 的射极,为输入级提供偏置;$T_5 \sim T_9$、$T_{10} \sim T_{14}$、$T_{15} \sim T_{17}$ 分别组成三个 Wilson 电流镜,其中 T_8、T_9 和 T_{13}、T_{14} 为达林顿结构,可以提高电流镜的输出电阻,改善电流镜的输出特性;而并接在 T_9 和 T_{14} 发射结上的等效二极管 T_7 和 T_{12} 可以提高电路的速度。

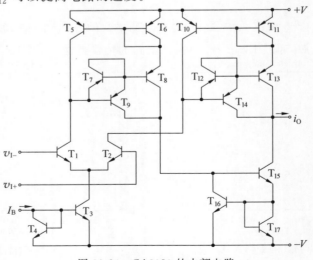

图 11-24   CA3080 的内部电路

理论分析可知,在 $v_{Id} \ll 2V_T$ 条件下,互导增益 G_m 与偏置电流 I_B 成正比,即

$$G_m \approx 19.2 I_B$$

控制 I_B 的大小,即可控制电路增益的大小。

OTA 作为一种通用器件,有很多结构巧妙、性能优越的应用方式,利用它独特的传输关系,可用很少的外围元件构建放大器、滤波器、振荡器等。下面通过几个仿真实例来了解 OTA 的应用。

11.5.2 仿真

CA3080 的内部电路仿真图如图 11-25(a)所示,其封装图如图 11-25(b)所示。

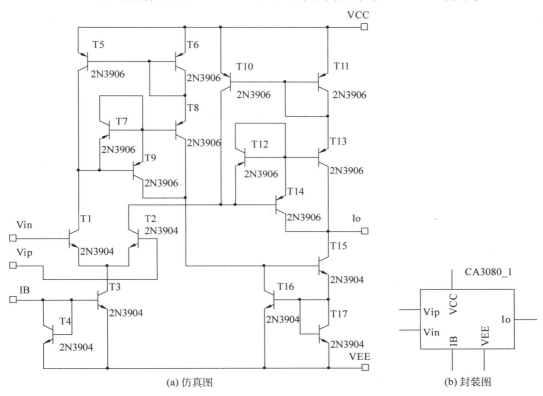

(a) 仿真图 (b) 封装图

图 11-25 CA3080 的内部电路仿真图和封装图

1. 电压放大器

典型的 OTA 电压放大器如图 11-26 所示,其电压增益为

$$A_v = \frac{v_o}{v_i} = \frac{i_o R_L}{v_i} = G_m R_L$$

通过调整图中 R_1,可实现电路偏置电流的设置。R_1 的值由下式来确定:

$$I_B = \frac{|V_{EE}| - V_{BE}}{R_1}$$

$$G_m = \frac{I_B}{2V_T}$$

电源电压取 ±15V,则 R_1 取 474Ω 时,I_B 的值约为 30mA。通过 AC 分析,可得到此时电路的幅频特性,如图 11-27 所示。测得放大器的带宽约为 78MHz,中频增益为 28.3dB。仿真结果

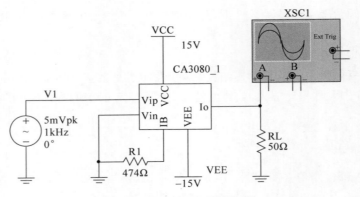

图 11-26 OTA 电压放大器

与理论值基本吻合。

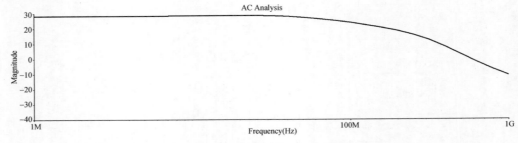

图 11-27 OTA 电压放大器的幅频特性

2. 正交振荡器

由 OTA 组成的振荡器元件数目少,调节振荡频率容易。图 11-28(a)所示为 OTA 正交振荡器的仿真图。

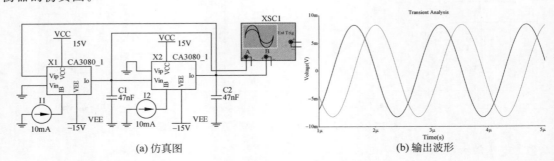

(a) 仿真图   (b) 输出波形

图 11-28 OTA 正交振荡器

可以看出,电路仅由两个跨导放大器和两个电容构成。列出电路的 s 域方程

$$V_{o2}(s) = \frac{G_{m1}}{sC_1} \cdot \frac{-G_{m2}}{sC_2} \cdot V_{o2}(s)$$

整理,有

$$\left(s^2 + \frac{G_{m1}G_{m2}}{C_1C_2}\right)V_{o2}(s) = 0$$

令 $\omega_0^2 = \dfrac{G_{m1}G_{m2}}{C_1C_2}$,则上式可写为

$$(s^2 + \omega_0^2)V_{o2}(s) = 0$$

此式说明电路可以产生等幅正弦振荡。又因为

$$V_{o1}(s) = \frac{G_{m1}}{sC_1}V_{o2}(s), \quad V_{o2}(s) = \frac{-G_{m2}}{sC_2}V_{o1}(s)$$

表明V_{o1}与V_{o2}相差90°，故电路可以产生正交正弦振荡信号。

仿真时，取$G_{m1} = G_{m2} = G_m$，$C_1 = C_2 = C$，则有$|V_{o1}| = |V_{o2}|$，即两输出信号幅值相等，相位正交，输出波形如图11-28(b)所示。根据图中数据，求得振荡频率的理论值为

$$f_0 = \frac{1}{2\pi}\sqrt{\frac{G_{m1}G_{m2}}{C_1C_2}} = \frac{1}{2\pi}\frac{G_m}{C} \approx 650\text{kHz}$$

仿真测试值为657kHz，与理论值基本一致。

3. 二阶带通滤波器

由OTA和电容构成的二阶带通滤波器的仿真图如图11-29所示。可以看出，图11-29是在图11-28(a)的基础上，增加了第三个OTA X3后构成的。下面来分析以下两个电路的功能，分别如图11-30和图11-31所示。

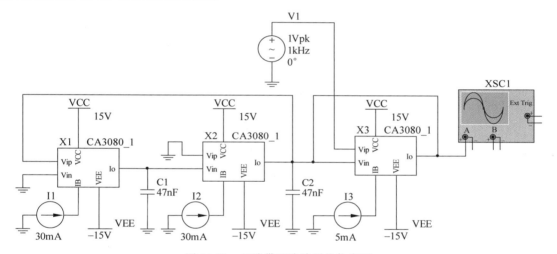

图11-29 二阶带通滤波器的仿真图

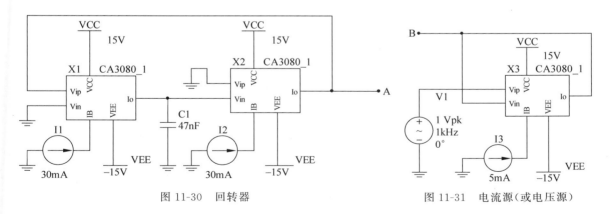

图11-30 回转器

图11-31 电流源(或电压源)

1) 回转器

图11-30所示电路其实就是图11-28(a)去掉C_2后的电路。从电路结构来看，它是将两个OTA的输入端，即一个OTA用同相端，另一个用反相端，与它们的输出端交叉相连而构成的，输出端外接负载阻抗，如C_1。换一个角度看，也可以理解为C_2，而除去C_1。这种电路具

有何种功能呢?

根据图 11-30,列出下列关系式

$$V_{o1}(s) = \frac{G_{m1}}{sC_1}V_{o2}(s) = \frac{G_{m1}}{sC_1}V_A(s), \quad I_{o2}(s) = -G_{m2}V_{o1}(s) = -I_A$$

据此可求得 A 端的输入阻抗为(若使 $G_{m1} = G_{m2} = G_m$)

$$Z_i = \frac{V_A(s)}{I_A(s)} = \frac{sC_1}{G_m^2}$$

表明从 A 端看到的输入阻抗等于外接阻抗倒数的 $1/G_m^2$ 倍,即这种电路的基本功能是实现阻抗的倒置,我们称之为回转器。利用回转器的阻抗倒置作用,外接一个电容,可实现模拟电感。这里的模拟电感为

$$L_{eq} = C_1/G_m^2$$

无论从 C_1 两端还是从 C_2 两端看,均可视为一个模拟电感 C_1/G_m^2(或 C_2/G_m^2)与 C_2(或 C_1)构成的谐振回路,其振荡频率为

$$f = \frac{1}{2\pi\sqrt{(C_1/G_m^2)C_2}} = \frac{1}{2\pi\sqrt{(C_2/G_m^2)C_1}} = \frac{1}{2\pi}\sqrt{\frac{G_m^2}{C_1 C_2}}$$

这与正交正弦波振荡器的分析结果是一致的。

2) 电流源(或电压源)

根据图 11-31,从 B 点流出的电流可写为

$$I_B(s) = G_{m3}V_i(s) - G_{m3}V_B(s) \quad \text{或} \quad V_B(s) = V_i(s) - \frac{I_B(s)}{G_{m3}}$$

表明图 11-31 从 B 点看入的等效电路为一个电流源 $G_{m3}V_i(s)$ 和一个电导 G_{m3} 的并联,或者,从 B 点看入的等效电路为一个电压源 $V_i(s)$ 和一个电阻 $R_{m3} = 1/G_{m3}$ 的串联,如图 11-32所示。

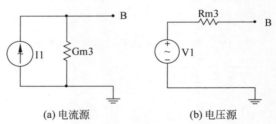

(a) 电流源   (b) 电压源

图 11-32 图 11-31 的等效电路

根据上述分析,图 11-29 可等效为图 11-33。

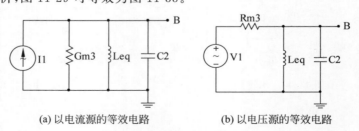

(a) 以电流源的等效电路   (b) 以电压源的等效电路

图 11-33 图 11-29 的等效电路

图 11-33 所示电路的传输函数为(令 $C_1 = C_2 = C$)

$$H(s) = \frac{V_B(s)}{V_i(s)} = \frac{G_{m3}}{sC + \dfrac{1}{sL_{eq}} + G_{m3}} = \frac{s\dfrac{G_{m3}}{C}}{s^2 + s\dfrac{G_{m3}}{C} + \dfrac{G_m^2}{C^2}}$$

与二阶带通滤波器的标准传输函数比较,可得该二阶带通滤波器的中心频率 f_0、Q 值、带宽 BW 和中心频率增益 $H(f_0)$,即

$$f_0 = \frac{1}{2\pi} \frac{G_m}{C}$$

$$Q = \frac{G_m}{G_{m3}}$$

$$BW = \frac{1}{2\pi} \frac{G_{m3}}{C}$$

$$H(f_0) = 1$$

通过对图 11-29 进行 AC 分析,得到该电路的幅频特性,如图 11-34 所示。根据图中数据可分别求得如下理论值

$$f_0 = 1.95\text{MHz}, \quad Q = 6, \quad BW = 325\text{kHz}$$

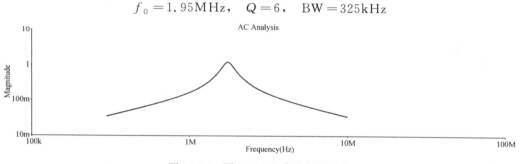

图 11-34　图 11-29 电路的幅频特性

仿真测试值分别为 $f_0 = 1.751\,1\text{MHz}$,$BW = 280\text{kHz}$,故 $Q = 6.25$,与理论值基本吻合。

11.6　LM386 集成功率放大器

LM386 是一种常用的音频集成功率放大器,具有电压增益可调、电源电压范围大、自身功耗低、外接元件少和总谐波失真小等优点。

11.6.1　电路

LM386 内部电路如图 11-35 所示。它有 8 个引脚,其中,6 和 4 分别为正电源 V_{CC} 和地;3、2 和 5 分别为信号的同相输入端、反向输入端和输出端;7 为旁路电容端;1 和 8 为增益调整端。

LM386 内部电路与通用型集成运放的内部电路很相似,也是一个由差分电路、共射电路和互补输出电路所构成的三级放大电路。特别指出,电路中通过 $R_5 \sim R_7$ 引入了电压串联负反馈,这使得电路的电压增益仅由 $R_5 \sim R_7$ 三个电阻决定。同时,也使得电路的静态工作点稳定。

静态时输出电压约为电源电压的一半。电路的电压放大倍数为

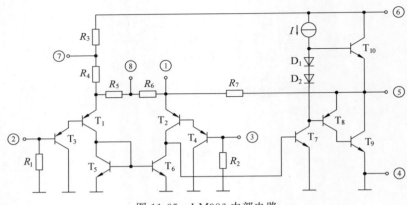

图 11-35　LM386 内部电路

$$A_v = \frac{v_o}{v_i} \approx 1 + \frac{2R_7}{R_5 + R_6}$$

LM386 电压放大倍数的调整范围为 20～200。

11.6.2　仿真

　　LM386 内部电路的仿真图如图 11-36 所示。将整个电路封装起来，可得到 LM386 子电路模块，下面从两个方面对 LM386 进行仿真。

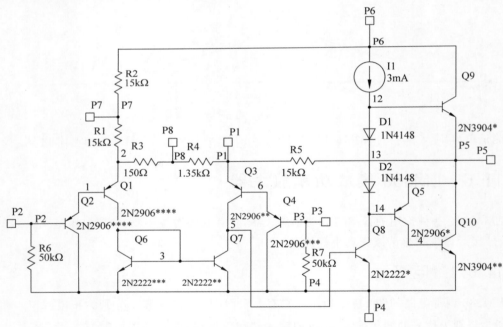

图 11-36　LM386 内部电路的仿真图

1. 静态

　　仿真电路如图 11-37 所示。令信号源电压为零（仿真时，将 3 脚对地短路），电源电压 V_{CC} 为 6V，实测电源电流为 4.11mA，输出端静态电压 V_O 为 3.66V。

2. 动态

1）增益

电源电压 V_{CC} 为 18V，输入电压幅值为 0.02V，频率 f 为 1kHz 的正弦波，负载 R_L 开路。

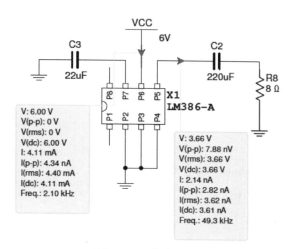

图 11-37　静态测试

当 1、8 脚开路时，电路具有最小增益，测得输出电压峰峰值为 826mV，此时电压放大倍数 $A_v = 826/(2 \times 20) = 20.65$，如图 11-38(a)所示。

当 1、8 脚之间接入 $33\mu F$ 电容（交流短路）时，电路具有最大增益，测得输出电压峰峰值为 7.83V，此时电压放大倍数 $A_v = 7.83/(2 \times 0.02) = 195.75$，如图 11-38(b)所示。

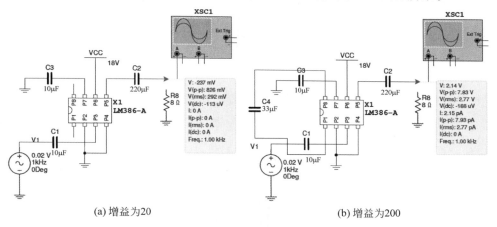

(a) 增益为20　　　　　　　　　　　　(b) 增益为200

图 11-38　增益测试

2）带宽

在电源电压 V_{CC} 为 6V，1、8 脚开路条件下，对 LM386 进行 AC 分析，可得到幅频特性，如图 11-39 所示。由此可知，带宽约为 350kHz。

3）传输特性

将图中输入换为直流源，通过 DC 扫描，得到其传输特性如图 11-40 所示。

11.6.3　实验

图 11-41 给出了用分立元件在面包板上插接的 LM386 内部电路。下面用万用表和雨珠 S，从静态和动态两方面进行实验。

1. 静态

先将万用表置电流挡（最大挡），把雨珠 S 上的 +12V 串入万用表的电流挡后，接电路的电源端，注意要以触碰的方式接入，同时观察万用表指针的摆动情况，若摆动幅度很大，说明电

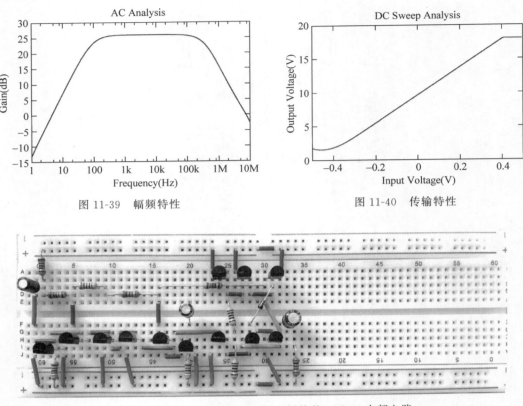

图 11-39 幅频特性　　　　　　　　　图 11-40 传输特性

图 11-41 用分立元件在面包板上插接的 LM386 内部电路

路的总电流很大,需要检查电路输出级偏置或是否有短路,若摆动幅度较小,可适当调整输出级偏置,使输出级集电极电流在几毫安(7mA)左右即可。然后,测量输出端对地直流电压,应为电源电压的一半(6V),如图 11-42 所示。

(a) 总电流测试　　　　　　　　　(b) 输出端对地电压

图 11-42 静态测试

2. 动态

在雨珠 S 上测量电路的电压放大倍数和幅频特性。

单击信号源,设置正弦波幅值 200mV,打开信号源,单击示波器,单击 Run 按钮,观测电路的输出波形,可以求得电路的电压放大倍数,约为 4.4/0.2＝22 倍,如图 11-43 所示。

单击网络分析仪,单击参考基准(Relative to Ref),设置横轴为对数坐标,单击 Run 按钮,

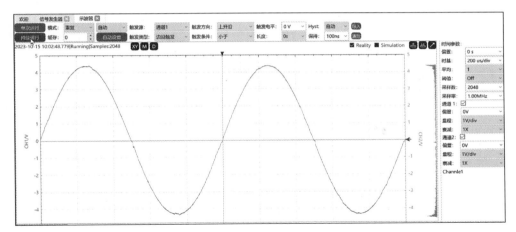

图 11-43　放大倍数测试

看到电路的幅频特性,如图 11-44 所示。

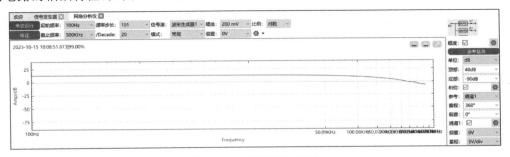

图 11-44　幅频特性测试

11.7　MC1496 乘法器

利用模拟乘法器可以方便地实现多种电路功能,包括调幅、双边带调幅、同步检波、混频等。下面介绍几种典型应用。

11.7.1　电路

模拟乘法器 MC1496 的内部电路如图 11-45 所示。其中 T_7、T_8、T_9 组成多路比例电流源,T_5、T_6、T_7、T_8、T_9 组成带恒流源的差分放大电路,分别驱动由 T_1、T_2 和 T_3、T_4 组成的差分放大电路,其中 R_x、R_C 和 R_1 为外接电阻。

理论分析可知,MC1496 的输出电压与输入电压的关系为

$$v_o = kv_1v_2$$

对输入信号极性没有限制,属于四象限乘法器。

11.7.2　仿真

MC1496 内部电路仿真图如图 11-46 所示。将其封装起来,便可得到集成的 MC1496 模拟乘法器。

1. 调幅电路

由 MC1496 构成的调幅电路如图 11-47 所示。电位器 R_{15} 称为平衡电位器,通过调节它

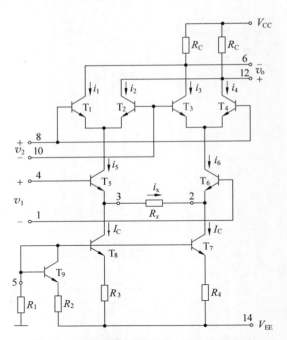

图 11-45　模拟乘法器 MC1496 的内部电路

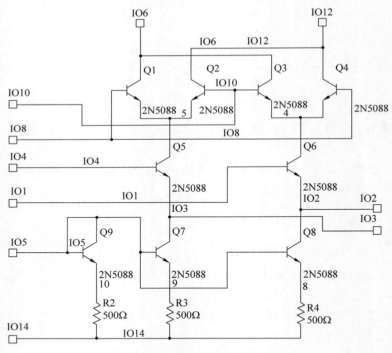

图 11-46　MC1496 内部电路仿真图

可以为调制信号 V_2 提供偏置。

　　仿真时，调整平衡电位器，使输出信号 $v_{AM}(t)$ 的波形如图 11-48(a)所示。此时 $R_{p1} = 1.5k\Omega, R_{p2} = 48.5k\Omega$。

　　从图 11-48(a)中可以求得调幅系数 m 约为 58.4%（调幅波幅度的最大值 V_{max} 和最小值 V_{min} 分别为 1.446 1V 和 0.379 3V），与理论值吻合得很好。

　　对输出信号进行 Fourier 分析，可以得到信号的频谱图，如图 11-48(b)所示。从图中可以

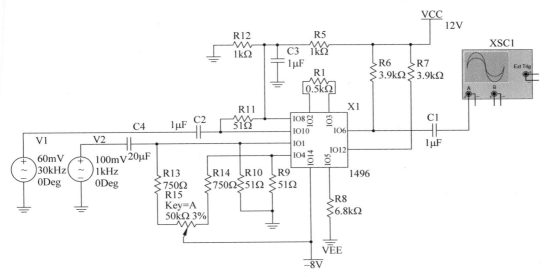

图 11-47 调幅电路仿真图

清晰地看到,载波能量占了总输出能量的绝大部分,调制信号的频谱等距列于载波信号两侧。

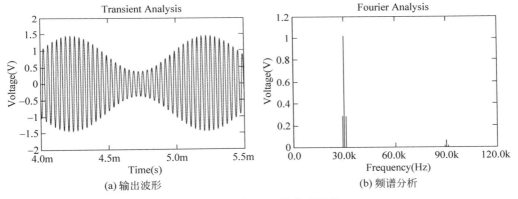

(a) 输出波形 (b) 频谱分析

图 11-48 图 11-47 的仿真结果

2. 同步检波

利用 MC1496 构成的同步检波电路仿真图如图 11-49 所示。其中加入了 50kHz 本地振荡和 1kHz 调制在 50kHz 上的调幅信号源,输出端处加入了 RC 构成的滤波电路。图 11-50 所示为解调前后的波形图。

3. 双边带调幅

由 MC1496 构成的抑制载波的双边带调幅电路仿真图如图 11-51 所示。实际上,将图 11-47 中电位器调至 50% 也可得到双边带调制信号,本图是不需要负电源的一种接法。其输出的 DSB(Double Side Band,双边带调制)波的波形如图 11-52(a)所示,频谱分析结果如图 11-52(b)所示,可以看到载波功率得到了很好的抑制。

仿真时,由于电路元件参数一致性很好,故平衡电位器不需调整。

仿真 DSB 解调电路时,先制作一个 DSB 波信号源,将图 11-51 引出信号端和地,并作为子电路封装起来,DSB 波信号源就做好了。DSB 波解调电路仿真图如图 11-53 所示。图 11-54 所示为解调前后的波形图。

4. 倍频电路

由 MC1496 构成的倍频电路仿真图如图 11-55 所示。其输入、输出波形如图 11-56 所示。

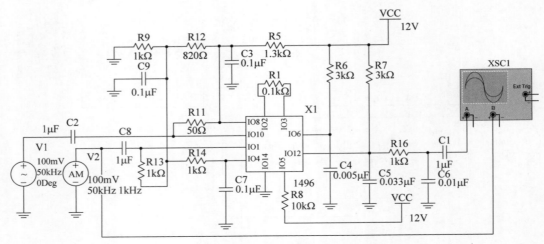

图 11-49　同步检波电路仿真图

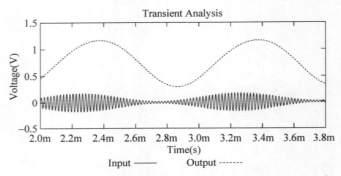

图 11-50　同步检波器输入、输出波形

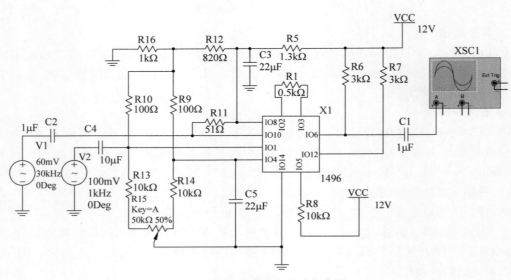

图 11-51　双边带调幅电路仿真图

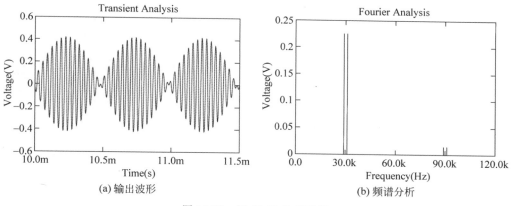

(a) 输出波形　　　　　　　　　(b) 频谱分析

图 11-52　图 11-51 仿真结果

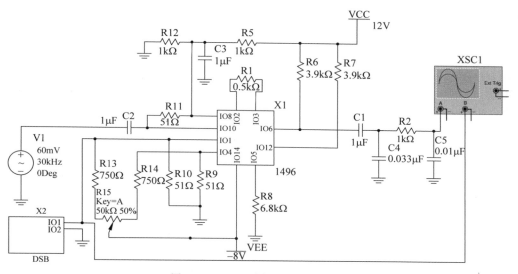

图 11-53　DSB 波解调电路仿真图

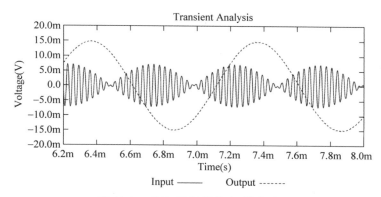

图 11-54　DSB 波解调输入、输出波形

可以看到,输出波形频率为输入波形的 2 倍。

5. 混频电路

由 MC1496 构成的混频电路仿真图如图 11-57 所示。本振信号为 30kHz 正弦波,调幅信号的载波为 28kHz,调制信号为 100Hz 正弦波。

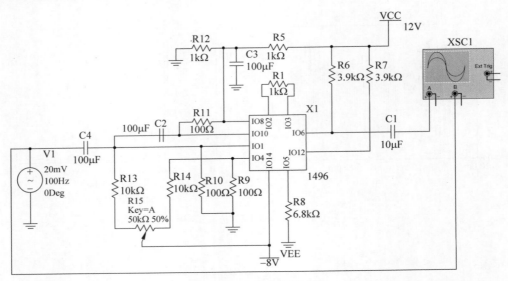

图 11-55　倍频电路仿真图

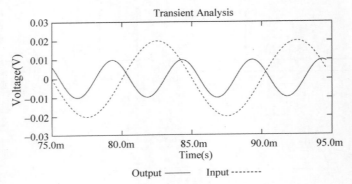

Output ——　Input --------

图 11-56　倍频电路输入、输出波形

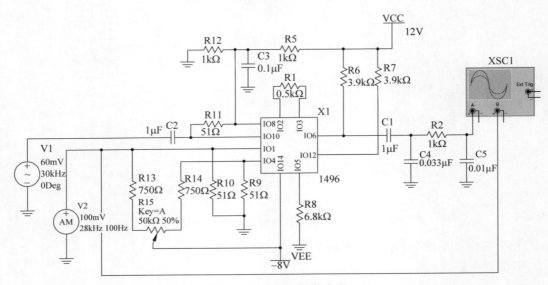

图 11-57　混频电路仿真图

　　根据上述混频原理,其输出应为载波 2kHz、调制信号仍为 100Hz 正弦波的调幅信号,混频前后的波形如图 11-58 所示,其中输入信号由于频率相对较高仅保留了外包络。频谱分析

如图 11-59 所示。从包络和频谱特征很容易看出,低频调制信号分量没有发生明显变化,而载
频频率则降低了,实现了频谱搬移。

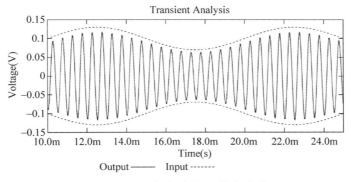

图 11-58　混频电路输入、输出波形

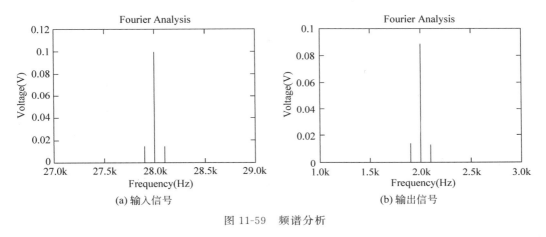

(a) 输入信号　　　　　　　　　　　　　　　　　(b) 输出信号

图 11-59　频谱分析

11.8　LM78LXX 稳压器

在集成稳压电路中,有串联调整式的,有开关式的,其中串联调整式以三端集成稳压器使
用最为方便,这种稳压器有固定输出和可调输出两种不同类型,并有正输出和负输出两大类。
下面介绍 LM78LXX 系列三端固定正输出集成稳压器。

11.8.1　电路

LM78LXX 三端稳压器的组成原理框图如图 11-60 所示,与之对应的内部电路如图 11-61
所示。

原理框图和内部电路的对应关系:

(1) 启动电路。由晶体管 T_{15}、结型 N 沟道场效应管 T_{16} 和稳压管 D_1 构成。

(2) 基准电压电路。由稳压管 D_2 通过 T_3、T_2、T_1 以及电阻 R_1、R_2、R_3 建立。

(3) 电流源电路。T_4、T_5 构成多路电流源电路。

(4) 误差放大电路。T_6、T_7、T_8 组成带恒流源的差分误差放大电路。

(5) 保护电路。

① 过热保护电路:晶体管 T_{13}、T_{14} 和电阻 R_3 组成过热保护电路。

② 过流保护电路:T_{12}、R_{11} 等组成输出电流限制电路,R_{11} 为电流取样电阻。

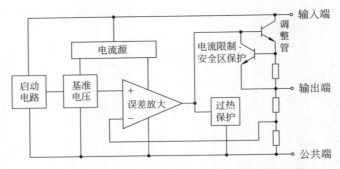

图 11-60 LM78LXX 三端稳压器的组成原理框图

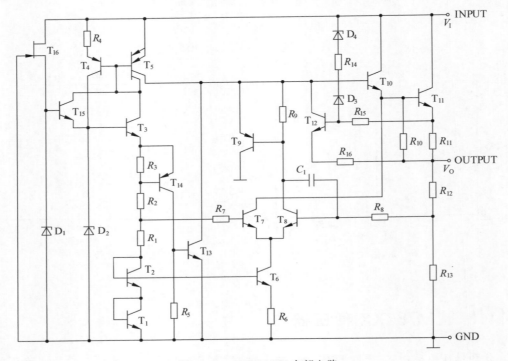

图 11-61 LM78LXX 内部电路

③ 安全工作区保护电路：T_{12}、R_{11}、D_3、D_4、R_{14} 等组成调整管安全工作区保护电路。

11.8.2 仿真

LM78LXX 内部电路仿真图如图 11-62 所示。图中接入了 7V 的输入电压和 50Ω 的负载电阻 R_L。

先根据对输出电压的要求算出 R_{12} 的值，比如要求输出电压为 5V，可求得 R_{12} 为 1.098kΩ，实取 1.1kΩ。输入电压为 7V，负载电阻为 50Ω 时，负载电流为 100mA。此时，电流源参考电流 I_{C5} 为 520μA，基准电压为 3.35V，流过稳压管 D_2 的电流为 98.3μA。下面通过仿真来了解 LM78LXX 内部电路的工作情况。

1. 启动电路

（1）启动电路与电路正确连接，执行仿真，输出电压为 5V。

（2）断开 Q_{16} 的基极或 D_{17} 的漏极，即启动电路不工作，执行仿真，输出电压为 532μV。说明启动电路对整个电路工作与否起关键作用。当电路正常工作后，Q_{16} 的 V_{BE} 为 0，说明启

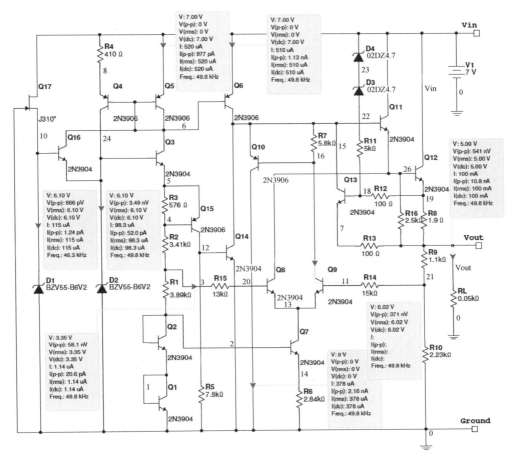

图 11-62　LM78LXX 内部电路仿真图

动电路已与基准电压电路断开。这里 D_{17} 的 V_{TO} 参数为 $-6.3V$。

2. 电流源和基准电压电路

将输入电压由 7V 改为 14V，执行仿真，电流源参考电流 I_{C5} 由 $520\mu A$ 变为 $521\mu A$，基准电压仍为 3.35V，说明电流源参考电流 I_{C5} 和基准电压是稳定的，且独立于输入电压。流过稳压管 D_2 的电流由 $98.3\mu A$ 变为 $111\mu A$，说明流过稳压管 D_2 的电流变化不大，这对于 D_2 电压的稳定是有益的。

对基准电压进行温度扫描，可看到基准电压温度补偿的情况，如图 11-63（a）所示。

3. 误差放大和电流调整电路

该电路由 Q_{10} 和 R_7 构成。当输入电压为 7V 时，I_{C9} 为 $118\mu A$，I_{C10} 为 $378\mu A$，I_{C8} 为 $114\mu A$；当输入电压为 14V 时，I_{C9} 为 $120\mu A$，I_{C10} 为 $572\mu A$，I_{C8} 为 $111\mu A$。以上仿真数据说明当输入电压增加时，将引起输出电压增加，经过取样电阻 R_9、R_{10} 取样后，Q_9 基极电位升高，再经 Q_8、Q_9 误差放大，I_{C9} 增加，导致 R_7 的压降有所增加，从而使 I_{C10} 有较大的增加，故 Q_{10} 有较强的电流调整作用，于是 Q_{11} 基极电流由 $10.7\mu A$ 变为 $9.16\mu A$，即主反馈为负反馈。与此同时，I_{C8} 有所减少，即局部反馈为正反馈，最终使输出电压稳定在 5V 上。这与自动控制原理中，为了减少或消除系统在输入信号和扰动作用下的稳态误差而采用的复合控制方法是一致的。

4. 过热保护

对电路进行温度扫描，如图 11-63（b）所示。可以看出，当温度为 30℃ 时，输出电压开始下降(小于 5V),随着温度的不断升高,输出电压不断下降。当温度约为 175℃ 时,输出电压仅为几十毫伏,电路进入过热保护状态。

5. 电流限制和安全区保护

当负载电阻为 50Ω 时,I_{C13} 仅为 38.4pA,说明 Q_{13} 不起作用,此时,输出电压为 5V;当负载电阻为 10Ω 时,I_{C13} 为 679μA,Q_{13} 起作用,输出电压为 3.67V,输出电流为 367mA,起到了限制电流的作用。输出电压关于负载电阻的变化情况如图 11-63(c)所示。

按照图中所给数据,对输入电压进行参数扫描,如图 11-63(d)所示。可以看出,当输入电压为 48V 时,输出电压开始下降,说明 Q13 已进入安全区保护状态。

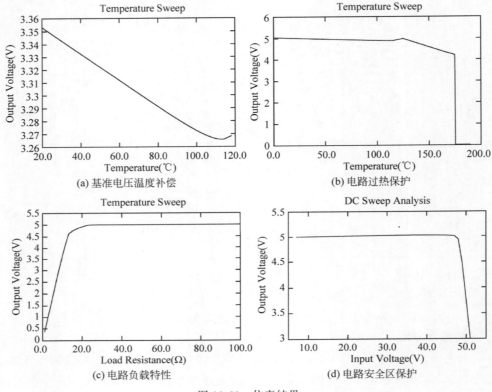

(a) 基准电压温度补偿   (b) 电路过热保护

(c) 电路负载特性   (d) 电路安全区保护

图 11-63 仿真结果

11.9 LM555 集成时基电路

555 时基电路是一种集模拟功能与逻辑功能于一身的中规模集成电路,它有双极型和 MOS 型两种,前者驱动能力较强,后者则具有功耗低、工作电压低等优点。利用这种集成电路,只需适当配接少量元件,即可以构成单稳、多谐振荡和施密特电路。

11.9.1 电路

双极型 555 时基电路的内部电路如图 11-64 所示,其内部电路的简化原理框图如图 11-65 所示。电路包括两个比较器 C_1($T_1 \sim T_6$、T_{14}、T_{15})和 C_2($T_7 \sim T_{13}$),一个 RS 触发器($T_{16} \sim T_{21}$),一个缓冲器 A(T_{22}、$T_{24} \sim T_{26}$);一个对外计时放电的晶体管 T_{28},以及三个阻值为 5kΩ 的电阻组成的电压参考电路。

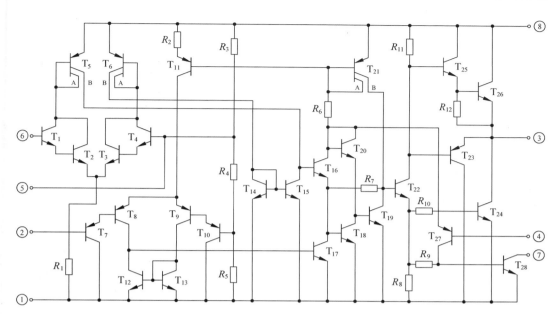

图 11-64 555 时基电路的内部电路

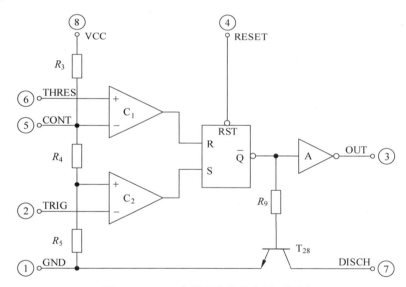

图 11-65 555 内部电路的简化原理框图

555 时基电路的基本逻辑关系如表 11-1 所示。

表 11-1 555 时基电路的基本逻辑关系

输 入			输 出	
阈值输入	触发输入	复位	输出	放电管
—	—	0	0	导通
$<\frac{2}{3}V_{CC}$	$<\frac{1}{3}V_{CC}$	1	1	截止
$>\frac{2}{3}V_{CC}$	$>\frac{1}{3}V_{CC}$	1	0	导通
$<\frac{2}{3}V_{CC}$	$>\frac{1}{3}V_{CC}$	1	不变	不变

11.9.2 仿真

为了较好地理解 555 时基电路的内部电路结构,这里从原理框图、单元电路和内部电路三个方面,对 555 时基电路进行仿真分析。

1. 原理框图

图 11-66(a)给出了由 555 时基电路内部框图与外围元件构成的多谐振荡器仿真图。其中,两个电压比较器由 LM139D 构成,RS 触发器采用数字集成电路 4043,输出缓冲和反相采用集成电路 4041,放电管采用 2N3904。根据图中数据,输出波形的周期理论值为 1ms,占空比为 80%。仿真输出波形如图 11-66(b)所示。实测周期为 1.022 6ms,占空比为 79.72%,二者基本吻合。

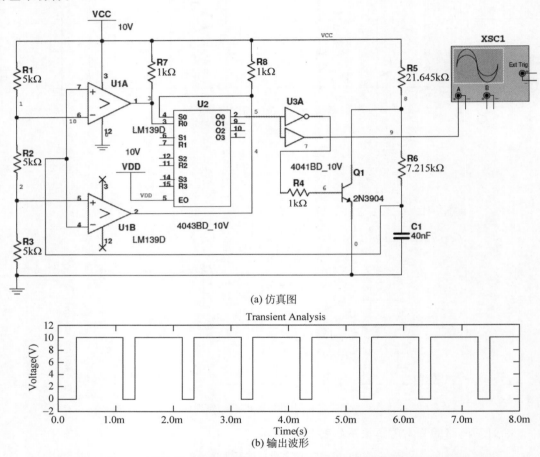

(a) 仿真图

(b) 输出波形

图 11-66 由 555 时基电路内部框图与外围元件构成的多谐振荡器仿真图及其输出波形

2. 单元电路

1) 比较器

图 11-67(a)所示为比较器 C_1 的仿真电路。通过 DC 扫描得到其传输特性如图 11-67(b)所示。当电源电压 V_{CC} 为 12V 时,$(2/3)V_{CC}=8V$,故比较器 C_1 的阈值电压理论值为 8V。

仿真实测,当 $V_1=8.05V$ 时,输出为 1(12V);当 $V_1=7.99V$ 时,输出为 0(84.2mV)。

图 11-68(a)所示为比较器 C_2 的仿真电路。通过 DC 扫描得到其传输特性如图 11-68(b)所示。当电源电压 V_{CC} 为 12V 时,$(1/3)V_{CC}=4V$,故比较器 C_2 的阈值电压理论值为 4V。

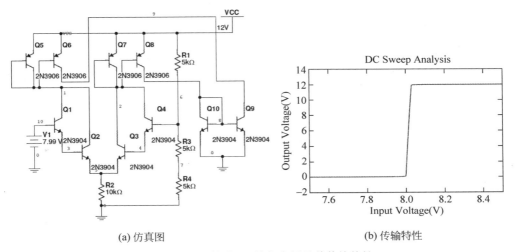

(a) 仿真图   (b) 传输特性

图 11-67 比较器 C_1 的仿真图及其传输特性

仿真实测，当 $V_1=3.99\mathrm{V}$ 时，输出为 1（4.12V）；当 $V_1=4.01\mathrm{V}$ 时，输出为 0（85.3mV）。

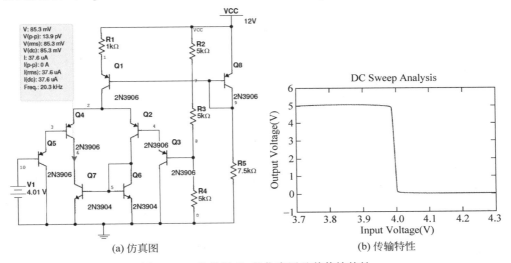

(a) 仿真图   (b) 传输特性

图 11-68 比较器 C_2 的仿真图及其传输特性

2）RS 触发器

图 11-69 所示为 RS 触发器的仿真图。为了对其功能进行测试，我们设置了三个开关，其中 J_1、J_2 控制输入端的 0、1 变化，J_3 为复位控制，输出端为 Q_4 的集电极。

仿真测试结果如表 11-2 所示。可见，该电路具有 RS 触发器的功能。

表 11-2 RS 触发器仿真测试结果

J_3	J_1	J_2	Q_4 集电极电位	输出逻辑电平
0	×	×	1.63V	1
1	0	0	保持原态	保持原态
1	0	1	42.7mV	0
1	1	0	1.63V	1

3）输出级

图 11-70(a)所示为输出级的仿真电路。图中，在输入端设置了开关 J_1，用来控制输入的

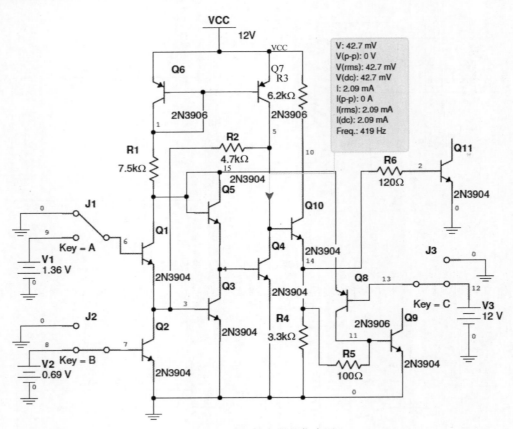

图 11-69 RS 触发器的仿真图

0、1；输出端加入负载 $R_L = 1\text{k}\Omega$。

仿真测试，$J_1 = 1(2\text{V})$ 时，输出为 0(24.7mV)；$J_1 = 0(0\text{V})$ 时，输出为 1(10.6V)。通过 DC 扫描得到其传输特性如图 11-70(b) 所示。

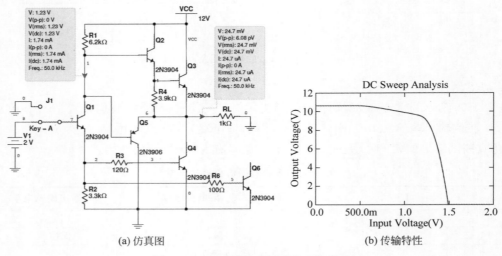

(a) 仿真图　　　　　　　　　(b) 传输特性

图 11-70 输出级仿真图及其传输特性

将开关 J_1 用一个 20kHz，0～2V 的方波源取代，可以观察到输入和输出波形，如图 11-71 所示。

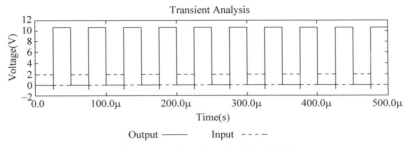

图 11-71 输入方波时的输出波形

4）晶体管 Q_5 的作用

将图 11-70(a)改为图 11-72，方波源为 $1\mathrm{kHz}$、$2\mathrm{V}$，在输出端加入负载电容 $C_L = 5\mu\mathrm{F}$。当 Q_5 不接入时，输出波形如图 11-73(a)所示；当 Q_5 接入时，输出波形如图 11-73(b)所示。可以看出，接入 Q_5 后输出波形的下降沿得到明显的改善。

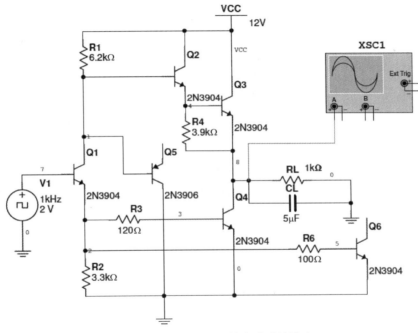

图 11-72 分析 Q_5 对输出波形的影响

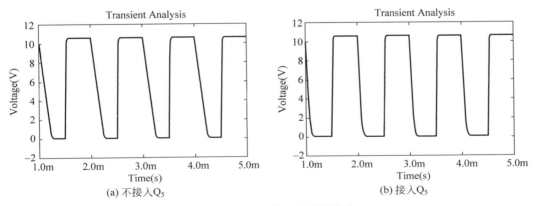

(a) 不接入 Q_5 (b) 接入 Q_5

图 11-73 Q_5 对输出波形的影响

3. 内部电路

图 11-74 所示为 555 时基电路的内部电路仿真图。图中设置了开关 J_1、J_2,用于输入端控制,J_3 用于电路复位控制。对其功能进行测试,其结果如表 11-3 所示。

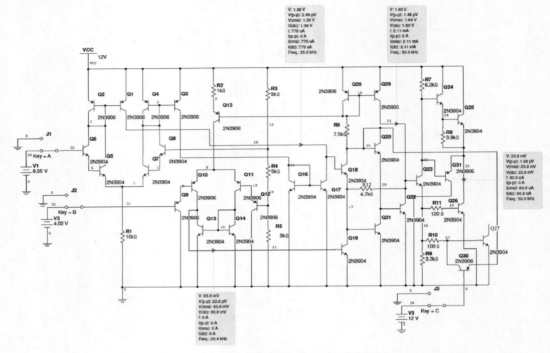

图 11-74   555 时基电路的内部电路仿真图

表 11-3   555 时基电路的内部电路仿真测试结果

J_3	J_1	J_2	输 出
0	×	×	0(23.8mV,复位状态)
1	0	0	1(11.8V)
1	0	1(4.02V)	不变
1	1(8.05V)	1(4.02V)	0(23.8mV)

将 555 时基电路的内部电路作为子电路封装起来,设计一个 RC 多谐振荡器,振荡器的重复频率为 100Hz,占空比为 80%。

令 $C_1 = 400$nF,因

$$f = \frac{1}{0.693(R_{13} + 2R_{14})C_1}$$

所以 $$R_{13} + 2R_{14} = \frac{1}{0.693fC_1} = \frac{1}{0.693 \times 1 \times 10^2 \times 400 \times 10^{-9}} = 36.075\text{k}\Omega$$

又 $$0.8 = \frac{R_{13} + R_{14}}{R_{13} + 2R_{14}}$$

即 $R_{13} + R_{14} = 0.8 \times 36.075 = 28.86$kΩ,于是可得

$$R_{13} = 21.645\text{k}\Omega, \quad R_{14} = 7.215\text{k}\Omega$$

仿真图如图 11-75(a)所示,输出波形如图 11-75(b)所示。

实测 $T_1 = 8.0803$ms,$T = 10.1461$ms,占空比为 79.64%。

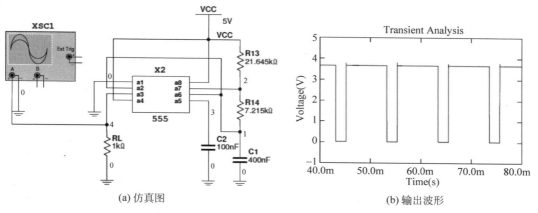

(a) 仿真图　　　　　　　　(b) 输出波形

图 11-75　RC 多谐振荡器仿真图及其输出波形

第 12 章

实用电路

实用电路是有实际使用价值的电路,或者说是实际应用电路,它是在所学的基础电路的基础上,考虑到实际情况而设计的。本章将从电源电路、测量电路、转换电路、放大电路和 AGC 电路等几个方面加以介绍。

Multisim 仿真分析:瞬态分析、直流分析、参数分析

本章知识结构图

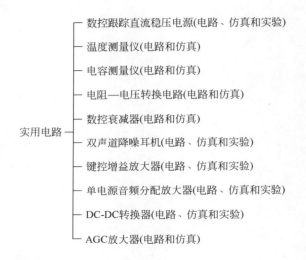

实用电路
- 数控跟踪直流稳压电源(电路、仿真和实验)
- 温度测量仪(电路和仿真)
- 电容测量仪(电路和仿真)
- 电阻—电压转换电路(电路和仿真)
- 数控衰减器(电路和仿真)
- 双声道降噪耳机(电路、仿真和实验)
- 键控增益放大器(电路、仿真和实验)
- 单电源音频分配放大器(电路、仿真和实验)
- DC-DC转换器(电路、仿真和实验)
- AGC放大器(电路和仿真)

微课视频

微课视频

微课视频

12.1 数控跟踪直流稳压电源

在实际电路中,经常需要使用双电源供电,特别是在精密运算电路中,对电源的稳定度、精度和对称性提出了更高的要求,为保证正负电源电压绝对值相等,抑制零点漂移,人们设计了一种电源,当调整其正输出电压时,其负输出电压可以自动跟随正电压变化。我们把这类电源称为跟踪电源。

12.1.1 电路

在设计可调跟踪电源之前,首先要设计一个可调的单电源。这里选用了常用的三端稳压芯片 LM117/317A/317,其典型应用电路如图 12-1 所示。输出电压可写成

$$V_O = V_{REF}\left(1 + \frac{R_2}{R_1}\right) + I_{ADJ}R_2$$

式中,$V_{REF} = 1.25V$;I_{ADJ} 是调整端的电流,约为 $50\mu A$,其值很小,可忽略不计。

于是,输出电压为

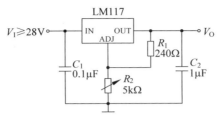

图 12-1　典型应用电路

$$V_O = 1.25 \times \left(1 + \frac{R_2}{R_1}\right)$$

若将 R_2 设计为数控电阻,即可实现输出电压的数控。在这个基础上,添加一个电压放大倍数为 -1 的反相放大电路,注意使用集成运放和三极管扩流,就可以构成一个数控跟踪直流稳压电源。

12.1.2　仿真

利用 LM117/317A/317 设计的三位二进制数的数控稳压电源仿真图如图 12-2 所示。其中,A、B、C 为控制信号,取 1 时,开关闭合;取 0 时,开关断开。3 个控制信号,共有 8 种状态,可实现输出电压 2~9V,步进为 1V。

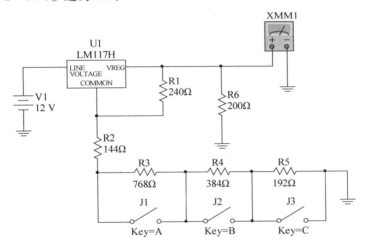

图 12-2　数控稳压电源仿真图

仿真时,先令 ABC=111,调节 R_2,使 $V_O=2V$;然后,ABC=110,调节 R_5,使 $V_O=3V$;ABC=101,调节 R_4,使 $V_O=4V$;ABC=011,调节 R_3,使 $V_O=6V$。全部仿真结果如表 12-1 所示。

表 12-1　数控稳压电源仿真结果

A	B	C	V_O/V	A	B	C	V_O/V
0	0	0	9.077	1	0	0	5.04
0	0	1	8.068	1	0	1	4.03
0	1	0	7.059	1	1	0	3.02
0	1	1	6.049	1	1	1	2.009

在此基础上,构成的数控跟踪稳压直流电源仿真图如图 12-3 所示。全部仿真结果如表 12-2 所示。

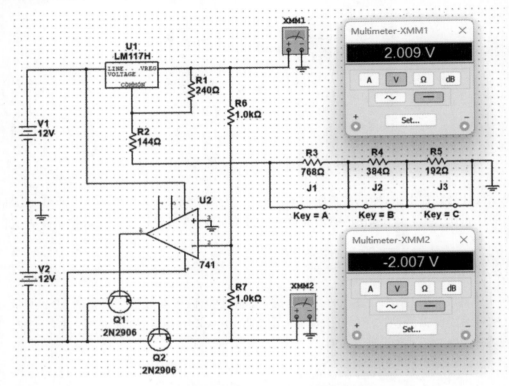

图 12-3　数控跟踪稳压直流电源仿真图

表 12-2　数控跟踪稳压直流电源仿真结果

A	B	C	$V_o/-V_o$	A	B	C	$V_o/-V_o$
0	0	0	$9.077/-9.075$	1	0	0	$5.04/-5.038$
0	0	1	$8.068/-8.066$	1	0	1	$4.03/-4.028$
0	1	0	$7.059/-7.057$	1	1	0	$3.02/-3.018$
0	1	1	$6.049/-6.047$	1	1	1	$2.009/-2.007$

12.1.3　实验

　　图 12-4 和图 12-5 分别给出了面包板上的跟踪直流稳压电源和数控稳压器,二者结合,即可实现数控跟踪直流稳压电源。考虑到一般运放的供电电压为±15V,最大输出电压约为13~14V,所以,实验时电路的供电电压取雨珠 S 的±12V,可满足输出电压±2~±9V,步进1V 的要求。实验步骤类似仿真过程,这里就不重复了。

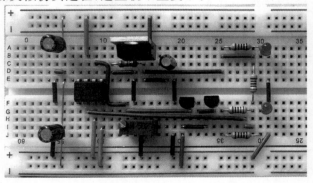

图 12-4　面包板上的跟踪直流稳压电源

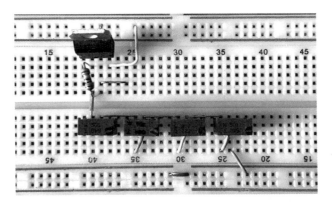

图 12-5　面包板上的数控稳压器

12.2　温度测量仪

利用温度传感器，将温度(非电量)转换为电压或电流(电量)，结合电子电路，以电压表指示温度值，实现温度的测量。

12.2.1　电路

图 12-6 给出了一种实用温度测量仪的电原理图。其中，LM134 为电流型温度传感器，R_1 取 227Ω 时，可以获得 $1\mu A/K$ 的灵敏度(绝对温标 0K＝－273℃)；经取样电阻$(R_2+R_3)＝$ 10kΩ，转变为 10mV/K 的电压输出，在 0～100℃ 范围内，V_A 的取值范围是 2.73～3.73V，经 A_1 跟随隔离后输出 V_B 给 A_2 的反相端。A_4、D 等组成基准电压电路，为 A_2 的同相端提供一个稳定的电压 V_C。V_B、V_C 经 A_2 差分放大后，其输出 V_D 再经 A_3 反相放大后，以电压表指示温度值。

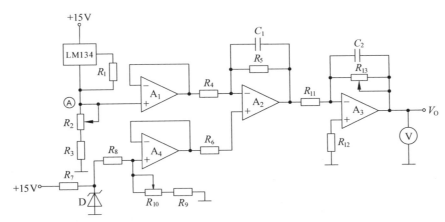

图 12-6　一种实用温度测量仪的电原理图

在设计图 12-6 所示电路参数时，设温度在 0～100℃ 之间变化时，输出电压在 0～10V 之间变化，测量 20℃、40℃、60℃ 时，相应的输出电压分别为 2V、4V、6V。

为了保证在 0～100℃ 变化范围内，V_A 在 2.73～3.73V 内变化，选取 $R_2+R_3＝10$kΩ，且 R_2 为可调电阻，以便调整。A_1 主要起隔离作用，故 V_B 仍输出为 2.73～3.73V。

基准电压设计。选择 D 为 6V 稳压管，I_Z 为 9mA，则 R_{14} 为 1kΩ，经电阻 R_8、R_9、R_{10} 分压，得到 2.73V 电压，再通过 A_4 跟随输出电压 V_C(2.73V)，这里为了调整方便，将 R_{10} 选为可调电阻，取 $R_{10}=100kΩ$，$R_8=47kΩ$，$R_9=20kΩ$。

A_2 设计为 1 倍差分放大器，选 $R_4=R_5=R_6=R_7=10kΩ$，这样，保证在 0℃ 时，输出 V_D 为 0V；在 100℃ 时，输出 V_D 为 1V。

A_3 设计为 10 倍放大器，以保证最后输出电压在 0 和 10V 之间变化。为了调整方便，R_{13} 选为可调电阻，取 $R_{13}=15kΩ$、$R_{11}=R_{12}=1kΩ$。

12.2.2　仿真

温度测量仪的仿真图如图 12-7 所示，其中用一个电流源 I_1 代替电流型温度传感器。仿真时，先做以下调试：

(1) 使电流源为 0.273mA，则 $V_A=2.73V$。

(2) 调整 R_9（由于 R_9 调整百分比较大，可适当调整 R_8 的值），使 $V_D=0V$，同时，$V_O=0V$。

(3) 使电流源为 0.373mA，调整 R_5，使 $V_O=10V$。

再做以下测试：

(1) 当电流源为 0.293mA 时，即相当于温度为 20℃，则电压表显示 2V。

(2) 当电流源为 0.313mA 时，即相当于温度为 40℃，则电压表显示 4V。

(3) 当电流源为 0.333mA 时，即相当于温度为 60℃，则电压表显示 6V。

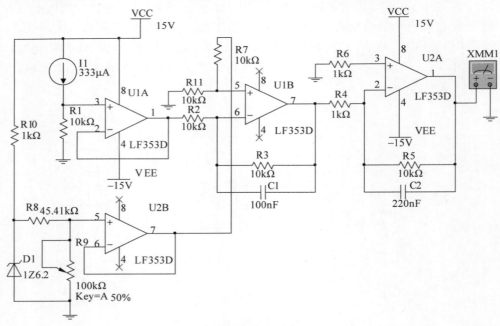

图 12-7　温度测量仪的仿真图

可见，实测结果与理论值吻合得很好。然后，进行电流源 I_1 对输出电压的 DC 扫描，得到曲线如图 12-8 所示，说明当温度从 0 到 100℃ 变化即电流源 I_1 从 0.273 到 0.373mA 变化时，输出电压与其具有很好的线性关系。

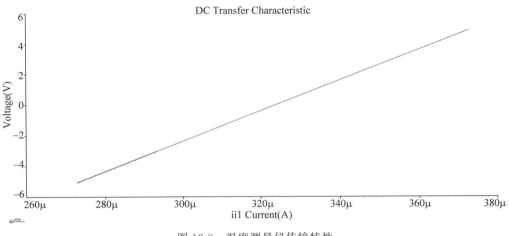

图 12-8　温度测量仪传输特性

12.3　电容测量仪

将频率为 f_0 的正弦波信号作用于被测电容 C_x，通过 C/ACV 转换电路，将 C_x 转换为交流电压信号，再经带通滤波电路滤去干扰频率，从而输出幅值正比于 C_x 的 f_0 正弦波电压。最后以数字形式显示被测电容的容值。

12.3.1　电路

图 12-9 给出了电容测量仪的电原理图。图中电路包括以下几个部分。

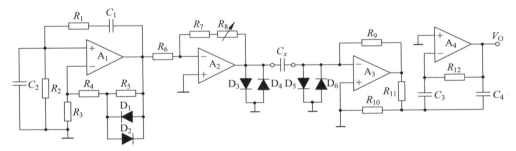

图 12-9　电容测量仪的电原理图

1. 正弦波振荡电路

采用 RC 桥式正弦波振荡电路，产生 400Hz 的正弦波。

2. 反相比例运算电路

为了隔离振荡电路与被测电容，这里设置了由 A_2、$R_6 \sim R_8$ 组成的反相比例运算电路起缓冲作用。同时，通过调节 R_8 可以改变比例系数。换言之，R_8 是校准电位器。

3. C/ACV 转换电路

由 A_3 组成 C/ACV 转换电路，其转换系数为

$$A_{v3} = -\mathrm{j}2\pi f_0 R_9 C_x$$

所以，A_3 输出电压的有效值 $V_{O3} = 2\pi f_0 R_9 C_x V_{O2}$（$V_{O2}$ 是 A_2 输出电压的有效值）。由此可

见，当频率为 f_0 的正弦波电压幅值一定时，V_{O2} 也为定值，对于一定范围的 C_x，选定 R_9，则 V_{O3} 与 C_x 成正比。

二极管 D_3 和 D_4 用于 A_2 输出电压限幅，D_5 和 D_6 用于 A_3 输入电压限幅，以保证运放安全工作。

4. 带通滤波器

带通滤波电路由 A_4 等组成，用以滤除非线性失真引起的谐波频率，其输出电压 V_O 是与被测电容 C_x 容值成正比的 400Hz 交流信号。

12.3.2 仿真

电容测量仪电路的仿真图如图 12-10 所示。图中，正弦波振荡器用一个 5V、400Hz 的交流源代替，C_x 为被测电容。选 C_x 为 5nF，为了在电压表（交流档）上以 mV 为单位显示以 nF 为单位的电容值，可适当调整电阻 R_1，使电压表显示 5mV，即 5nF。

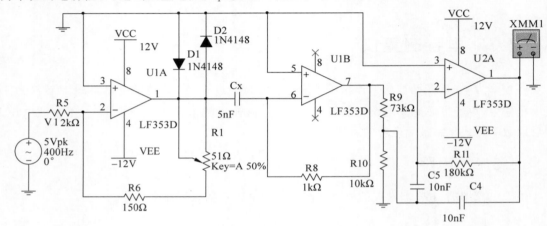

图 12-10　电容测量仪电路的仿真图

选择几个电容值进行测量，结果如表 12-3 所示。

表 12-3　测量结果

电容值 C_x	输出电压 V_O	电容值 C_x	输出电压 V_O
1pF	$1.000\mu V$	1 000pF	1.000mV
10pF	$10.001\mu V$	10nF	10.001mV
20pF	$20.002\mu V$	$2\mu F$	2.004V
100pF	$100.009\mu V$		

从测量结果看，电压表显示值与电容值基本吻合。

12.4　电阻—电压转换电路

电阻—电压转换电路是一种常用的信号预处理电路，可应用在如热敏电阻温度计等依靠电阻变化的传感器中，其功能是将电阻 R_x 的值（以 kΩ 为单位）转换为同值电压（以 V 为单位）。

12.4.1 电路

如图 12-11 所示,电路由三个集成运放、一个精密基准源和若干电阻组成。A_2 的输出电压 V_{O2} 通过转换电阻 R_x 与电阻 R_1 串联分压,再经电压跟随器 A_1 输出电压 V_{O1},一路送给差分比例电路 A_2 的同相输入端,A_2 的反相输入端接有精密基准源 2.5V;另一路送给反相比例电路 A_3。电路的输出电压 V_{O3},最后以数字电压表显示 V_{O3} 的值。

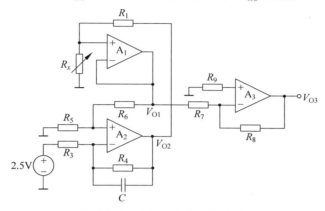

图 12-11 电阻—电压转换电路

12.4.2 仿真

电阻—电压转换电路的仿真图如图 12-12 所示。其中,R_x 为转换电阻,改变 R_x 的值,电路的输出电压用电压表显示,以 V 为单位的电压值与以 kΩ 为单位的电阻值相等。

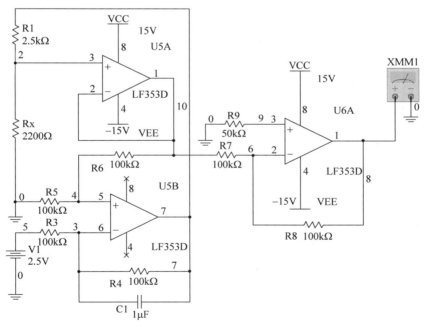

图 12-12 电阻—电压转换电路的仿真图

例如,$R_x = 2.2\text{k}\Omega$ 时万用表显示 2.2V。调整 R_x 的值,电压表的值作相应变化。为了检验这种转换关系,我们进行参数扫描。其结果及作图如图 12-13 所示。

R_x(kΩ)	V_{out}(V)	R_x(kΩ)	V_{out}(V)
0.0	1.907 60u	5.0	4.999 33
0.5	499.96 m	5.5	5.499 22
1.0	999.92 m	6.0	5.999 10
1.5	1.499 88	6.5	6.498 98
2.0	1.999 83	7.0	6.998 85
2.5	2.499 76	7.5	7.498 71
3.0	2.999 69	8.0	7.998 56
3.5	3.499 61	8.5	8.498 40
4.0	3.999 53	9.0	8.998 24
4.5	4.499 43	9.5	9.498 07

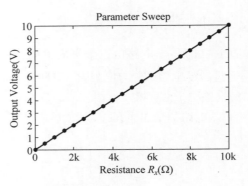

图 12-13　参数扫描和转换特性

12.5　数控衰减器

数控衰减器由带数控端口并具有恒定输入电阻的电子衰减器和数控电路两部分组成。电子衰减器部分由集成运放构成的多级衰减电路组成,每一级是否衰减由数控信号决定,从而对整个衰减器实现数控。数控部分可以是不同形式的数控电路。

12.5.1　电路

数控衰减器的电原理图如图 12-14 所示。

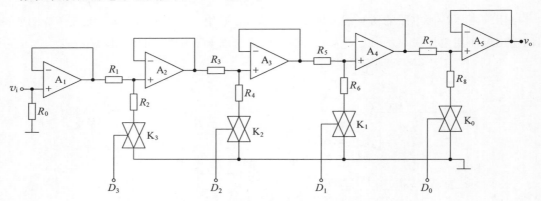

图 12-14　数控衰减器的电原理图

1. 衰减器部分

由图 12-14 可以看出,$A_1 \sim A_5$ 组成电压跟随器,对每一级衰减电路起隔离缓冲作用。R_1、R_2、K_3,R_3、R_4、K_2,R_5、R_6、K_1 和 R_7、R_8、K_0 分别组成衰减电路,每一级衰减电路由各自连接的电子开关控制。当控制端为 1 时,衰减起作用;当控制端为 0 时,衰减不起作用。R_0 决定衰减器的输入电阻。可见,这种衰减器的优点在于其输入电阻不随衰减量和负载的变化而变化,即为恒定输入电阻衰减器。

参数选择:

(1) 取 R_0 为 100kΩ,则衰减器的输入电阻恒为 100kΩ。

(2) 将 4 级衰减量分别设为 -1dB、-2dB、-4dB 和 -8dB,则衰减选择输入 $D_3 D_2 D_1 D_0$ 从 0000 变化到 1111 时,输出 v_o 的衰减量从 0dB 变化到 -15dB,据此可确定 $R_1 \sim R_8$ 的值。

以第一级为例,设衰减量为 x,则

$$x = 20 \lg \frac{R_2}{R_1 + R_2}$$

故

$$R_1 = (10^{-\frac{x}{20}} - 1) R_2$$

取第一级衰减量为 -8dB，$R_2 = 150$kΩ，则可求得 $R_1 = 226.8$kΩ。同理，取第二、第三、第四级衰减量分别为 -4dB、-2dB、-1dB，$R_4 = R_6 = R_8 = 150$kΩ，可求得 $R_3 = 87.7$kΩ，$R_5 = 38.8$kΩ，$R_7 = 18.3$kΩ。于是，在 $D_3 D_2 D_1 D_0$ 从 0000 变化到 1111 时，输出 v_o 与输入之间的衰减关系从 0dB 线性变化到 -15dB。

2. 数控部分

电路如图 12-15 所示，这是由基本的数字芯片组成的简易数控电路。从图中可以看出，4 位二进制可逆计数器 CD40193 为数控部分的核心芯片，完成 $D_0 \sim D_3$ 的加计数或减计数。R、C 网络在电路上电时产生一个负脉冲，使 IC_2 输出预置数 1111，目的是使衰减器初始输出为最小。IC_{1a}、IC_{1b} 为三输入与非门 CD4023，分别为 IC_2 减时钟和加时钟的控制电路。当加计数开关 S_1 和减计数开关 S_2 均不按下时，IC_{1a}、IC_{1b} 均有一输入端为 0，IC_{1a}、IC_{1b} 被封锁，IC_2 因无计数脉冲作用而保持原态；若按下 S_1 或 S_2，则 IC_{1b} 或 IC_{1a} 开启，计数脉冲使 IC_2 加计数或减计数，从而实现了通过按键控制衰减器的衰减量。IC_4 为四输入与非门 CD4012，它的作用是当 $D_0 \sim D_3$ 为全 1 时，IC_4 输出为 0，将 IC_{1b} 封锁，使 IC_2 不再加计数，避免 IC_2 输出由 1111 变为 0000；而 $D_0 \sim D_3$ 为非全 1 时，IC_4 输出为 1，对 IC_{1b} 解除封锁。类似地，IC_3 为四输入或门 CD4072，它的作用是当 $D_0 \sim D_3$ 为全 0 时，IC_3 输出为 0，将 IC_{1a} 封锁，使 IC_2 不再减计数，避免 IC_2 输出由 0000 变为 1111；而 $D_0 \sim D_3$ 为非全 0 时，IC_3 输出为 1，对 IC_{1a} 解除封锁。

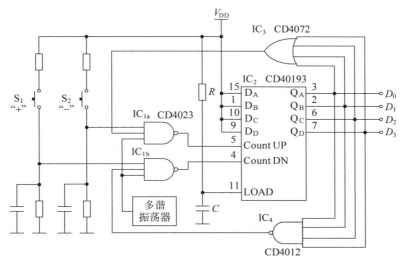

图 12-15　简易数控电路

12.5.2　仿真

图 12-16 所示是数控衰减器的仿真图。其中，衰减器部分作为子电路，其内部电路如图 12-17 所示。电子开关采用集成电路 4066，数控芯片 40193 的复位由开关 J_3 控制，加计数和减计数控制门采用集成电路 4011，加计数和减计数分别由开关 J_2、J_1 控制。

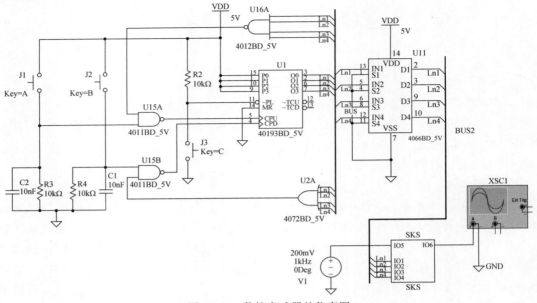

图 12-16　数控衰减器的仿真图

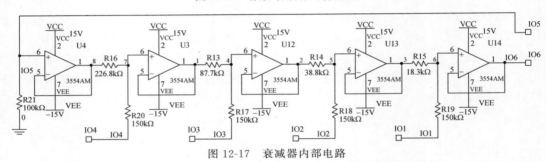

图 12-17　衰减器内部电路

在衰减器的输入端接入 200mV、1kHz 的正弦波信号,仿真时,先点触开关 J$_3$,使 40193 复位,此时衰减器的衰减最大(-15dB),衰减器输出为 35.6mV(理论值)。然后,不断点触加计数控制开关 J$_2$,可以在示波器上看到输出波形幅度不断增加直至最大的情形;随后,再不断点触减计数控制开关 J$_1$,又可以在示波器上看到输出波形幅度不断减少直至最小,输出的波形如图 12-18 所示。由于设计时没有考虑电子开关 4066 的导通电阻,故实测衰减器的衰减量比理论值要小些。

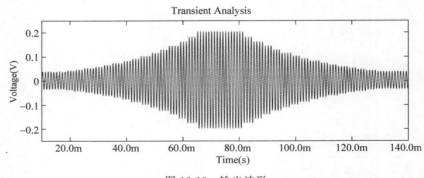

图 12-18　输出波形

图 12-19 所示是数控衰减器的另一个仿真图。其中,40193 的加计数和减计数控制门采用集成电路 4023,加计数和减计数分别由开关 J$_2$、J$_1$ 控制。为了在开关按下时,40193 能够自

动加、减计数,图中增加了一个 300Hz 的方波源,这样,在开关按下后,便可以看到输出波形幅度的自动变化过程。注意,仿真时,应先点触复位开关,使输出最小。

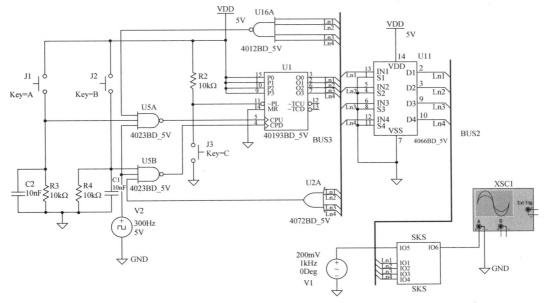

图 12-19　自动加减计数的数控衰减器仿真图

12.6　双声道降噪耳机

微课视频

主动降噪耳机是采用耳机内的麦克风对外面的噪声进行采样,通过内部电路,产生与噪声大小相等、相位相反的声波,从而抵消噪声,实现降噪的效果。

12.6.1　电路

双声道降噪耳机电原理图如图 12-20 所示。

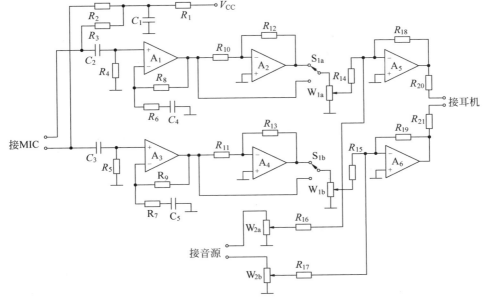

图 12-20　双声道降噪耳机电原理图

由图 12-20 可以看出,首先两个 MIC 所拾取的噪声信号,经 C_2、C_3 耦合到运放 A_1 和 A_3,进行同相放大,其放大倍数为

$$A_{v1} = (R_8 + R_6)/R_6 \quad 或 \quad A_{v3} = (R_9 + R_7)/R_7$$

放大后的信号分为两路,一路直通相位切换开关 S_1,另一路进入 A_2 和 A_4 进行反相放大,其放大倍数为

$$A_{v2} = -R_{12}/R_{10} \quad 或 \quad A_{v4} = -R_{13}/R_{11}$$

由 S_1 进行相位切换,然后进入音量电位器 W_1,调整音量可以使耳机发出的声音幅度与噪声波幅度相等,以达到最佳的降噪效果。从音量电位器输出的信号进入由 A_5 和 A_6 构成的耳机驱动放大器,放大倍数近似为

$$A_{v5} = -R_{18}/R_{14} \quad 或 \quad A_{v6} = -R_{19}/R_{15}$$

W_2 是外部音源信号的音量电位器。由 A_5 和 A_6 对外部音源信号进行放大,其放大倍数为

$$A_{v5} = -R_{18}/R_{16} \quad 或 \quad A_{v6} = -R_{19}/R_{17}$$

12.6.2 仿真

双声道降噪耳机电路仿真图如图 12-21 所示。由于两个声道是一样的,所以,只仿真其中一个声道即可。

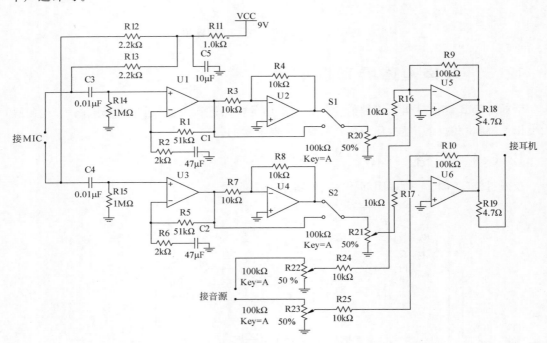

图 12-21　双声道降噪耳机电路仿真图

单声道降噪耳机电路仿真图如图 12-22 所示。仿真时,用信号源 V1 代替驻极体的输出信号,可变电阻 R_{20} 调至最大。

根据图 12-22 中数据可知,电路的总电压放大倍数为

$$A_v = \left(1 + \frac{51}{2}\right) \times \left(-\frac{10}{10}\right) \times \left(-\frac{100}{10}\right) = 265$$

用示波器观察到的输入和输出波形如图 12-23 所示。输入波形幅度为 10mV,输出波形幅度为 2.649V,电压放大倍数为 2.649/0.01=264.9,与理论值很吻合。

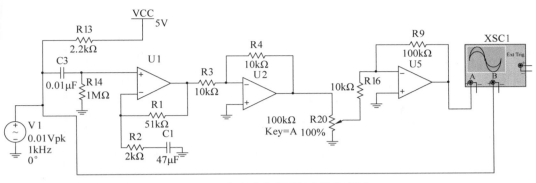

图 12-22　单声道降噪耳机电路仿真图

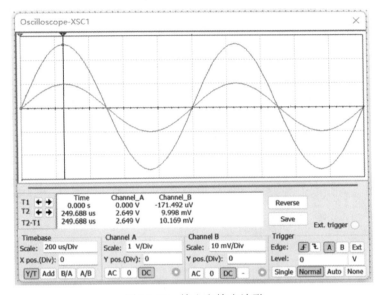

图 12-23　输入和输出波形

特别注意：此时的输出波形与输入波形同相。如何实现输出波形与输入信号波形反相呢？事实上，驻极体本身的输出波形与其输入信号波形是反相的，这样就保证了电路输出波形与驻极体输入信号波形反相。

12.6.3　实验

实验时，需要制作一个噪声源。这里给出了噪声源的一种电路结构，如图 12-24 所示。

在面包板上搭好的单声道降噪耳机电路和噪声源电路如图 12-25 所示。图 12-25 的左半部分为单声道降噪耳机电路，图 12-25 的右半部分为噪声源电路。

实验时，设置雨珠 S 的 ±5V 电压，并加至面包板的右侧电源输入端，面包板上左右两部分电路间加有 LC 滤波电路，以防相互干扰。

先取下扬声器，用雨珠 S 的示波器观察噪声源的输出波形，如图 12-26 所示，同时，单声道降噪耳

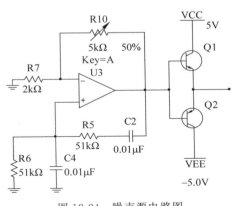

图 12-24　噪声源电路图

图 12-25　面包板上的单声道降噪耳机电路和噪声源电路

机电路无输出波形；插上扬声器，用雨珠 S 的示波器可以同时看到单声道降噪耳机电路的输出波形和噪声源电路的输出波形，且二者相位相反，适当调节微调电阻，可使两个波形大小相等，如图 12-27 所示。

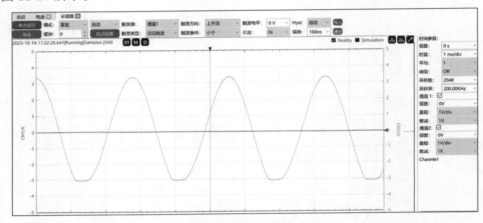

图 12-26　噪声源的输出波形

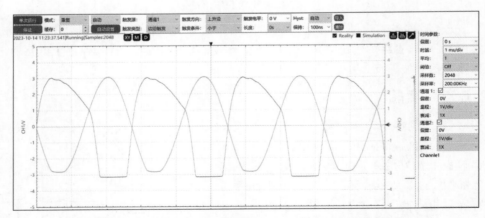

图 12-27　降噪耳机电路的输出波形和噪声源电路的输出波形

12.7　键控增益放大器

微课视频

　　键控增益放大器是一种放大倍数由开关控制的放大器。例如，利用三个开关，可以控制放大器 8 个不同的放大倍数，同时，还要保证放大器有固定的输入电阻。

12.7.1　电路

键控增益放大器电原理图如图 12-28 所示。其中,集成运放 A_1 构成电压跟随器,保证电路具有固定的高输入电阻;集成运放 A_2 构成键控增益反相放大器,其键控由三个开关 A、B 和 C 实现,例如,开关闭合为 0,开关断开为 1,这样,就有 $000\sim111$ 共 8 个状态。若设 $R_1 = R$, $R_2 = 3R$, $R_3 = 4R$, $R_4 = 2R$, $R_5 = R$,即可实现 $3\sim10$ 倍、步进为 1 的 8 个放大倍数。

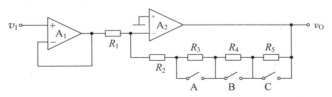

图 12-28　键控增益放大器电原理图

12.7.2　仿真

键控增益放大器仿真图如图 12-29 所示。考虑到电路供电电压为 $\pm5V$ 和电路放大倍数为 $3\sim10$ 倍,信号源电压幅度可取 $0.1\sim0.3V$,来观察电路输出波形。仿真时可动态观察波形,也就是按 A、B 和 C 键,动态观察 $000\sim111$ 时波形由小到大的动态变化过程。图 12-30 给出了 011 时的输出波形,电压放大倍数为 6 倍,显示波形幅度为 $1.197V$,与理论值吻合得很好。

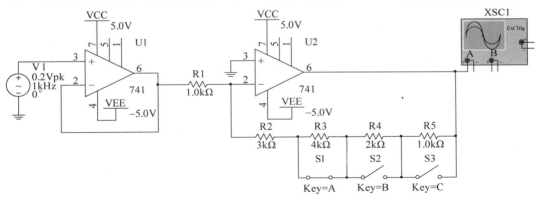

图 12-29　键控增益放大器仿真图

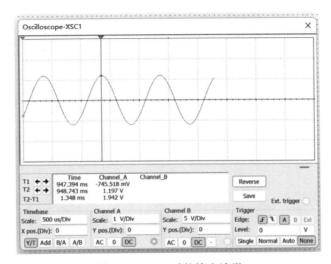

图 12-30　011 时的输出波形

12.7.3 实验

在面包板上搭好的键控增益放大器电路如图 12-31 所示。其中的键控由三个插线代替，插好插线为开关闭合，取下插线为开关断开。

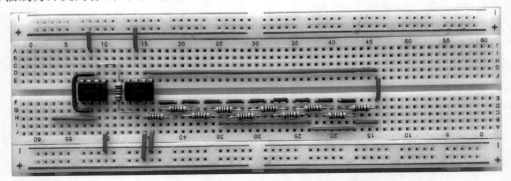

图 12-31　面包板上的键控增益放大器电路

实验时，设置雨珠 S 的 ±5V 电源，并加至面包板上的电源端，信号源设为正弦波，幅度为 0.2V，频率为 1kHz，用示波器观察电路输出端波形。调节三个插线，可以看到不同放大倍数时的输出波形。图 12-32 给出了 000 和 111 时的电路输出波形，输出电压幅值分别为 0.6V 和 2V。

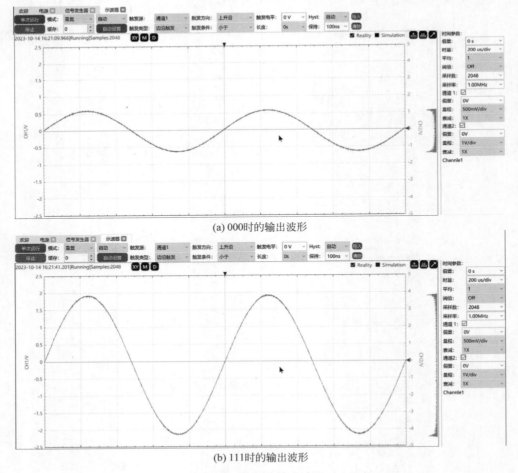

(a) 000时的输出波形

(b) 111时的输出波形

图 12-32　电路输出波形

微课视频

12.8 单电源音频分配放大器

音频分配放大器可将一路音频输入分配成 n 路独立的音频输出,且 n 路输出均具有较强的带负载能力。

12.8.1 电路

单电源音频分配放大器电原理图如图 12-33 所示。图中,R_2 和 R_3 为两个等值电阻,将电源电压 V_{CC} 等分为 $V_{CC}/2$,为运放 A_1 提供偏置,而 A_1 与 A_2、A_3、A_4 为直接耦合,所以,A_1 的直流输出电压也同时为 A_2、A_3、A_4 提供了偏置。对输入信号来说,先通过 A_1 进行同相放大,其放大倍数为 $(1+R_1/R_4)$,然后,通过由 A_2、A_3、A_4 构成的三个电压跟随器,将 A_1 的输出信号分为独立的三路,这里采用电压跟随器,起到了隔离作用,还具有较强的带负载能力。

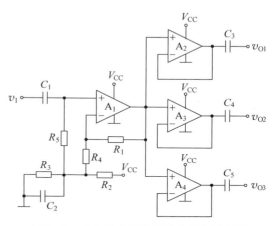

图 12-33 单电源音频分配放大器电原理图

12.8.2 仿真

单电源音频分配放大器仿真图如图 12-34 所示。考虑到供电电压只有 5V 和电路电压放大倍数为 10 倍,所以信号源电压幅度可取为 $0.1\sim0.2$V,然后用 4 通道示波器观察电路输出波形。每个通道可选择不同的灵敏度来观察三个通道的波形,仿真输出波形图如图 12-35 所示。

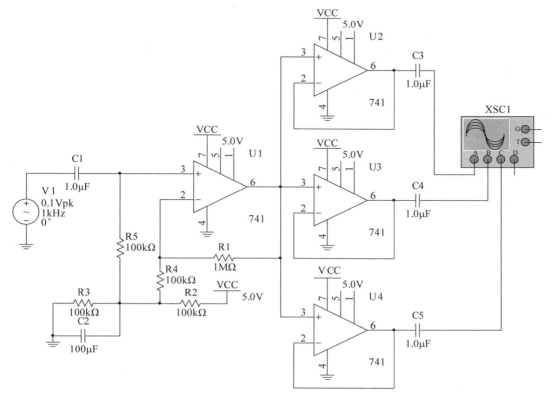

图 12-34 单电源音频分配放大器仿真图

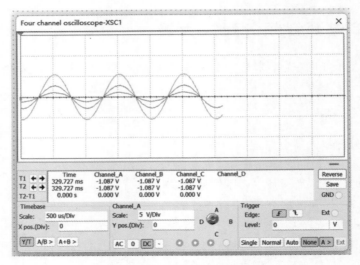

图 12-35　仿真输出波形图

12.8.3　实验

　　面包板上插好的单电源音频分配放大器电路如图 12-36 所示。实验时,将雨珠 S 的 5V 电源接入面包板上的电源端。信号源选择幅度为 200mV、频率为 1kHz 的正弦波。用雨珠 S 的双踪示波器,同时观察其中两路输出信号波形,均应为被放大 10 倍的输入信号,也就是幅度为 2V 的正弦波,如图 12-37 所示。然后,再观察第三路波形。

图 12-36　面包板上插好的单电源音频分配放大器电路

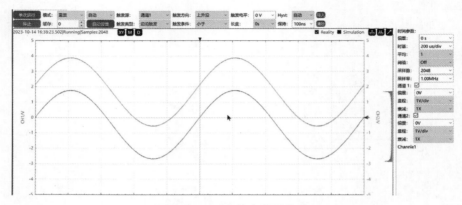

图 12-37　两路输出信号波形

三路波形是一样的,也就是说,该电路将一路信号分为三路信号。

12.9 DC-DC 转换器

DC-DC 转换器通常是指可将一种直流电压转换为各种不同直流电压的电子设备,其电路拓扑结构多种多样。

12.9.1 电路

图 12-38 给出了一种实用稳压 DC-DC 转换器的电原理图。图中,集成运放 A、电容 C_1 和电阻 $R_1 \sim R_4$ 组成单电源方波发生器,稳压管 D_2 与 R_4、C_1 充放电回路相连,为 C_1 提供了一个放电回路,以实现对振荡方波占空比的控制,所以,该方波发生器具有脉宽调制(PWM)功能。

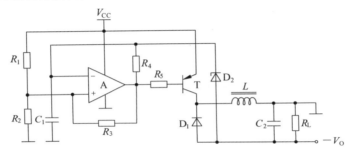

图 12-38 实用 DC-DC 转换器的电原理图

例如,$V_{CC}=5V$,$R_1=R_2$,则运放 A 的同相端产生平均值约为 2.5V 的方波,反相端产生平均值约为 2.5V 的三角波。若取 D_2 为 15V 的稳压管,则输出电压的稳定值约为 12V。

在接下来的仿真中,还将介绍以 555 时基电路为核心的 DC-DC 转换器。

12.9.2 仿真

图 12-39 所示是 DC-DC 转换器的仿真图。通过瞬态分析,待电路稳定后,观察电感上的电压和电流波形,如图 12-40 所示。其中,上图是运放输出端产生的开关波形,中图是电感上的电压,下图是电感上的电流。电路稳定后,输出电压为 −11.971V,与设计值 −12V 基本吻合,其纹波约为 30mV。

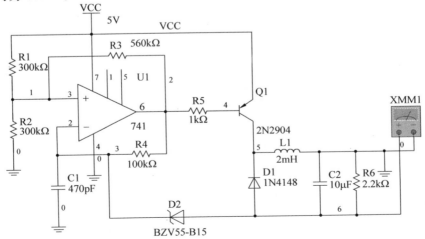

图 12-39 DC-DC 转换器的仿真图

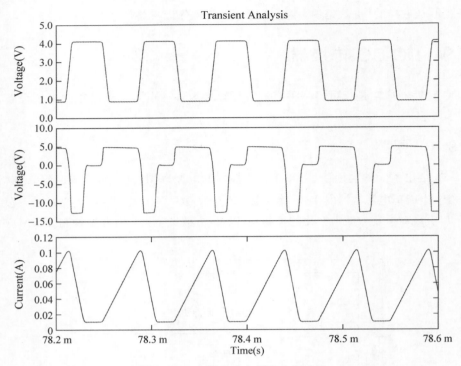

图 12-40　电感上的电压和电流波形

　　图 12-41 给出了利用 555 时基电路构成的 DC-DC 转换器的仿真图。可以看出,电路是利用 555 时基电路,将电源电压(5V)变为交流信号(矩形波),再通过整流滤波,变为直流,实现了 DC-DC 转换。

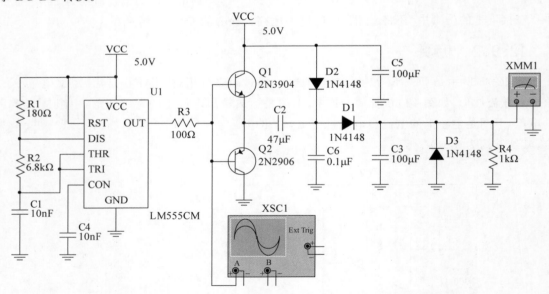

图 12-41　利用 555 时基电路构成的 DC-DC 转换器的仿真图

　　图 12-41 中增加了电容 C_6(0.1μF),以保证电路仿真收敛。

　　图 12-42(a)所示为 555 时基电路的输出波形(矩形波),图 12-42(b)所示为电路输出的直流电压(7.096V)。

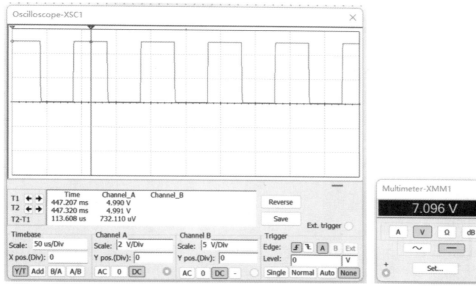

(a) 输出波形

(b) 输出电压

图 12-42　555 时基电路输出波形和电路输出的直流电压

12.9.3　实验

面包板上的 DC-DC 转换器如图 12-43 所示。图中,R_1、R_2 为 100kΩ,R_3 为 200kΩ,D_2 为 11V 稳压管。实验时,将雨珠 S 的 5V 电压接至面包板上的电源端,用电压表测量电路的输出端,测得输出电压为 -8.334V。

面包板上的 555 时基电路 DC-DC 转换器如图 12-44 所示。实验时,将雨珠 S 的 5V 电压接至面包板上的电源端,打开示波器,观察 555 时基电路的输出波形,如图 12-45 所示,打开电压表。测量电路输出端(空载)的直流电压,电压表示数为 7.848V,如

图 12-43　面包板上的 DC-DC 转换器

图 12-46 所示。由实验过程可以看出 555 时基电路 DC-DC 转换器的直流变交流再变直流的全过程。

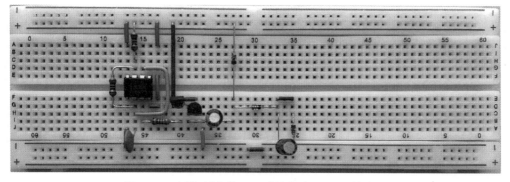

图 12-44　面包板上的 555 时基电路 DC-DC 转换器

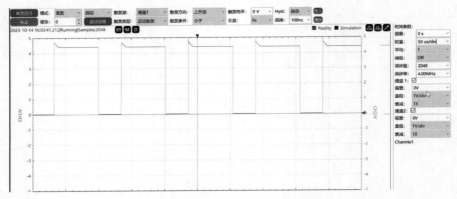

图 12-45   555 时基电路输出波形

	CH1	CH2
直流	7.848 V	-0.027 V
True RMS	7.848 V	0.028 V
AC RMS	0.008 V~	0.006 V~

图 12-46   电路输出直流电压

12.10　AGC 放大器

自动增益控制（Automatic Gain Control，AGC）电路具有自动调整放大电路增益功能，从而使输入幅度在一定范围内波动时，放大电路仍能保证稳定不变幅度的输出。

12.10.1　电路

自动增益控制（AGC）放大器的一种电路结构如图 12-47 所示。其中，A_1、A_2 等组成两级放大电路；A_3、A_4 等组成全波精密整流电路，完成对输出信号的取样；R_{14} 和 C_2 组成低通滤波电路；A_5、$R_{15} \sim R_{18}$ 等组成差分放大电路。T_1 为结型场效应管，工作于可变电阻区，其栅

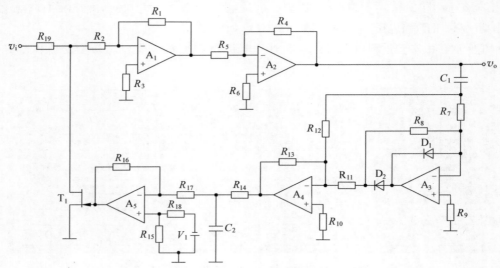

图 12-47   AGC 放大器的一种电路结构

极电压受 A_5 输出电压控制，以达到控制其漏源电阻 R_{ds} 的目的，从而控制放大电路的输入电压，对整个闭环系统的增益实现自动控制。C_1 起"隔直"作用；V_1 为参考电压。

12.10.2　仿真

AGC 放大器的仿真图如图 12-48 所示。仿真时，通过输入不同幅度的正弦信号，来观察电路的输出波形，图 12-49(a)和图 12-49(b)分别给出了输入 100mV、5kHz 信号和 300mV、5kHz 正弦信号时，输出波形的调整过程。可见，AGC 调整是经过一段时间的反馈过程后才能表现出来的。对于输入较大信号的情况，开始时由于电源电压的限制，输出波形可能出现饱和失真，但是当 AGC 开始起作用后，输出波形形状趋于正常。

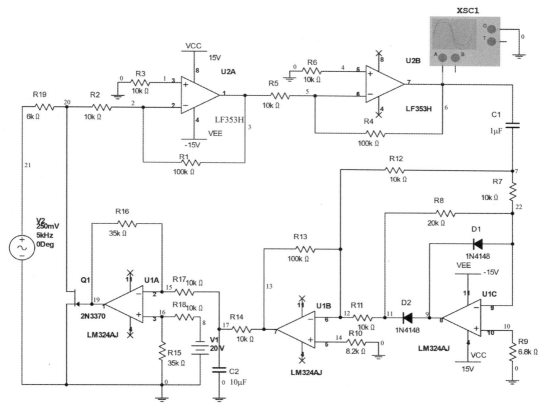

图 12-48　AGC 放大器的仿真图

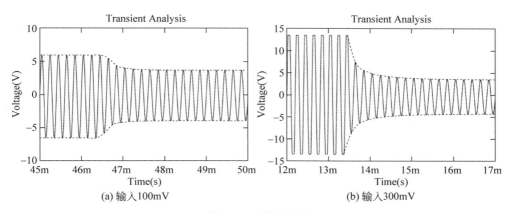

图 12-49　输出波形

改变输入信号幅度,并记录输出信号的幅度,描点作图,可得到 AGC 电路的传输特性,如图 12-50 所示。

v_i(mV)	v_o(V)
75	3.827 7
80	3.825 5
90	3.823 1
100	3.821 4
110	3.820 9
120	3.820 9
130	3.821 5
140	3.822 4
150	3.823 3
175	3.827 1
200	3.831 3
250	3.841 1
300	3.851 8
400	3.875 5
430	3.881 3
450	3.880 1
500	3.884 6
600	3.894 6

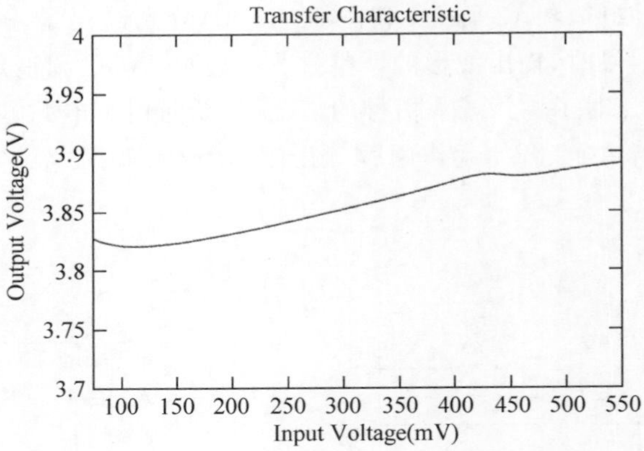

图 12-50　AGC 电路传输特性

从图 12-50 中可以看出,在输入 115mV 左右有最平坦的 AGC 区域。当输入从 75mV 变化到 430mV 时,输出变化范围为 3.820 9~3.881 3V,即当输入变化约 70.3%(252.5±177.5mV)时,输出仅变化 0.78%。

当输入比较大时,会引起输出信号失真度增加。例如,在输入 430mV 时,输出失真度约为 1.02%,输入继续增大时,虽然 AGC 仍然能够将输出信号幅度稳定得很好,但是,输出失真度也会随之增大。输入为 500mV 时,输出失真度达到 4.13%。已经可以较明显地观察到。

从以上仿真结果可知,在本例中放大器部分的增益设计为 40dB,而该电路的增益控制约为 15dB,也就是可以适应输入信号在 75mV 和 430mV 之间变化而维持输出基本不变(输出信号电平变化仅 0.14dB)。

附录
APPENDIX

NI Multisim 仿真

　　以计算机辅助设计为基础的电子设计自动化（EDA）技术已成为电子学领域的重要学科。EDA 工具使电子电路和电子系统的设计产生了革命性的变化，实现了硬件设计软件化。

　　NI Multisim 软件是一个专门用于电子电路仿真与设计的 EDA 工具软件。作为 Windows 下运行的个人桌面电子设计工具，NI Multisim 是一个完整的集成化设计环境，它很好地解决了理论教学与实际动手实验相脱节的问题，可以很方便地把刚学到的理论知识用计算机以仿真的形式再现出来，并以操作简单、实用性强的特点成为高校电子工程类专业学生的必修课程。学习 NI Multisim，可以提高我们的仿真分析能力和设计能力，进而提高实践能力。

　　请扫描二维码获取更多信息。

附录

参 考 文 献

［1］ 劳五一. 模拟电子技术（微课视频版）［M］. 2 版. 北京：清华大学出版社,2022.

［2］ 劳五一,劳佳. 模拟电子电路分析、设计与仿真［M］. 北京：清华大学出版社,2007.

［3］ 康华光. 电子技术基础（模拟部分）［M］. 6 版. 北京：高等教育出版社, 2013.

［4］ 童诗白,华成英. 模拟电子技术基础［M］. 5 版. 北京：高等教育出版社，2015.

［5］ Behzad Razavi. Design of Analog CMOS Integrated Circuits［M］. New York：McGraw-Hill. 2001.

［6］ D. A. Neamen. Electronic Circuit Analysis and Design［M］. 2nd edition. New York：McGraw-Hill. 2001.